建筑设计原理与工程施工管理

汪　洁　田玉红　任海良　主编

吉林科学技术出版社

图书在版编目（CIP）数据

建筑设计原理与工程施工管理 / 汪洁，田玉红，任海良主编 . -- 长春 : 吉林科学技术出版社，2023.3
ISBN 978-7-5744-0324-6

Ⅰ . ①建… Ⅱ . ①汪… ②田… ③任… Ⅲ . ①建筑设计—研究②建筑工程—施工管理—研究 Ⅳ . ① TU2 ② TU71

中国国家版本馆 CIP 数据核字 (2023) 第 066112 号

建筑设计原理与工程施工管理

主　　编　汪　洁　田玉红　任海良
出 版 人　宛　霞
责任编辑　马　爽
封面设计　刘梦杳
制　　版　刘梦杳
幅面尺寸　185mm × 260mm
开　　本　16
字　　数　340 千字
印　　张　17
印　　数　1–1500 册
版　　次　2023年3月第1版
印　　次　2024年1月第1次印刷

出　　版　吉林科学技术出版社
发　　行　吉林科学技术出版社
地　　址　长春市福祉大路5788号
邮　　编　130118
发行部电话/传真　0431-81629529 81629530 81629531
81629532 81629533 81629534
储运部电话　0431-86059116
编辑部电话　0431-81629518
印　　刷　廊坊市印艺阁数字科技有限公司

书　　号　ISBN 978-7-5744-0324-6
定　　价　100.00元

前　言

建筑作为人类生活的庇护所，散布在大地上，我们身在其中，并乐在其中。建筑设计作为一门专门学科，随着社会发展与时代进步，其设计范畴不断扩展，设计内涵不断延伸，建筑师必须从动态、发展、前瞻的角度来进行设计思考。建筑是人类为了满足生存的需要，在科学规律和美学法则的指导下，按照一定的物质技术条件创造的人为的生活环境。建筑是社会的物质产品，是人类文明的结晶，是供人们居住、生活、工作和进行社会活动的场所，在整个国民经济发展及其城镇建设中，具有较为突出的地位，因此，建筑的质量标准和艺术效果可以直接反映一个国家的经济、科学技术和人民的文化修养。建筑创作密切地反映着社会生产力、生产关系和上层建筑的情况。建筑设计是一项涉及政策性、技术性、艺术性等方面综合性很强的工作。

随着经济的发展，生活水平的提高，人们对建筑工程项目提出个性化要求，在这种情况下，对工程施工管理显得格外重要。面对错综复杂的施工，如何高质量、短工期、高效益，以及安全地完成工程项目，就成为建筑施工企业关注的焦点。对于建筑施工企业来说，只有加强质量管理、狠抓安全管理，同时做好进度管理、成本核算等工作，以及借助信息技术等对工程施工进行管理，才能实现自身的持续发展。

建筑是人们工作生活的场所，直接关系着国计民生，建筑工程的质量与安全是人们关注的焦点，只有全面做好施工管理，才能确保建筑物安全，符合建筑质量整体要求。建筑工程的管理工作内容较广泛，涉及建设的准备、施工、验收等不同方面，通过良好科学的管理，达到掌握进度、控制成本、保证质量、维护安全的目标。建筑管理工作受建筑周期的影响，建筑管理一直存在于建设的全过程，只有不断提高管理能力与水平，才能确保露天高空作业安全，使各道工序按期推进。

本书的编写凝聚了作者的智慧、经验和心血，在编写过程中参考并引用了大量的书籍、专著和文献，在此向这些专家、编辑及文献原作者表示衷心的感谢。由于作者水平有限以及时间仓促，书中难免存在一些不足和疏漏之处，敬请广大读者和专家给予批评指正。

前言

目　录

第一章　建筑概述

第一节　建筑认知

一、建筑概述

(一) 建筑及其范围

《易·系辞》中说“上古穴居而野处”，意思是旧石器时代的先人们利用大自然的洞穴作为自己居住的处所，原始人为了遮风避雨、确保安全而构筑的巢穴空间可以被看作建筑的起源。随着阶级的产生，出现了宫殿、别墅、陵墓、神庙等建筑形式，由于生产力的发展，出现了商铺、工厂、银行、学校、火车站等建筑，而随着社会的不断演进，我们的身边出现了越来越多的新型建筑。

春秋末期齐国人编撰的《考工记》根据周礼对王城的营建与王官的布局做了论述，书中说：“匠人营国，方九里，旁三门。国中九经九纬，经涂九轨。左祖右社，面朝后市。”意思是王城每面边长九里，各有三个城门。城内纵横各有九条道路，每条道路宽度为“九轨”(一轨为八尺)。王宫居中，左侧为宗庙，右侧为社庙，前面是朝会之处，后面是市场。

英国伦敦的千年穹顶位于泰晤士河边格林尼治半岛上，是英国为庆祝千禧年而建的标志性建筑，由理查德•罗杰斯事务所设计。

屋顶与柱、墙围成的空间成为住宅。廊道与房屋围成的空间成为庭院，这些空的部分供人们生活使用。

总的来说，建筑是构建一种人为的环境，为人们从事各种活动提供适宜的场所：起居、休息、用餐、购物、上课、科研、开会、就医、阅览、体育活动以及生产劳动等都是在建筑中完成的，建筑是所有建筑物和构筑物的总称。因此建筑学的学习，必然要涉及诸多方面的知识。

近现代建筑理论认为，建筑的本质就是空间，正是由于建筑通过各种方式围合出可供人们活动和使用的空间，建筑才有了重要的意义，这一点我国古代的思想家老子在他的著作《道德经》第十一章里也有提及：“凿户牖以为室，当其无，有室之用。故，有之以为利，无之以为用。”意思是说开凿门窗造房屋，有了门窗、四壁中空的空间，才有房屋的作用。所以“有”(门窗、墙、屋顶等实体)所给人们的“利”(利益、功利)，是通过“无”(所形成的空间)起作用的。

圣马可广场被拿破仑称为“欧洲最美丽的客厅”，它是世界建筑史上城市开放空间设计的重要范例。

建筑除了有内部的“无”的空间，其自身还存在于周围的外部空间，比如街道广场、城市公园、河道等，这些外部空间受建筑与建筑、建筑与环境之间关系的影响，对于人们的生产生活也具有重要的意义。特别是对于建筑密度较高的城市来说，建筑外部空间与建筑内部空间的重要性是一样的，设计高质量的建筑外部空间也是建筑师重要的工作内容之一。

美国纽约中央公园位于曼哈顿区，是世界上著名的城市公园之一，是美国景观设计之父奥姆斯特德（Frederick Law Olmsted）的代表作。

同时，在我们的生活里也有一些特殊的建筑物，比如纪念碑、桥梁、水坝、城市标志物等，对于城市环境也有着重要的价值。

巴西里约热内卢市科科瓦多山上巨大的耶稣雕像，是城市的标志。

“廊桥”就是有屋檐的桥，可供旅人休息躲避风雨。

(二) 建筑的基本属性

同样是供人居住的住宅，为什么会呈现出不同的样貌呢？可见建筑是复杂而多义的，同社会发展水平与生活方式、科学技术水平与文化艺术特征、人们的精神面貌与审美需要等有着密切的关系。请认真观察四幅住宅建筑的图片，他们在材料选择、建造手法、建筑造型、环境等方面有哪些不同呢？为什么同样是供人居住的建筑，它们之间的差异会如此之大呢？

古罗马的建筑工程师维特鲁威在他著名的《建筑十书》中提出了美好的建筑需要满足“坚固、适用、美观”这三个标准，几千年来得到了人们的认可，归纳起来一个建筑应该有以下基本属性。

第一，建筑具有功能性。一个建筑最重要的功能性首先表现在要为使用者提供安全坚固并能满足其使用需要的构筑物与空间，其次建筑也要满足必要的辅助功能需要，比如建筑要应对城市环境和城市交通问题、要合理降低能耗的问题等。功能性是建筑最重要的特征，它赋予建筑基本的存在意义和价值。

荷兰画家伦勃朗（Rembrandt）的作品“木匠家庭”，现存于卢浮宫中。人们的使用赋予建筑更多的意义，昏暗的房间因使用者的出现而呈现生机，画面通过光线表达加强了使用功能与建筑之间的对话关系。

第二，建筑具有经济性。维特鲁威提出的“坚固、适用”其实就是经济性的原则。在几乎所有的建筑项目中，建筑师都必须认真考虑，如何通过最小的成本付出来获得相对较高的建筑品质，实用和节俭的建筑并不意味着低廉，而是一种经济代价与获得价值的匹配和对应。丹麦建筑师伍重设计的悉尼歌剧院是一个有趣的实例，为了让这组优美的薄壳建筑能够满足合理的功能并在海风中稳固矗立，澳大利亚人投入相当于预算14倍多的建设资金，工程过程也是起伏颇多。在方案竞标结束6年之后，工程师才找到采用预制预应力Y形、T形混凝土肋骨拼接的办法来实现白色的薄壳造型，但这也导致预算的大幅增加。

第三，建筑具有工程技术性。所谓工程技术性，就意味着建筑需要通过物质资料和工程技术去实现，每个时代的建筑都反映了当时的建筑材料与工程技术发展水平。

从某种意义上说，正是由于新材料、新技术的发展，才从最根本上推动了建筑的革命与发展。

第四，建筑具有文化艺术性。建筑或多或少地反映出当地的自然条件和风土人情，建筑的文化特征将建筑与本土的历史与人文艺术紧密相连。文化性赋予建筑超越功能性和工程性的深层内涵，它使得建筑可以因袭当地文化与历史的脉络，让建筑获得可识别性与认同感、拥有打动人心的力量，文化性是使得建筑能够区别于彼此的最为深刻的原因。

在西班牙梅里达小城内的罗马艺术博物馆设计中，建筑师莫内欧以巨大的连续拱券和建筑侧边高窗采光的手法，成功地唤起参观者对于古罗马时代的美好追忆，红砖优雅的纹理与古老遗迹交相呼应，现代与远古在一个空间里和谐共生，建筑以简单而朴素的方式表达了对于历史文化的尊重。

二、建筑的分类

在我国，建筑分为民用建筑、工业建筑和农业建筑，其中，民用建筑又分为居住建筑与公共建筑。

居住建筑，包括独立式住宅、公寓、里弄住宅等。

公共建筑涵盖的范围比较广泛，除了居住建筑以外的其他民用建筑都可以被视为公共建筑，比如体育类建筑、教育类建筑、文化类建筑、商业类建筑，等等。

建筑物按高度或层数划分为低层建筑、多层建筑、高层建筑和超高层建筑，其具体标准为：

低层建筑是指高度小于或等于10 m的建筑，低层居住建筑为一层至三层。多层建筑是指高度大于10 m、小于24 m的建筑，多层居住建筑为四层至九层（其高度大于10 m、小于28 m）。高层建筑是指高度大于或等于24 m，高层居住建筑为九层以上（不含九层，其高度大于或等于 28 m、小于 100 m）。超高层建筑是指高度大于或等于 100 m 的建筑。

三、建筑的构成要素

不管是哪种建筑，一般来说都是由以下要素构成的：建筑功能、建筑空间、建筑技术与建筑形象。

（一）建筑功能

就是对于人们物质和精神生活需要的满足。所以建筑一方面要满足人体活动的生理与心理要求，另一方面要满足各种活动的要求以及人流组织要求。美国建筑师赖特设计的流水别墅就是很好的例子，合理的内外部空间设计满足了使用者生活的各种基本需要：将起居室、餐厅等家庭公共活动空间安排在一层，卧室等分布在二、三层，这样确保了卧室的私密性要求；餐厅与厨房因为联系紧密，因而建筑师在室内采用了很多天然材料，比如石材、实木等，呼应并提升了建筑的主题与意象。置在一起，方便主人使用；考虑到客厅的接待和家庭社交需要，室外连接着宽大的露天观景台，内外空间相互贯通，设计师巧妙地利用地形和天然材料营造了与自然和谐共生的艺术气氛，让居住者和来访者在建筑中都可以获得极大的心理愉悦感。

（二）建筑空间

建筑空间从本质上可以被认为是人们通过各种手段（比如墙、楼板等）从自然界无限的空间中划分出来的，是自然空间的一部分，但是经过建筑手段围合的空间，其性质与自然界空间就有了根本的区别，人们通过改变空间各个围合界面来调整空间的形状、体积、明暗、色彩和空间感受。建筑空间的营造是建筑师需要掌握的最重要的设计能力之一。

（三）建筑技术

建筑技术指建筑用什么材料和什么方法去建造，一般包括建筑结构、建筑材料、建筑设备和施工技术。

1. 建筑结构

建筑结构主要是指建筑用什么样的承重体系进行建造，主要包括木结构、砖木结构、砖混结构、钢筋混凝土结构、钢结构等。木结构主要是以木柱、木屋架为主要承重结构的建筑，比如中国古代建筑主要是以木结构为主；砖木结构是指以砖墙和木屋架为主要承重结构的建筑，大多数农村的屋舍采用这种结构，因其容易备料并且费用较低；砖混结构是以砖墙、钢筋混凝土楼板和屋顶为主要承重构件的建筑，目前我国大部分住宅都是采用这种结构类型，但是砖混结构的抗震能力较差；钢筋混凝土结构主要的承重构件包括梁、板和柱，主要应用于公共建筑、工业建筑和高层住宅中；钢结构的主要承重构件采用钢材，自重轻、跨度大，并且可以回收利用，特别适合大型的公共建筑，北京奥运会鸟巢就是典型的钢结构建筑。除此之外，人们还经常应用一些特殊的结构形式，比如膜结构，膜结构是指以建筑织物的张拉为主的结构形式，造型独特，往往成为大跨度空间结构的主要形式，经常应用在商业或体育设施、景观小品中。无论哪一种结构体系，都要把重量传递给土壤。如果把建筑当作人体来看，结构就是骨架，它决定着建筑是否安全、牢固和耐久，合理的建筑结构意味着它们不仅仅具有良好的刚度和柔韧度，更具有良好的经济性价比，独特的结构也往往是建筑的设计出发点。

南禅寺位于山西省五台县西南李家庄，重建于公元782年，是我国现存最古老的一座唐代木结构建筑，也是亚洲最古老的木结构建筑。

2. 建筑材料

建筑材料就好像皮肤一样，对建筑起着保护作用，并帮助建筑展现出不同的外观和风格。建筑材料可分为天然（比如石材、木材等）与非天然（比如铝合金材料、玻璃等）两种，对于越来越多的建筑师来说，建筑材料的意义已经远远超越了材料本身，材料在塑造建筑空间、体现建筑文化和设计思想方面也有非常重要的作用。

3. 建筑设备

建筑设备包括各种暖通空调设备、强弱电设备、照明设备、给排水设施、智能化控制设备、电梯等，各种建筑设备就像人体内的血管和器官一样，影响着建筑内外的空间环境质量，影响着建筑的能耗情况，并密切关系到建筑是否可以健康运营。

4. 施工技术

施工技术是指用什么方法去实现建筑师的设计、用什么样的手段来完成和组织建筑的营建、安装、调试。这其中，机械化、工业化的预制建筑构件生产以及模数化的建造方式极大地提高了建设的效率，促进了建筑产业的发展。

（四）建筑形象

建筑形象即建筑的外观，具有良好审美观感的建筑形象对于建筑自身以及所在的城市环境都有积极的意义。建筑师可以通过处理建筑空间和体量、建筑实体的色彩和质感、建筑的光影效果等来获得良好的建筑形象。

第二节　建筑的表达

提起建筑，很多人都听过这样一句话：建筑是凝固的音乐。这句话是从艺术的角度来阐述建筑和音乐有很多共同的特质，诸如寻求和谐、讲究比例和追求完美。

建筑的艺术美主要表现在比例与秩序、韵律与节奏、实与虚、空旷与狭小所产生的形式美，这与音乐是相通的。所以说音乐就是时间上的建筑，建筑也是空间的音乐。

作曲家靠乐谱来创作、记录乐曲，乐谱的识读有自己的一套体系，同样，建筑师们也需要一种形式来表达自己的设计意图、推敲自己的设计方案，需要在更广泛的空间和时间内与各种各样的人进行交流，建筑的表达也必须有一套供大家共同遵守的体系，这就是建筑图纸的表达。

一、建筑的表达形式

对于建筑人员来说，一方面，需要正确地绘制专业的建筑工程图纸，这部分内容主要包括建筑的总平面图、平面图、立面图和剖面图。这些图纸对表达的准确性有较高的要求，因此我们应该养成规范制图的好习惯。作为设计单位提交的用以施工的工程图纸，要求有严格的范式，必须能够清楚地交代建筑各部分设计与建造的逻辑和方法，其上应该标注准确的尺寸，目前在实际建筑设计工作中，这部分图纸是通过计算机软件帮助绘制的。作为建筑学课堂上设计分析和交流所用的工程图，则要求没有那么严格，但是也应该正确反映真实的建筑比例、尺度和设计构想，严格按照图纸表达范式绘制，因此要求学生利用尺规等工具帮助作图。

另一方面，在设计过程中，还需要绘制各种具有艺术表现力的图纸，以便更形象地说明设计内容，为讲述方便，统称为建筑画。

一幅具有表现力的建筑画，应让人感到设计意图和空间的艺术，是建筑实体或者建筑设计方案的具体直观的表达，所以需要用写实的手法。

建筑画有时是教师和学生之间的交流工具，有时是建筑师和业主之间的交流工具，而更为重要的是，它是建筑师同自己交流的工具。与画家和雕塑家的创作过程不同，画家和雕塑家可以在创作的一开始就进入形成最终作品的过程，他们可以不断地生产艺术作品而较少地受到他人和环境的局限，而建筑师的创作要经过一个长时间的过程，要和各种专业人员合作，等到建筑真正建起来后，才可以算作完成一个作品。在这个过程中，建筑画是阶段性的创作成果，是建筑的一个临时替代物。根据这个替代物，参加建筑设计和生产的各方人员，包括业主和建筑师可以考查、评价、选择和修改设计方案。建筑是目的，而建筑画是工具。

建筑平面图是房屋的水平剖视图，也就是用一个假想的水平面，在窗台之上剖开整幢房屋，移去处于剖切面上方的房屋，将留下的部分按俯视方向在水平投影面上做正投影所得到的图样。建筑立面图是在与房屋立面相平等的投影面上所作的正投影。建筑剖面图是房屋的垂直剖视图，也就是用一个假想的平行于正立投影面或侧立投影面的竖直剖切面剖开房屋，移去剖切平面与观察者之间的房屋，将留下的部分按剖视方向投影面作正投影所得到的图样。

二、建筑图纸表达

我们通常所提到的建筑图纸的表达方式一般是施工图用的方法和非常基本的图标。施工图为了标准化和效率化，表达必须清楚准确，而且不论是谁画的，表达方法都是共通的。

（一）投影知识

在日常生活中可以看到如灯光下的物影、阳光下的人影等，这些都是自然界的一种投影现象。在工业生产发展的过程中，为了解决工程图样的问题，人们将影子与物体关系经过几何抽象形成了“投影法”。

投影法就是投射线通过物体，向选定的面投射，并在该面上得到被投射物体图形的方法。

投影法通常分为两大类，即中心投影法和平行投影法。其中平行投影又包括斜投影和正投影。

（二）总平面图

1. 总平面图的概念

建筑总平面图简称总平面图，反映建筑物的位置、朝向及其与周围环境的关系。

2. 总平面图的图纸内容

①单体建筑总平面图的比例一般为1∶500，规模较大的建筑群可以使用1∶1000的比例，规模较小的建筑可以使用1∶300的比例。②总平面图中要求表达出场地内的区域布置，标清场地的范围（道路红线、用地红线、建筑红线）。③反映场地内的环境（原有及规划的城市道路或建筑物，需保留的建筑物、古树名木、历史文化遗存、需拆除的建筑物）。④拟建主要建筑物的名称、出入口位置、层数与设计标高，以及地形复杂时主要道路、广场的控制标高。⑤指北针或风玫瑰图。⑥图纸名称及比例尺。

（三）平面图

建筑平面图是房屋的水平剖视图，也就是用一个假想的水平面（一般是以地坪以上 1.2 米高度），在窗台之上剖开整幢房屋，移去处于剖切面上方的房屋，将留下的部分按俯视方向在水平投影面上作正投影所得到的图样。建筑平面图主要用来表示房屋的平面布置情况。建筑平面图应包含被剖切到的断面、可见的建筑构造和必要的尺寸、标高等内容。

1. 平面图的图纸内容

(1) 图名、比例、朝向

①设计图上的朝向一般都采用“上北—下南—左西—右东”的规则。②比例一般采用 1：100、1：200、1：50 等。

(2) 墙、柱的断面，门窗的图例，各房间的名称

①墙的断面图例；②柱的断面图例；③门的图例；④窗的图例；⑤各房间标注名称，或标注家具图例，或标注编号，再在说明中注明编号代表的内容。

(3) 其他构配件和固定设施的图例或轮廓形状

除墙、柱、门和窗外，在建筑平面图中，还应画出其他构配件和固定设施的图例或轮廓形状。如楼梯、台阶、平台、明沟、散水、雨水管等的位置和图例，厨房、卫生间内的一些固定设施和卫生器具的图例或轮廓形状。

(4) 必要的尺寸、标高，室内踏步及楼梯的上下方向和级数

①必要的尺寸包括：房屋总长、总宽，各房间的开间、进深，门窗洞的宽度和位置、墙厚等。②在建筑平面图中，外墙应注上三道尺寸。最靠近图形的一道，是表示外墙的开窗等细部尺寸；第二道尺寸主要标注轴线间的尺寸，也就是表示房间的开间或进深的尺寸；最外的一道尺寸，表示这幢建筑两端外墙面之间的总尺寸。③在底层平面图中，还应标注出地面的相对标高，在地面有起伏处，应画出分界线。

(5) 有关的符号

①平面图上要有指北针（底层平面）；②在需要绘制剖面图的部位画出剖切符号。

从这张 1：100 的住宅的平面图上我们可以读到的信息有：建筑的朝向；单元门设置在建筑北侧；为一梯两户的形式；每户的户型结构为 4 室 2 厅 2 卫；各个房间的大小、朝向和门窗洞口的开启位置；地坪标高；承重的柱子位置；主要房间的名称；家具的摆放；等等。

（四）立面图

建筑立面图是在与房屋立面相平等的投影面上所作的正投影。建筑立面图主要

用来表示房屋的体型和外貌、外墙装修、门窗的位置与形状，以及遮阳板、窗台、窗套、檐口、阳台、雨篷、雨水管、勒脚、平台、台阶、花坛等构造和配件各部分的标高和必要的尺寸。

(1) 图名和比例：比例一般采用1∶50、1∶100、1∶200。(2) 房屋在室外地面线以上的全貌，门窗和其他构配件的形式、位置，以及门窗的开户方向。(3) 表明外墙面、阳台、雨篷、勒脚等的面层用料、色彩和装修做法。(4) 知注标高和尺寸：①室内地坪的标高为 ±0.000；②标高以米为单位，而尺寸以毫米为单位；③标注室内外地面、楼面、阳台、平台、檐口、门、窗等处的标高。

(五) 剖面图

建筑剖面图是房屋的垂直剖视图，也就是用一个假想的平行于正立投影面或侧立投影面的竖直剖切面剖开房屋，移去剖切平面与观察者之间的房屋，将留下的部分按剖视方向投影面作正投影所得到的图样。一幢房屋要画哪几个剖视图，应按房屋的空间复杂程度和施工中的实际需要而定，一般来说剖面图要准确地反映建筑内部高差变化、空间变化的位置。建筑剖面图应包括被剖切到的断面和按投射方向可见的构配件，以及必要的尺寸、标高等。它主要用来表示房屋内部的分层、结构形式、构造方式、材料、做法、各部位间的联系及其高度等情况。

1. 剖面图的图纸内容

(1) 剖面应剖在高度和层数不同、空间关系比较复杂的部位，在底层平面图上表示相应剖切线。(2) 图名、比例和定位轴线。(3) 各剖切到的建筑构配件：①画出室外地面的地面线、室内地面的架空板和面层线、楼板和面层；②画出被剖切到的外墙、内墙，及这些墙面上的门、窗、窗套、过梁和圈梁等构配件的断面形状或图例，以及外墙延伸出屋面的女儿墙；③画出被剖切到的楼梯平台和梯段；④竖直方向的尺寸、标高和必要的其他尺寸。

2. 按剖视方向画出未剖切到的可见构配件

(1) 剖切到的外墙外侧的可见构配件；(2) 室内的可见构配件；(3) 屋顶上的可见构配件。

三、建筑测绘

测绘是记录现存建筑的一种手段，测绘图一般作为原始资料，供整理、研究之用。“测绘”就是“测”与“绘”两个部分的工作内容组成：一是实地实物的尺寸数据的观测量取；二是根据测量数据与草图进行处理、整饰最终绘制出完备的测绘图纸。

（一）测绘的意义

1. 掌握测绘的基本方法

通过测绘，学习如何利用工具将建筑的信息测量下来，并且用建筑的语言绘制到图纸上。

2. 通过测绘将建筑的信息用图纸的方式保存下来

一旦建筑的信息以图纸的形式保存下来，那么这幢建筑的信息就可以像文字一样在更广泛的时间和空间内进行传播和交流。

3. 建立尺度感

这个感觉既包括对尺度准确的认知，也包括对尺度正确的把握。

(1) 对尺度准确的认知

举个简单的例子，比如有人说 1500 mm，就是一个尺度，而这 1500 mm 具体是多长，谁能正确地比画出来，就是尺度感的第一步，也就是对尺度有个准确的认知。

结构专业的下工地要有这样的尺度感觉：看到剖面就能估计到梁的高度、地板的厚度，误差应该在 10 mm 以内。学室内设计的看毛坯房要有这样的尺度感觉：看房间的长宽，误差在 10 cm 以内；看窗台高度和门窗洞口高宽，误差在 5 cm 以内。

那么我们建筑专业对尺度的把握要求到什么程度呢？

小到 1 mm 是多少，大到几米，都需要我们有个准确的把握。因为我们将来既要设计小到几厘米的线脚、装饰，也要设计大体量的建筑，甚至建筑群。

所以我们要有意识地训练自己对尺度的把握，1 cm 是多长？ 1 m 是多长？在实际的生活中要有意识地去积累这样的认知。比如，我们知道通常的门框高度在 2.1 m 左右，这样通过比较门框高度与建筑室内空间高度的关系，可以大致揣度室内空间的尺度。在我们的生活里，到处都存在类似“门框高度”这样的标尺，供我们去测量和计算建筑尺度。

(2) 对尺度有正确的把握

在对尺度有了准确的认知之后，我们还要能够进一步对尺度有正确的把握。

也就是说，我们不仅仅能够比画出 1500 mm 有多长，还要知道 1500 mm 的长度能干什么。比如，这是双人床适中的宽度，是 10 人餐桌的直径，是一个人使用的书桌舒服的长度。但是 1500 mm 如果做双人走道就太小了，如果做桌子的高度又太高。

这就是对尺度正确的把握和使用。

综合以上两点，对尺度有准确的认知，对尺度有正确的把握，就会有一个良好的尺度感。从上面的分析中我们也能体会到，良好的尺度感对于建筑设计专业的人

员来说是非常重要的一项技能。

有了良好的尺度感，就会避免设计出的空间过大而导致的浪费，也可以避免设计出的空间过于狭小而导致的使用不方便。

(3) 如何建立尺度感

①有意识地积累掌握常用的建筑相关的基本尺寸

常用的门的基本尺寸，比如一般单开门900 mm，大的1000 mm也可以，住宅里最小的卫生间的门可以做到700 mm，再小使用就不方便了。

②有意识地掌握人体的基本尺度

古代中国、古埃及、古罗马，不管是东方文化还是西方文化，最早的尺都来源于人体，因为人体各部分的尺寸都有着规律。

我们用皮尺量一量拳头的周长，再量一下脚底长，就会发现，这两个长度很接近。所以，买袜子时，只要把袜底在自己的拳头上绕一下，就知道是否合适。

为父母或兄长量一量脚长和身高，你也许会发现其中的奥秘：身高往往是脚长的7倍。高个子要穿大号鞋，矮个子要穿小号鞋就是这个道理。侦察员常用这个原理来破案：海滩上留下了罪犯的光脚印，量一下脚印长是25.7 cm，那么，罪犯的身高大约是179.9 cm。

人体的尺度和由人体的尺度为基础的人体工程学是很有意思的一门学问，和建筑学专业密切相关。

③学会用自己的身体测量尺度，训练自己目测的能力

如果我们知道了自己的高度、自己双臂展开指尖到指尖的距离、走一步的距离、手掌张开后的距离，那么我们就有了很多随身携带的尺子，可以丈量身边的尺寸。我们可以先进行目测，用眼睛估计一下某个距离，再用身体去量一量，这样久而久之，目测的能力自然就会提高。

4. 识图与制图

通过测绘这个单元的学习之后，我们就应该能够看懂专业的建筑图纸，并且能够按照建筑制图的要求绘制专业的建筑图纸。

(二) 测绘工具

1. 测量工具

(1) 速写本；(2) 铅笔：2H、2B各一支；(3) 橡皮、削笔刀；(4) 5 m钢卷尺；(5) 20 m皮卷尺；(6) 花杆；(7) 指北针；(8) 卡尺；(9) 水平尺；(10) 垂球。

2. 绘图工具

(1) 1号图板；(2) 1号卡纸2张；(3) 拷贝纸；(4) 削笔刀；(5) 糨糊；(6) 水桶；(7) 排

刷;(8)针管笔(一套);(9)三角板;(10)丁字尺;(11)标准计算纸。

(三)测绘方法和步骤

1. 测绘的内容

建筑测量的内容包括建筑的总平面、平面、立面、剖面；图纸绘制除了以上内容外，一般还要求绘制出轴测图。

2. 测绘的分工与组织

现场测量和绘图可以“组”为单位进行。每个小组选一个组长，负责具体安排每个小组成员的工作内容，控制小组测绘工作的进度，协调平衡每个组员的工作量，在遇到困难和问题的时候组织大家共同研究解决，更重要的是组织全体成员进行数据与图纸的核对、检查、整理，直至最终完成正式图纸。

3. 测绘的步骤

(1)绘制测量草图(总平面、平面、立面、剖面)

①测稿的意义

测量草图是我们日后绘制正式图纸的依据，是第一手资料。草图的正确、准确和完整是最终测绘图纸可靠性的根本保障，所以绘制草图时必须本着一丝不苟的态度，不能凭主观想象勾画，或含糊过去。

②测稿的绘制工具

速写本、铅笔、橡皮。

③测稿的要求

A. 比例适宜

如果比例过大，则同一内容在同一张图纸上容纳不下；若比例过小，则内容表达不清，会给将来标注尺寸带来不便。

B. 比例关系正确

要求草图中的各个构件之间、各个组成部分与整体之间的比例及尺度关系与实物相同或基本一致。

C. 线条清晰

草图中的每一个线条都应力求准确、清楚，不含糊。修改画错的线时，用橡皮擦掉重画，不要反复描画或加重、加粗。

D. 线型区分

应区分剖断线、可见线、轮廓线等几种基本线型，使线条粗细得当、区别明显，以免混淆。

④测稿的核对与检查

草图全部绘制完成之后，全组成员应集中在一起进行全面的检查与核对。将草图与测绘对象进行对比，确定草图没有遗漏和错误之后才可以进行下一阶段的数据测量工作。

(2) 测量 (总平面、平面、立面、剖面)

①测量的要求

量取数据和在草图上标注数据需要分工完成。在草图上标注数据的人最好是绘制该草图的人，因为他最清楚需要测量哪些数据。

测量人量取数据并读出数值，由绘图人将其标注在草图上。

②测量的工具

A. 皮卷尺

卷尺拉得过长时会因自身重力下坠倾斜，或受风的影响产生误差。

B. 钢卷尺 (5 m)

自备。人手一个，使用时注意安全，不要伤到自己和他人。

C. 梯子

使用时注意安全，有人使用时，下面要有同伴保护。

③测量和标注尺寸的注意事项

A. 测量工具摆放正确，测量工具摆放在正确的位置上，量水平距离的时候，测量工具要保持水平，量高度的时候，测量工具要保持垂直。尺子拉出很长的时候，要注意克服尺子因自身重力下垂或风吹动而造成的误差。B. 读取数值时视线与刻度保持垂直。C. 单位统一为毫米。D. 尾数的读法。读取数值时精确到个位。尾数小于2时省去，大于8时进一位，2～8之间按5读数。例如：实际测得的437读数为435；测得的259读数为260；测得的302读数为300。E. 尺寸标注。每个画到的部分都要进行标注。F. 先测大尺寸，再测小尺寸。避免误差的多次累积。

(3) 测稿整理及正草图的绘制 (总平面、平面、立面、剖面、轴测图)

①将记录有测量数据的测稿整理成具有合适比例的、清晰准确的工具草图，也就是正草图，作为绘制正式图纸的底稿。②通过测稿的整理和正草的绘制，能够发现漏测的尺寸、测量中的错误、未交代清楚的地方。③在立面、平面和剖面的基础上，绘制出轴测图。④正草图上尺寸标注与测稿中尺寸标注存在差异。测稿中每个画到的地方都要标注尺寸，这样才能准确地定位每一个点，从而画出正确的图纸。⑤正草图中尺寸标注按照建筑图纸中的要求进行标注。

（四）正图的绘制

正图的绘制是测绘工作最后一个阶段，在前面各个阶段工作的基础上，产生出最终的结果。

第一，图纸内容：总平面图（建议比例 1 ： 300），平面图（建议比例 1 ： 100），两个立面图（建议比例 1 ： 100），剖面图（建议比例 1 ： 100），轴测图（建议比例 1 ： 100）。

第二，排版方式美观合理。

四、图纸的绘制

图纸是测绘工作的最终成果和体现，通过绘制图纸加深工程制图的规范和要求，并进一步理解二维图纸与三维建筑空间的对应关系。

（一）图纸绘制的基本要求

(1) 图面整洁，构图饱满，表达清晰、正确。

(2) 根据绘图比例，确定必要的表达深度。

(3) 线分等级：

平面图与剖面图的图线画法是一致的。主要有两种线宽，剖断线用粗实线表示，可见线用细实线表示。根据表达的需要，剖断线的线宽又可以分为两个等级，主要建筑构造 (如墙体) 的剖断线最粗，次要建筑构造 (如吊顶、窗框) 的剖断线可稍细。可见线的线宽也可分为两个等级，表面材质的划分线可以用更细的线。但剖断线与可见线的区别应十分明显。

立面图通过线条的粗细来表现建筑形体的层次关系，即体块关系、远近关系。由粗到细的顺序一般为：地面线 (剖断线)、外轮廓线、主要形体分层次的线、次要形体分层次的线、门窗扇划分线、表面材料划分线。

（二）构造层次的断开界线

1. 标注方式正确，文字、数字书写工整

(1) 尺寸的组成

建筑图上的尺寸由尺寸界线、尺寸线、尺寸起止符号、尺寸数字等组成。

(2) 尺寸的排列

建筑图中尺寸应注成尺寸链。尺寸标注一般有三道，最外面一道是总尺寸，中间一道是定位尺寸，最里面是外墙的细部尺寸。

定位尺寸标注的是相邻两条定位轴线间的尺寸，外墙细部尺寸标注时要注意每个尺寸都是与相邻的定位轴线发生关系。

（3）标高

标高符号的尖端应指至被注的高度；尖端可向上也可向下，三角形可向左也可向右，标高数字以米为单位，注写到小数点后第三位（在总平面图中可注写到第二位）。

在总平面图中标注绝对标高，即黄海标高；在其余图中标注相对标高，即为了计算方便，设定某一高度为零点标高，通常为一层楼面，标注为 ±0.000，其余标高均以它为基准，但是要注意，正数标高不注“+”，例如标高为 1.200，负数标高应注“–”例如标高为 –0.450。

2. 剖切符号、索引号、详图符号、指北针等符号标注正确

（1）剖切符号

剖面的剖切符号用来说明剖面与平面的关系。剖切位置线表示剖切的位置，剖视方向线表示观察的方向，剖切符号的编号一般注写在剖视方向线的端部，与该剖面的图名相对应。

剖面的剖切符号一般示意在一层平面图上，画在剖切位置的两端，两两对应。

（2）索引符号

索引符号的意义是图中的某一局部。索引符号的圆直径为 10 mm，用细实线绘制。上半圆中的数字表示详图的编号，下半圆中的数字表示该详图所在图纸的编号，若详图是画在同一张图中，则下半圆中的数字用“—”表示。

（3）详图符号

详图符号表示详图的编号以粗实线绘制，直径为 14 mm。

详图符号应与索引符号相对应使用。

（4）指北针用细实线绘制

圆的直径为 24 mm；指北针尾部宽度 3 mm；针尖方向为北向。

（三）图纸绘制的画法与步骤

1. 平面图的画法与步骤

（1）画出定位轴线；（2）画出全部墙、柱断面和门窗洞；（3）画出所有建筑构配件、卫生器具的图例或外形轮廓；（4）标注尺寸和符号。

2. 剖面图的画法与步骤

（1）画出定位轴线，画出室内外地面线，再画出楼面线、楼梯平台线、屋面线、女儿墙顶面的可见轮廓线等；（2）画出剖切到的主要构件；（3）画出可见的构配件的轮

廓、建筑细部;(4) 标注尺寸、标高、定位轴线编号。

3. 立面图的画法与步骤

(1) 画出室外地面线、两端外墙的定位轴线和墙顶线;(2) 画出室内地面线、各层楼面线、各定位轴线、外墙的墙面线;(3) 画出凹凸墙面、门窗洞和其他较大的建筑构配件的轮廓;(4) 画出标高，标高符号宜排列在一条铅垂线上。

第二章　建筑设计概述

第一节　建筑的属性及分类分级

一、正确理解建筑

(一) 建筑的目的

在远古时代，人类依附于自然的采集经济生活，无固定住所，为了避风雨、御寒暑、防兽害，栖身于洞穴和山林中。之后，人类在与自然做斗争的过程中，逐渐形成了劳动的分工，狩猎、农业、手工业相继分离，生产和生活活动相对比较稳定，因此出现了固定的居民点。与此同时，人们根据自己长期的生活经验，开始用简单的工具和土石草木等天然材料营造地面建筑，作为生产和生活的活动场所。这样，就形成了原始建筑和人类最早的建筑活动。

随着社会的发展、生产技术的进步，新的生产和生活领域不断开拓，人类的生活内容日益丰富，人们不仅从事日常的生产劳动和生活居住活动，还从事政治经济、商品贸易、文化娱乐宣传等社会公共活动，而这些活动都要求有相应的建筑作为活动场所。因此，各类建筑如厂房、商店、银行、办公楼、学校、车站、码头等相继出现。建筑事业的发展，不仅满足了当时人们生产和生活的需要，而且又强有力地推动了社会的进步。在科技高度发达的当今社会，建筑不仅使人们的生活环境日益改善，而且为社会的政治、经济、文化的发展提供了物质基础。因此，建筑在社会的发展中起着越来越重要的作用。

从上面简略的叙述中可以看出，建筑的产生和发展是为了适应社会的需要，建筑的目的是为人们提供一个良好的生产和生活的场所。那么，建筑是以什么方式来实现其目的的呢？

人们进行任何一种活动，都需要有一定的空间，马克思曾经说过："空间是一切生产和一切人类活动所需要的要素。"没有空间，人类的活动就无法进行，或者说只能在不完善的境况下进行。譬如，没有住宅，人们就不能休养生息；没有教室，就无法有效地进行教学活动；没有厂房，就难以完成高水平的工业生产……因此，建筑要实现自己的目的，其先决条件是必须具有“空间”。

当然，这里所说的“空间”，有别于一般的自然空间。首先，在空间形态上，必须满足人们进行活动时对空间环境提出的使用要求和审美要求；其次，在空间围隔技术上，必须达到坚固、实用、安全、舒适的要求。这种按照人们的需要，经过精心组织的人为空间，通常称为“建筑空间”。

因此，人类营造建筑，其主要任务是获取具有使用价值和审美价值的建筑空间，而建筑实体——各种建筑构件，如墙壁、屋顶、楼板、门窗等，只是构成空间的手段。由于人类生活活动的内容和规模不断更新和扩大，其活动范围不仅局限于建筑内部，而且延伸到建筑的外部。建筑之间的庭院、广场、街道、公园绿地等，都是人们不可缺少的活动空间，都必须按照人的使用要求和审美要求加以组织，从而为人们创造一个优美的生活空间环境。从这一层意义来说，“建筑”应该有更为广泛的含义，它既包括单体建筑，又包括群体建筑、庭院、广场、街道，乃至整个城市和乡村，都应该属于“建筑”的范畴。

（二）建筑的基本构成要素

建筑既表示建造房屋和从事其他土木工程的活动，又表示这种活动的成果——建筑物，也是某个时期某种风格建筑物及其所体现的技术和艺术的总称，如隋唐五代建筑、明清建筑、现代建筑等。

从建筑发展的历史来看，由于时代、地域、民族的不同，建筑的形式和风格总是异彩纷呈。然而，从构成建筑的基本内容来看，不论是简陋的原始建筑，还是现代化的摩天大楼，都离不开建筑功能、建筑的物质技术条件、建筑形象这三个基本要素。

1. 建筑功能

建筑功能就是人们对建筑提出的具体使用要求。一幢建筑是否适用，就是指它能否满足一定的建筑功能要求。

对于各种不同类型的建筑，建筑功能既有个性又有共性。建筑功能的个性，表现为建筑的不同性格特征；而建筑功能的共性，就是各类建筑需要共同满足的基本功能要求（如人体生理条件、人体活动尺度等对建筑的要求）。

对待建筑功能，需要有发展的观念。随着社会生产和生活的发展，人们必然会对建筑提出新的功能要求，从而促进新型建筑的产生。因此，可以说建筑功能也是推动建筑发展的一个主导因素。

2. 建筑的物质技术条件

建筑的物质技术条件包括材料、结构、设备和施工技术等方面的内容，它是构

成建筑空间、保证空间环境质量、实现建筑功能要求的基本手段。

随着科学技术的进步，各种新材料、新设备、新结构和新工艺相继出现，为新的建筑功能的实现和新的建筑空间形式的创造提供了技术上的可能。近代大跨度建筑和超高层建筑的发展就是建筑物质技术条件推动建筑发展的有力例证。

3. 建筑形象

建筑形象是根据建筑功能的要求，通过体量的组合和物质技术条件的运用而形成的建筑内外观感。空间组合、立面构图、细部装饰、材料色彩和质感的运用等，都是构成建筑形象的要素。在建筑设计中创造具有一定艺术效果的建筑形象，不仅在视觉上给人以美的享受，而且在精神上具有强烈的感染力，并使人产生愉悦的心情。因此，建筑形象既反映了建筑的内容，又体现了人们的生活和时代对建筑提出的要求。

在建筑三要素中，建筑功能是建筑的主要目的，建筑的物质技术条件是实现建筑目的的手段，而建筑形象则是功能、技术、艺术的综合表现。

建筑三要素之间的关系表现为：建筑功能居于主导地位，对建筑的物质技术条件和建筑形象起决定作用；建筑的物质技术条件对建筑功能和建筑形象具有一定的促进作用和制约作用；建筑形象虽然是建筑的物质技术条件和建筑功能的反映，但也具有一定的灵活性，在同样的条件下，往往可以创造出不同的建筑形象，取得迥然不同的艺术效果。

与建筑三要素相关的是建筑中适用、经济、美观之间的关系问题。适用是首位的，既不能片面地强调经济而忽视适用，也不能只强调适用而不顾经济上的可能；所谓经济不仅是指建筑造价，而且要考虑经常性的维护费用和一定时期内投资回收的综合经济效益；美观也是衡量建筑质量的标准之一，不仅表现在单体建筑中，还应该体现在整体环境的审美效果之中。正确处理这三者之间的关系，就要在建筑设计中既反对盲目追求高标准，又反对片面降低质量，使建筑形象千篇一律、缺乏创新的不良倾向。

（三）建筑的性质和特点

从建筑的形成和发展过程中，我们可以看出建筑有如下的性质和特点。

1. 建筑要受自然条件的制约

建筑是人类与自然斗争的产物，它的形成和发展无不受到自然条件的制约，在建筑布局、形式、结构、材料等方面都受到了很大影响。在技术尚不发达的时代，人们就懂得利用当地条件因地制宜地创造出合理的建筑形式，如寒冷地区的建筑厚重封闭、炎热地区的建筑轻巧通透、在温暖多雨地区常使建筑底层架空、在黄土高原多筑生土窑洞、山区建筑则采用块石结构等，从而使建筑能适应当地人们的需要，使建筑风貌呈现出强烈的地方特色。在科技发达的近代，人们虽然可以采用机械设备和人工材料来克服自然条件对建筑的种种限制，但是协调“人—建筑—自然”之间的关系，尽量利用自然条件的有利方面，避开不利方面，仍然是建筑创作的重要原则。

2. 建筑的发展离不开社会

建筑，作为一项物质产品，和社会有着密切的关系。这主要体现在两个方面。

第一，建筑的目的是为人类提供良好的生活空间环境。建筑的服务对象是社会中的人。也就是说，建筑要满足人们提出的物质的和精神的双重功能要求。因此，人们的经济基础、思想意识、文化传统、风俗习惯、审美观念等无不影响着建筑。

第二，人类进行建筑活动的基础是物质技术条件。各个时代的建筑形式、建筑风格之所以大相径庭，就是由于当时的科学技术水平、经济水平、物质条件等社会因素造成的。

因此，建筑的发展绝对离不开社会，可以说，建筑是社会物质文明和精神文明的集中体现。

3. 建筑是技术与艺术的综合

建筑是一种特殊的物质产品，它不但体量庞大、耗资巨大，而且一经建成，就立地生根，成为人们劳动、生活的活动场所。人们对于自己生活的环境总是希望能得到美的享受和艺术的感染力。因此，建筑的审美价值就成为其本质属性之一。

建筑若要具有一定的审美价值，建筑创作就须遵循美学法则、进行一定的艺术加工。但建筑又不同于其他艺术，建筑艺术不能脱离空间的实用性，也不能超越技术上的可行性——技术与艺术的综合，是建筑区别于其他工程技术的一个重要特征。

二、建筑的主要属性

建筑具备的主要属性包括功能性、艺术性、文化性、技术性、环境性、经济性和时代性。建筑的设计与建造，就是围绕打造好建筑的这些属性而进行的。

（一）建筑的功能性

建筑的功能性，是指建筑的设计和建造必须在物质和精神方面满足人们的使用要求，这也是人们设计和建造建筑的主要目的。具体包括：满足人体活动的尺度要求，满足室内各种陈设与布置要求，满足人的生理要求，符合人的使用过程和特点，满足人的精神需求，等等。

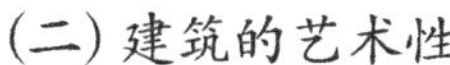

(二) 建筑的艺术性

建筑艺术既是造型艺术，也是空间艺术，是人们改造大自然、建设心目中美好家园的设计建造手段及其创造结果的统称。建筑的艺术性也是人们评价建筑优劣的标准之一，主要体现在创造性、唯一性、审美性和时尚性等方面。例如，中国的苏州园林、颐和园，印度的泰姬·玛哈尔陵，法国的巴黎圣母院和俄罗斯的圣瓦西里大教堂，都是公认的建筑艺术杰作。

(三) 建筑的文化性

建筑的文化性主要体现在建筑的民族性、地域性和传统性等方面，是人们的宇宙观、价值追求、生活方式、表达方式、风俗习惯和民族传统等在建筑上的反映。例如：紫禁城建筑群，特别体现了中国封建社会的等级观念；游牧和游猎民族的毡包，反映了他们的生活方式；等等。当代中国建筑的设计与建造，通过文化传承方式、借助现代建造技术，产生了诸多优秀作品，例如贝聿铭设计的香山饭店以及北京亚运会体育场馆等。这些作品既实用美观又别具中国特色。

(四) 建筑的技术性

建筑技术主要是指建筑材料技术、设备技术、结构技术和施工技术，它们为实现设计与建造的目的提供了可行的手段，并确保建筑的牢固和安全。当代建筑更离不开新的建筑技术的支撑，例如超高层建筑的建造离不开高扬程的混凝土输送泵。

(五) 建筑的环境性

建筑环境包括建筑内部环境和外部环境。建筑从大自然中分隔出一个人造的空间，但自身也成为自然环境的组成部分。例如，现代派建筑大师赖特认为，建筑应是“从环境中自然生长出来”的，他设计的流水别墅实现了这一点。又如，中国的石宝寨、长城和悬空寺等，都是先选择环境再让建筑去适应，或先改造环境再建造建筑物，使建筑既受环境的影响又影响环境。

各地气候和自然条件的差异，也使得建筑呈现出不同的环境特点，如北方建筑的厚重（太原乔家大院）与南方建筑的轻巧（贵州千户苗寨），以及因地制宜的建造特点（黄土高原的窑洞）。另外，建筑不仅要提供给人们各式空间，更要为人们提供一个使用安全并有益于身心健康的内部环境。

(六) 建筑的经济性

建造建筑必然有大量的人力、物力投入，如果把握不当，损失不可估量。历史上不乏将大量人力、物力投向错误的方向，或者大兴土木而不加节制，从而导致严重后果的实例，如金字塔、阿房宫、复活节岛、颐和园、悉尼歌剧院等。能以较小的、合理的代价与投入，满足人们对建筑的各种需求，这样的建筑作品才可称为上乘。

总之，建筑这些属性的优劣与否，是评价建筑设计与建造优劣与否的重要标准。正是这些建筑属性的相互制约、相互补充、相互促进，使得建筑不断推陈出新。不同条件下的建筑设计，对这六个属性的把控是有所不同的，因此对建筑物的评价应该是辩证的、相对的。

(七) 建筑的时代性

建筑是时代的产物，每个时代都有带有其时代特点的建筑形式。建筑是一个时代的写照，是社会经济科技文化的综合反映，新的技术体系、新的思维方式及新的科学技术，必然带来新的设计观念和思想观念。时代的发展带来文化和技术的发展，建筑的发展则要依靠这些文化与技术，所以建筑的发展离不开时代的发展。时代发展是建筑发展的基础，建筑发展是时代发展的成果与缩影，时代发展所带来的文化与技术的变化都会像烙印一样反映在建筑身上。除此之外，随着信息时代的到来和社会的高速发展，作为建筑使用者、建设者和欣赏者的主体——人的思维也发生了巨大的变化，从世界观到人生观，从价值观到审美修养，这一系列改变也对建筑创作理念的变化有着很大的影响。

建筑体现着一个时代的物质和文化发展水平，同时也显示着那个时代的意识形态和美学观念，因此它总是具有时代标记的意义，反映时代的面貌。例如，在古埃及的两个不同历史时期，建筑艺术就与当时的社会发展密不可分。在古王国时期(第一时期)，其建筑物以举世闻名的金字塔为代表，这是因为当时所使用的材料是石头，而且古埃及人掌握了一定的石料加工、测量与起重等技术。在中王国时期(第二时期)，政局上的安定反映在物质的繁荣上，这一时期被公认为是古埃及最富庶的时代之一。全国各地都在破土开工，兴建房子，致使如今的埃及几乎每个城镇都在建筑架构上留下了中王国时期的痕迹。手工业和商业的发展，使该时期出现了具有经济意义的城市。

建筑的时代特征与它的使用功能是分不开的，但除了来自它在当时所实现的功能之外，也来自它所具有的独特风格。比如，气势雄伟的万里长城，当时是出于防御外敌的军事功能而修建的，而现在却成了中华民族的标志之一。又如，天安门过去是明清两代北京皇城的正门，今天却是伟大祖国的象征。虽然时过境迁，但原有的功能消失之后，其风格依然鲜明，时代所赋予其的气息依然生生不息。

建筑是一个时代的写照，是社会经济、科技、文化的综合反映。当今科学技术日新月异，新材料、新结构、新技术、新工艺的应用，使建筑的空间跨度、空间高度的品质具有更大的灵活性。信息网络技术改变了人们的空间观念和工作模式，科学技术带来的变化使建筑创作进入了一个新的时代。当今信息技术已经渗透到社会的每一个角落，知识经济带来社会观念的变化和思维模式的更新极大地影响着人们的审美观和价值观，多元综合的观念和思维方式将逐渐起到主导的作用。随着信息时代的到来，创造与时俱进的建筑已经成为现代人的普遍要求。建筑要用自己特殊的语言来表达其所处时代的实质，表现当前时代的科技观念，体现其思想性和审美观。因此，只有把握时代脉搏，融合优秀地域文化的精华，才会使建筑不断创新并向前发展。

三、建筑物的分类与分级

(一) 建筑物的分类

供人们生活、学习、工作、居住，以及从事生产和各种文化活动的房屋被称为建筑物，其他如水池、水塔、支架、烟囱等间接为人们提供服务的设施被称为构筑物。建筑物的分类方法有很多种，大体可以从使用性质和使用特点、结构类型、施工方式、建筑层数、承重方式等几个方面来进行区分。

1. 按使用性质和使用特点分类

(1) 建筑物按使用性质可分为三大类

①民用建筑。它包括居住建筑 (住宅、宿舍等) 和公共建筑 (办公楼、影剧院、医院、体育馆、商场等) 两大部分。

②工业建筑。它包括生产车间、仓库和各种动力用房及厂前区等。

③农业建筑。它包括饲养、种植等生产用房和机械、种子等贮存用房。

(2) 民用建筑物除按使用性质不同进行分类以外，还可以按使用特点进行分类

①大量性建筑。大量性建筑主要是指量大面广、与人们生活密切相关的建筑。其中包括一般的居住建筑和公共建筑，如职工住宅、托儿所、幼儿园及中小学教学楼等。其特点是与人们日常生活有直接关系，而且建筑量大、类型多，一般均采用标准设计。

②大型性建筑。这类建筑多建造于大中城市，规模宏大，是比较重要的公共建

筑，如大型车站机场候机楼、会堂、纪念馆、大型办公楼等。这类建筑使用要求比较复杂，建筑艺术要求也较高。因此，这类建筑大都进行个别设计。

2. 按结构类型分类

结构类型指的是房屋承重构件的结构类型，它多依据其选材不同而不同。建筑物按结构类型可分为以下三种类型。

(1) 砖木结构

砖木结构的主要承重构件是用砖、木做成的。其中竖向承重构件的墙体、柱子采用砖砌，水平承重构件的楼板、屋架采用木材。这类房屋的层数较低，一般均在3层及以下。

(2) 砌体结构

砌体结构的竖向承重构件采用各种类型的砌体材料制作（如黏土实心砖、黏土多孔砖、混凝土空心小砌块等）的墙体和柱子，水平承重构件采用钢筋混凝土楼板、屋顶板，其中也包括少量的屋顶采用木屋架。这类房屋的建造层数也随材料的不同而改变。其中黏土实心砖墙体在8度抗震设防地区的允许建造层数为6层，允许建造高度为18 m；钢筋混凝土空心小砌块墙体在8度抗震设防地区的允许建造层数为6层，允许建造高度为18 m。

(3) 钢筋混凝土结构

钢筋混凝土一般采用钢筋混凝土柱、梁、板制作的骨架或钢筋混凝土制作的板墙做承重构件，而墙体等围护构件，一般采用轻质材料做成。这类房屋可以建多层（6层及以下）或高层（10层及以上）的住宅或高度在24 m以上的其他建筑。

3. 按施工方法分类

通常，建筑物按施工方法可分为以下四种形式。

(1) 装配式

装配式房屋的施工特点是把房屋的主要承重构件，如墙体、楼板、楼梯、屋顶板均在加工厂制成预制构件，在施工现场进行吊装、焊接，处理节点。这类房屋以大板、砌块、框架、盒子结构为代表。

(2) 现浇（现砌）式

现浇（现砌）式房屋的主要承重构件均在施工现场用手工或机械浇筑和砌筑而成。它以滑升模板为代表。

(3) 部分现浇、部分装配式

部分现浇、部分装配式房屋的施工特点是内墙采用现场浇筑，而外墙及楼板、楼梯均采用预制构件。它是一种混合施工的方法，以大模板建筑为代表。

(4) 部分现砌、部分装配式

部分现砌、部分装配式房屋的施工特点是墙体采用现场砌筑，而楼板、楼梯、屋顶板均采用预制构件，这是一种既有现砌又有预制的施工方法。它以砌体结构为代表。

4. 按建筑层数分类

建筑层数是房屋的实际层数（但层高在 2.2 m 及以下的设备层、结构转换层和超高层建筑的安全避难层不计入建筑层数内）。

建筑高度是室外地坪至房屋檐口部分的垂直距离。多层建筑对住宅而言是指建筑层数在 9 层及 9 层以下的建筑；对公共建筑而言是指高度在 24 m 及 24 m 以下的建筑。高层建筑对住宅而言指的是 10 层及 10 层以上的建筑；对公共建筑而言指的是高度在 24 m 以上的建筑。

《民用建筑设计通则》中规定：

住宅建筑按层数分类：1～3 层的为低层；4～6 层的为多层；7～9 层的为中高层；10 层及 10 层以上的为高层。

公共建筑及综合性建筑总高度超过 24 m 的为高层（不包括总高度超过 24 m 的单层主体建筑）。当建筑总高度超过 100 m 时，无论其是住宅还是公共建筑均为超高层建筑。

5. 按承重方式分类

通常，按结构的承重方式分类可分为以下四种形式。

(1) 墙承重式

用墙体支承楼板及屋顶板传来的荷载，如砌体结构。

(2) 骨架承重式

用柱、梁、板组成的骨架承重，墙体只起围护和分隔作用，如框架结构。

(3) 内骨架承重式

内部采用柱、梁、板承重，外部采用砖墙承重，称为框混结构。这种做法大多是为了在底层获取较大空间，如底层带商店的住宅。

(4) 空间结构

采用空间网架、悬索、各种类型的壳体承受荷载称为空间结构，如体育馆、展览馆等的屋顶。

(二) 建筑物的等级划分

1. 建筑物的工程等级

建筑物的工程等级以其复杂程度为依据，共分为 6 级。

2. 民用建筑的等级划分

建筑物的等级是依据耐久等级（使用年限）和耐火等级（耐火极限）进行划分的。

耐久等级：《民用建筑设计通则》对建筑物的设计使用年限及等级划分做了耐久等级的规定。

耐火等级：耐火等级取决于房屋主要构件的耐火极限和燃烧性能，它的单位为小时（h）。耐火极限指从受到火的作用起到失掉支持能力或发生穿透性裂缝或背火一面温度升高到220 ℃时所需要的时间。按材料的燃烧性能把材料分为燃烧材料（如木材等）、难燃烧材料（如木丝板等）和非燃烧材料（如砖、石等）。用上述材料制作的构件分别叫燃烧体、难燃烧体和非燃烧体。普通民用建筑的耐火等级分为4级。一个建筑物的耐火等级属于几级，取决于该建筑物的层数、长度和面积。高层民用建筑的耐火等级分为2级。

第二节　建筑设计的要求及理念发展

一、设计工作

（一）设计工作在基本建设中的作用

一项建筑工程，从拟订计划到建成使用，通常需要经历计划审批、基地选定、征用土地勘测设计、施工安装、竣工验收、交付使用等步骤。这就是一般所说的“基本建设程序”。

由于建筑涉及功能技术和艺术，同时又具有工程复杂、工种多、材料和劳力消耗量大、工期长等特点，在建设过程中需要多方面协调配合。因此，建筑物在建造之前，按照建设任务的要求，对在施工过程中和建成后的使用过程中可能发生的矛盾和问题事先做好通盘考虑，拟定出切实可行的实施方案，并用图纸和文件将它表达出来，作为施工的依据，这是一项十分重要的工作。这一工作过程通常称为“建筑工程设计”。

一项经过周密考虑的设计，不仅能为施工过程中备料和工种配合提供依据，而且可使工程在建成之后显示出良好的经济效益、环境效益和社会效益。因此，可以说“设计是工程的灵魂”。

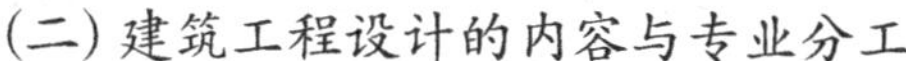

（二）建筑工程设计的内容与专业分工

在科技日益发达的今天，建筑所包含的内容日益复杂，与建筑相关的学科也越来越多。一项建筑工程的设计工作常常涉及建筑结构、给水、排水、暖气通风、电气、煤气、消防、自动控制等。因此，一项建筑工程设计需要多工种分工协作才能完成。目前，我国的建筑工程设计通常由建筑设计、结构设计、设备设计三个专业工种组成。

（三）建筑设计的任务

建筑设计作为整个建筑工程设计的组成之一，它的任务是合理安排建筑内部各种使用功能和使用空间；协调建筑与周围环境、各种外部条件的关系；解决建筑内外空间的造型问题；采取合理的技术措施，选择适用的建筑材料；综合协调与各种设备相关的技术问题。

建筑设计要全面考虑环境、功能、技术、艺术等方面的问题，可以说是建筑工程的战略决策，是其他工种设计的基础。做好建筑设计，除了遵循建筑工程本身的规律外，还必须认真贯彻国家的方针、政策。只有这样，才能使所设计的建筑物达到适用、经济、坚固、美观的最终目的。

二、建筑设计的一般要求和依据

（一）建筑标准化

建筑标准化是建筑工业化的组成部分之一，是装配式建筑的前提。建筑标准化一般包括以下两项内容：其一是建筑设计方面的有关条例，如建筑法规、建筑设计规范、建筑标准、定额与技术经济指标等；其二是推广标准设计，包括构配件的标准设计、房屋的标准设计和工业化建筑体系设计等。

1. 标准构件与标准配件

标准构件是房屋的受力构件，如楼板、梁、楼梯等；标准配件是房屋的非受力构件，如门窗等。标准构件与标准配件一般由国家或地方设计部门进行编制，供设计人员选用，同时也为加工生产单位提供依据。标准构件一般用“G”来表示；标准配件一般用“J”来表示。

2. 标准设计

标准设计包括整个房屋的设计和标准单元设计两个部分。标准设计一般由地方设计院进行编制，供建筑单位选择使用。整个房屋的标准设计一般只进行地上部分，地下部分的基础与地下室由设计单位根据当地的地质勘探资料另行出图。标准单元设计一般指平面图的一个组成部分，应用时一般进行拼接，形成一个完整的建筑组合体。标准设计在大量性建造的房屋中应用比较普遍，如住宅等。

3. 工业化建筑体系

为了适应建筑工业化的要求，除考虑将房屋的构配件及水电设备等进行定型外，还应对构件的生产运输、施工现场吊装及组织管理等一系列问题进行通盘设计，做出统一规划，这就是工业化建筑体系。

工业化建筑体系又分为两种：通用建筑体系和专用建筑体系。通用建筑体系以构配件定型为主，各体系之间的构件可以互换，灵活性比较突出；专用建筑体系以房屋定型为主，构配件不能进行互换。

（二）建筑模数协调统一标准

为了实现设计的标准化，建筑设计必须使不同的建筑物及各部分之间的尺寸统一协调。

1. 模数制

(1) 基本模数

基本模数是建筑模数协调统一标准中的基本数值，用 M 表示，1 M=100 mm。

(2) 扩大模数

扩大模数是导出模数的一种，其数值为基本模数的整数倍。为了减少类型统一规格，扩大模数按 3 M（300 mm）、6 M（600 mm）、12 M（1200 mm）、15 M（1500 mm）、30 M（3000 mm）、60 M（6000 mm）进行扩大，共六种。

(3) 分模数

分模数是导出模数的另一种，其数值为基本模数的分数值。为了满足细小尺寸的需要，分模数按 1/2 M（50 mm）、1/5 M（20 mm）和 1/10 M（10 mm）取用。

2. 三种尺寸

为了保证设计、构件生产、建筑制品等有关尺寸的统一与协调，建筑设计必须明确标志尺寸、构造尺寸和实际尺寸的定义及其相互间的关系。

(1) 标志尺寸

标志尺寸用以标注建筑物定位轴线之间的距离（如跨度、柱距、进深、开间、层高等），以及建筑制品构配件、有关设备界限之间的尺寸。标志尺寸应符合模数数列的规定。

(2) 构造尺寸

构造尺寸是建筑制品、构配件等生产的设计尺寸。该尺寸与标志尺寸有一定的差额。相邻两个构配件的尺寸差额之和就是缝隙。构造尺寸加上缝隙尺寸等于标志尺寸。缝隙尺寸也应符合模数数列的规定。

(3) 实际尺寸

实际尺寸是建筑制品、构配件等的生产实有尺寸，这一尺寸因生产误差造成与设计的构造尺寸间有差值。不同尺度和精度要求的制品与构配件均各有其允许差值。

(三) 建筑设计的原则和要求

1. 满足建筑的功能要求

满足建筑物的功能要求，为人们的生产和生活活动创造良好的环境，是建筑设计的首要任务。例如设计学校，首先要考虑满足教学活动的需要，教室设置应分班合理，采光通风良好，同时还要合理安排备课办公、贮藏和厕所等行政管理和辅助用房，并配置良好的体育场和室外活动场地等。

2. 采用合理的技术措施

正确选用建筑材料，根据建筑空间组合的特点选择合理的结构、施工方案，使房屋坚固耐久、建造方便。例如近年来我国设计建造的一些覆盖面积较大的体育馆，由于屋顶采用钢网架空间结构和整体提升的施工方法，既节省了建筑物的用钢量，又缩短了施工期限。

3. 具有良好的经济效果

建造房屋是一个复杂的物质生产过程，需要大量人力、物力和财力，在房屋的设计和建造中，要因地制宜、就地取材，尽量做到节省劳动力、节约建筑材料和资金。设计和建筑房屋要有周密的计划和核算，重视经济领域的客观规律，讲究经济效果。房屋设计的使用要求和技术措施要和相应的造价、建筑标准统一起来。

4. 考虑建筑的美观要求

建筑物是社会的物质和文化财富，它在满足使用要求的同时，还需要考虑人们对建筑物在美观方面的要求，考虑建筑物所赋予人们精神上的感受。建筑设计要努力创造具有我国时代精神的建筑空间组合与建筑形象。历史上创造的具有时代印记和特色的各种建筑形象，往往是一个国家、一个民族文化传统宝库中的重要组成部分。

5. 符合总体的规划要求

单体建筑是总体规划的组成部分，单体建筑应符合总体规划提出的要求。建筑物的设计还要充分考虑和周围环境的关系，如原有建筑的状况、道路的走向、基地面积大小及绿化和拟建建筑物的关系等。新设计的单体建筑应与基地形成协调的室外空间组合和良好的室外环境。

（四）建筑设计的依据

建筑设计是房屋建造过程中的一个重要环节，其工作是将有关设计任务的文字资料转变为图纸。在这个过程中，建筑设计必须贯彻国家的建筑方针和政策，并使建筑与当地的自然条件相适应。因此，建筑设计是一个渐次进行的科学决策过程，必须在一定的基础上有依据地进行。现将建筑设计过程中所涉及的一些主要依据分述如下。

1. 资料性依据

建筑设计的资料性依据主要包括三个方面，即人体工程学、各种设计的规范和建筑模数制的有关规定。

2. 条件性依据

建筑设计的条件性依据，主要可分为气候条件与地质条件两个方面。

(1) 气候条件

气候条件对建筑物的设计有较大影响。例如：湿热地区，房屋设计要很好地考虑隔热、通风和遮阳等问题；干冷地区，通常又希望把房屋的体型尽可能设计得紧凑一些，以减少外围护面的散热，有利于室内采暖保温。

日照和主导风向通常是确定房屋朝向和间距的主要因素，风速是高层建筑、电视塔等设计中考虑结构布置和建筑体型的重要因素，雨雪量的多少对选用屋顶形式和构造也有一定影响。在设计前，需要收集与上述有关的气象资料作为设计的依据。

(2) 地质条件

基地地形的平缓或起伏，基地的地质构成、土壤特性和地耐力的大小对建筑物的平面组合、结构布置和建筑体型都有明显的影响。坡度较陡的地形，常使房屋结合地形错层建造；复杂的地质条件，要求房屋的构成和基础的设置采取相应的结构构造措施。

地震烈度表示地面及房屋建筑遭受地震破坏的程度。在地震烈度6度以下地区，地震对建筑物的损坏影响较小；9度以上的地区，由于地震过于强烈，从经济因素及耗用材料考虑，除特殊情况外，一般应尽可能避免在这些地区建设。房屋抗震设防的重点是指6、7、8、9度地震烈度的地区。

3. 文件性依据

建筑设计的依据文件包括以下四种。

(1) 主管部门有关建设任务使用要求、建筑面积、单方造价和总投资的批文，以及国家有关部委或各省、市、地区规定的有关设计定额和指标。

(2) 工程设计任务书：由建设单位根据使用要求，提出各种房间的用途、面积大

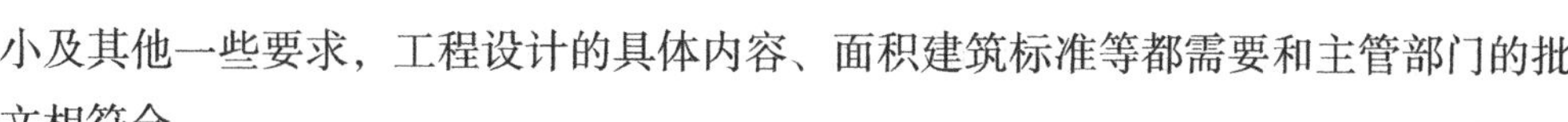

小及其他一些要求，工程设计的具体内容、面积建筑标准等都需要和主管部门的批文相符合。

(3) 城建部门同意设计的批文：内容包括用地范围（常用红线画定），以及有关规划、环境等城镇建设对拟建房屋的要求。

(4) 委托设计工程项目表：建设单位根据有关批文向设计单位正式办理委托设计的手续。规模较大的工程还常采用投标的方式，委托得标单位进行设计。

设计人员根据上述设计的有关文件，通过调查研究，收集必要的原始数据和勘测设计资料，综合考虑总体规划、基地环境、功能要求、结构施工、材料设备、建筑经济及建筑艺术等方面的问题，进行设计并绘制成建筑图纸，编写主要设计意图说明书，其他工种也相应设计并绘制各类图纸，编制各工种的计算书、说明书及概算和预算书。

上述整套设计图纸和文件便成为房屋施工的依据。

三、建筑设计理念的发展与探索

当今人们对建筑的欣赏性、环保性、智能化等方面的要求越来越高，因此设计师应该特别重视建筑设计理念的创新。能否大胆创新、突破世俗的禁锢，决定了一个建筑设计师能否成功，也决定了今后建筑业设计理念的发展。

(一) 建筑设计的意义

1. 建筑设计与城市的关系

建筑设计是微观的，其研究对象是建筑物；而城市规划是对一定时期内城市的经济和社会发展空间布局，以及各项建设的综合部署、具体安排和实施管理，是宏观的，其研究对象是整个城市和城市所在的区域。城市规划是建筑设计的前提与先导，而建筑设计则是城市规划在空间上的具体落实。从以下几个方面可见建筑对城市规划的重要意义。

(1) 场地绿化

新建筑物会侵占场地原有的植被。优秀的设计可以改善植被，创造出更有利于人们生活的区域。

(2) 交通方面

好的建筑设计会在一定程度上缓解交通拥堵的压力，对环境污染也会起到相应的改善作用。

(3) 能源方面

新建筑物对水、电、气、暖的需求量加大，同时也加剧了城市污水处理的压力。

好的设计能把节能措施作为重要的设计原则，以减少能源的消耗。

(4) 文脉

一个具有优秀外观造型的建筑，往往会成为一个城市的地标建筑，而恶俗的设计则会让城市文脉消减甚至失去本有的特色。

(5) 空间

优秀的空间设计能够吸引人们驻足或者休憩，带给人们美好的内心感受，甚至能引发人们的共鸣。一个优秀的社会公共空间，应不仅能容纳人，更能促进公众活动。

评价建筑与城市规划关系的优劣，以上5条原则是建筑设计在城市规划的空间上最具体的体现。

2. 建筑与社会文明的关系

建筑的构筑本身就已经集合了大量的物质资源，同时也凝结了无数人的智慧和劳动。在文明发展史上，许多历史文化都是伴随着一些标志性建筑而流传下来的。

建筑的建造因其复杂性和长期性，往往会滞后于同期的科学文化发展。但是在思想文化方面，一个具有代表性的建筑往往会凝结某个时代最辉煌的文化艺术成果，甚至会超越自身形象而成为人类精神文明的象征，并流传千古。虽然建筑不会成为社会经济文化进步发展的先锋，但它却会随着设计者或使用者思想的变化而变化，最终形成某个时代的鲜明特征，代表这个时代的成就或衰变。

虽然所有的建筑都改变不了最终湮灭的结局，但其在精神文明上的传承和影响却是长久存在的，建筑设计在文化和哲学上的意义是显而易见的。

3. 建筑与人的关系

建筑设计面临的首要问题是功能，功能就是空间的使用者对空间环境的各种需求在建筑上的体现，包括生理上的和心理上的。而有机地、立体三维地思考建筑空间功能往往能创造出更富有意义的空间环境。

首先，人类大量的活动是在建筑中进行的，所有与人生理有关的问题都需在建筑中得到解决（如呼吸行走、坐卧进食、排泄、取暖避寒等），这是建筑设计要解决的第一步，也是人为自己创造的空间最原始的功能要求。

其次，作为高等动物的人，有着比其他生物对建筑空间更高的需求，比如人类的羞耻感，以及对空间隐秘性的需求，又如对光线、高度及声音等的需求，建筑设计要考虑这些需求。

最后，需要满足人们的社会性需求和精神文化需求，比如特殊人群对某些特殊空间的特殊需求，这往往跟人们的社会背景、社会地位及其他某些特殊方面相匹配。

所以，功能所体现的就是人（设计者）在充分考虑自身多种需求，再结合所了解

到的人群的特殊需求后，为人（使用者）所创造的相对应的空间环境。人（使用者）在这样的空间下进行社会活动，这样的空间的优缺点又会在生理、心理或文化习惯上影响人。

总之，建筑是为人服务的，人创造了建筑，而建筑又反过来影响人。

（二）建筑设计理念的发展与探索

1. 绿色建筑设计

随着节能环保理念的推广，绿色建筑以其节能、低碳、环保的优势，在现代建筑设计中受到人们的重视。“绿色建筑”的“绿色”并不是指一般意义的立体绿化、屋顶花园，而是指建筑对环境无害。绿色建筑就是能充分利用环境自然资源，并且在不破坏环境基本生态平衡的条件下建造的一种建筑，也称为可持续发展建筑、生态建筑、回归大自然建筑、节能环保建筑等。

绿色建筑设计不仅能够为人们提供舒适健康的生活空间，同时还能够促进人与自然的和谐相处，是实现建筑行业可持续发展的根本所在。

2. 建筑工业化

建筑工业化的目的就是要提高劳动生产效率，减少现场施工作业与人员投入，减少环境污染，节约能源和资源，促进建筑行业产业转型与技术升级。建筑工业化最大的特点是体现建筑全生命周期的理念，将设计、施工环节一体化，使设计环节成为关键，让设计环节不仅是设计蓝图至施工图的过程，还需要将构配件标准、建造阶段的配套技术建造规范等都纳入设计方案中，从而使设计方案作为构配件生产标准及施工装配的指导文件。目前，我国的建筑设计与建筑施工技术水平已接近或达到发达国家技术水平。根据建筑技术可持续发展的需要，应积极探索建筑产业现代化发展，其中建筑工业化就是建筑产业现代化发展的一个重要方面。

3. 建筑智能化

建筑智能化是将建筑与通信、计算机网络等先进技术相互融合，将数字化技术融入建筑设计中。随着现代高科技信息技术的普及，建筑的智能化发展呈现不可逆转的趋势。

第三节　建筑设计的过程和内容

一、接受任务阶段和调查研究

(一) 接受任务阶段

接受任务阶段的主要工作是与业主接触，充分了解业主的要求，接受设计招标书（或设计委托书）及签署有关合同；了解设计要求和任务；从业主处获得项目立项批准文号、地形测绘图、用地红线、规划红线、建筑控制线及书面的设计要求等设计依据，并做好现场踏勘，收集较全面的第一手资料。

(二) 调查研究

调查研究是设计之前较重要的准备工作，包括对设计条件的调研、与艺术创作有关的采风，以及与建筑文化内涵相关的田野调查等，也包括对同类建筑设计的调研。

1. 设计条件调研

对设计条件的调研主要包括以下几个方面：场地的地理位置，场地大小，场地的地形、地貌、地物和地质，周边环境条件与交通，城市的基础设施建设，等等。

市政设施，包括水源位置和水压、电源位置和负荷能力、燃气和暖气供应条件、场地上空的高压线、地下的市政管网等。

气候条件，如降雨量、降雪、日照、无霜期、气温、风向、风压等。

水文条件，包括地下水位、地表水位的情况。

地质情况，如溶洞地下人防工程滑坡、泥石流、地陷及下面岩石或地基的承载力等情况，还有该地的地震烈度和地震设防要求等。在建筑设计之初，要了解当地的抗震设防要求。

2. 采风

大多数门类的艺术在创作之初，艺术家都会进行采风，从生活当中为艺术创作收集素材，并获取创意和灵感。例如，贝聿铭在接受中国政府委托进行北京香山饭店的设计之初，就游历了苏州、杭州、扬州、无锡等城市，参观了各地有名的园林和庭院，收集了大量的第一手资料，经过加工和提炼后融入其设计作品之中，使得中国本土的建筑艺术和文化在香山饭店这样的当代建筑中重新焕发出炫目的光彩。

3. 田野调查

田野调查（田野考察）是民俗学或民族文化研究的术语，建筑的田野调查是将传统建筑作为一项民俗事项全方位地进行考察，其特点是不仅考察建筑本身，还考察当地传统、使用者和风俗等与建筑的相互关系。在近代中国的民族复兴过程中，中国本土设计师不断尝试将中国传统建筑特点与当代建造技术相结合，产生了诸如中山纪念堂、中华人民共和国成立10周年的十大纪念建筑之一的中国美术馆，以及中华人民共和国成立之初建造的重庆人民大礼堂、天安门广场的人民英雄纪念碑等优秀作品。在当代建筑设计中，讲求建筑的“文脉”也成为建筑师的共识。

建筑的田野调查，就是把地方的、民族的传统建筑作为物质文化遗产进行研究，从中汲取营养，以便在创作中传承和发扬优秀民族文化遗产和地方特色。因为文化艺术作品越是民族的，就越是世界的。

（三）现场踏勘

现场踏勘是实地考察场地环境条件，依据地形测绘图，对场地的地形、地貌和地物进行核实和修正，以使设计能够切合实际。因为地形测绘图往往是若干年前测绘的，而且能提供的信息有限，建筑设计不能仅凭测绘图作业，所以必须进行现场踏勘。

1. 地形测绘图

现在建筑工程设计都使用电子版的地形测绘图，1个单位代表1 m，我国的坐标体系是2000年国家大地坐标体系。很多城市为减小变形偏差，还有自己的体系，称为城市坐标体系。与数学坐标和计算机中CAD界面的坐标（数学坐标）不同，其垂直坐标是X，横坐标是Y，在图纸上给建筑定位时，应将计算机中CAD界面的坐标值转换成测绘图的坐标体系，就是将X和Y的数值互换。

2. 地形、地貌和地物

地形是指地表形态，可以绘制在地形测绘图上。地貌不仅包括地形，还包括其形成的原因，如喀斯特地貌、丹霞地貌等。地物是地面上各种有形物（如山川、森林、建筑物等）和无形物（如省、县界等）的总称，泛指地球表面上相对固定的物体。地形和地物大多以图例的方式反映在地形测绘图上。

3. 高程

各测绘图上的高程（海拔高度）是统一的，如未说明，在我国都是以青岛黄海的平均海平面作为零点起算。

二、立意与构思、设计概念的提取

(一) 立意与构思的关系

建筑既然是一种艺术创作，那么在建筑设计之初就应有一个立意与构思的过程。建筑设计构想是建筑的个性思想性产生的初始条件，建筑设计构想又要通过立意、构思和表达技巧等来实现，因此建筑设计构想是一个由感性设计到理性设计的过程。

立意，也称为意匠，是对建筑师设计意图的总概括，是对这座未来建成的建筑的基本想法，是构想的起始点，也就是建筑师在设计的初始阶段所引发的构想。立意，是作者创作意图的体现，是创作的灵魂。构思，是建筑设计师对创作对象确定立意后，围绕立意进行的积极的、科学的发挥想象力的过程，是表达立意的手段与方法。

(二) 当代建筑的立意特征

1. 抽象化

建筑的功能性和技术性决定了建筑不像其他造型艺术那样“以形寓意”，把塑造形体当作唯一的创作目的，它同时要对形体所产生的空间负责，而且从使用的角度看，空间更重要一些。所以，建筑本身具有的审美观念，与雕塑相比要抽象和含蓄得多。

建筑是通过自身的要素，如建筑的材料、结构形式和构造技术，以及建筑的空间和体量、光影与色彩等，来反映建筑师的个人气质与风格，反映社会和文化的发展状况的。

2. 个性化特征

当代建筑的立意是个性化的。从需求层面而言，随着经济和生活水平的提高，人们不再满足于大众化的、程式化的设计感，而是要求作品体现出独特的构思和立意。从创作层面而言，构思是很主观化的，创作者的知识结构、情感、理念、意念等个人因素对构思起着主要作用。建筑的立意是建筑师的人生观、价值观、文化和专业素养的体现。设计作品的个性化取决于设计者个人的设计哲学和专业经历。

3. 多元化特征

“建筑是社会艺术的形式”，建筑作品反映了社会生活的各个方面。不同时代，建筑的立意和形式也不同。当代社会是一个开放的多元化社会，多民族文化共存且互相影响、互相融合，多种学科之间互相交叉与合作，各种学术流派和观念等也多种多样，因此当代建筑的立意具有多元化的特征。

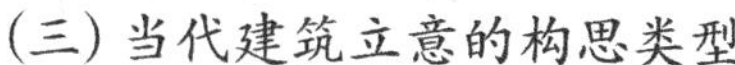

当代建筑立意的内容和题材广泛，一般大型建筑设计立意和构思的主要目的是尝试塑造建筑撼动人心的精神感召力和艺术感染力。当代建筑立意的构思类型可归纳为以下几种方向。

1. 由结构和技术的革新产生的立意

一种新的结构形式与技术措施会相应带来新的建筑理念和形式，因此建筑的结构和技术的革新会产生新的立意。20 世纪初的工业革命不仅带来了新结构、新技术和新材料，也带来了新的建筑形式——现代建筑。建筑结构和技术手段作为生产力的表现，是推动建筑发展的决定性力量。

2. 从文脉场所精神入手

区域地理气候条件的不同，会导致社会经济、文化习俗的差异，即文脉；场所精神是指建筑周围的环境氛围和历史沿革。建筑离不开它所处的场所的精神和文脉。例如，北京奥运主要场馆——鸟巢的设计，设计师为形象地推出奥运会的“和平、友谊、进步”这一抽象的理念，借助鸟巢这样一个具体的建筑形象来实现，它的形态如同孕育生命的“巢”，更像一个摇篮，寄托着人类对未来的希望。而由张艺谋导演的北京奥运会闭幕式演出，其场馆内主题性的造型，更令人联想到“巴别塔”，在传说中，它是经过人类的团结合作才树立起来的丰碑。在这里，不同的艺术家都采用了象征的手法来强调人类团结与和平的奥运主题，立意都是弘扬奥运精神，构思都是找到贴切的形态。

3. 从建筑与自然环境的关系入手

如何将建筑融于自然，如何有效利用自然资源和节约能源，在建筑立意中已屡见不鲜。日本建筑师安藤忠雄设计的大阪府立飞鸟博物馆，就成功地创造出一个人与自然和人与人之间的交流对话的场所。在博物馆设计中，设计者将其构思为一座阶梯状的小山，建筑顺应地形坡度，设计出一个庞大的阶梯式广场，且阶梯广场又是博物馆的屋顶，这样一来，建筑就如同大地的延伸，巨大的实体宛如山丘，建筑的植入巧妙地衔接了历史与环境。

4. 从建筑与城市的对话入手

城市是建筑的聚集地，建筑会对城市空间和景观产生影响。建筑师雷法尔·维尼奥里（Raphael Vigndi）设计的东京国际文化中心，其立意就是想给东京这样一个国际化的大都市注入活力和希望，因而利用一个在建筑内部开放的城市广场——“舟形”玻璃中庭给市民提供了一个非常有活力的活动场所。

5. 从形式的内在逻辑入手

以抽象的形式和逻辑作为建筑的主要立意，具有一定的实验性。如“水立方”

的设计创意，由于紧邻气质、阳刚张扬的“鸟巢”，因此设计师想到利用水阴柔的特点来设计国家游泳中心，以体现阴阳结合。而方盒子更能诠释中国文化的“天圆地方”“方形合院”，并且能与椭圆形的“鸟巢”形成鲜明对比，以体现“阴与阳”“乾与坤”的东方文化特点。而由 ETFE 膜（乙烯、四氟乙烯共聚物）围合的场馆空间，其内部就像一个奇幻的水下世界，十分契合游泳场馆的主题和特色。

三、概念性方案设计阶段

概念性方案设计主要适用于项目设计的初期，侧重于创意性和方向性，是向政府或甲方直观地阐述方案的特点和发展方向，以便于进一步具体实施的过程性文件，常用于国内外各种建筑和规划项目的投标上，因此在深度上的要求相对较宽松。

对于概念方案设计的成果文件，目前行业和国家并没有相关的官方文件对深度和内容进行明确的规定，在执行上有一定的灵活性，主要应当结合政府报批要求及公司内部要求，采用多样化的表现手法。为充分展示设计意图、特征和创新之处，可以有分析图、草图、总平面及单体建筑图、透视图，还可根据项目需要增加模型、幻灯片等。概念方案设计的主要目的是帮助业主提出一个合理的设计任务书，以指导今后的设计阶段。

四、方案设计阶段

建筑设计阶段包括方案设计、初步设计和施工图设计三个阶段。方案设计阶段主要是提出建造的设想；初步设计阶段主要是解决技术可行性问题，规模较大、技术含量较高的项目都要进行这个阶段设计；施工图设计阶段主要是提供施工建造的依据。

方案设计阶段是整个建筑设计过程中重要的初始阶段，方案设计阶段以建筑工种为主，其他工种为辅。建筑工种以各种图纸来表达设计思想为主、文字说明为辅，而其他工种主要借助文字说明来阐述设计。建筑方案设计阶段主要是解决建筑与城市规划、场地环境的关系，明确建筑的使用功能要求，进行建筑的艺术创作和文化特色打造等，为后续设计工作奠定好的基础。

（一）方案设计的依据

1. 业主提供的文件资料

业主提供的文件资料是重要的设计依据之一，包括项目立项批准文件、设计要求（体现在设计任务书、设计委托书设计合同等文件中）、地形测绘图（含红线）等。

2. 有关的国家标准、行业标准、地方条例和规定

设计依据可以理解为在法庭上能够作为证据的资料。在建筑的设计和建设过程

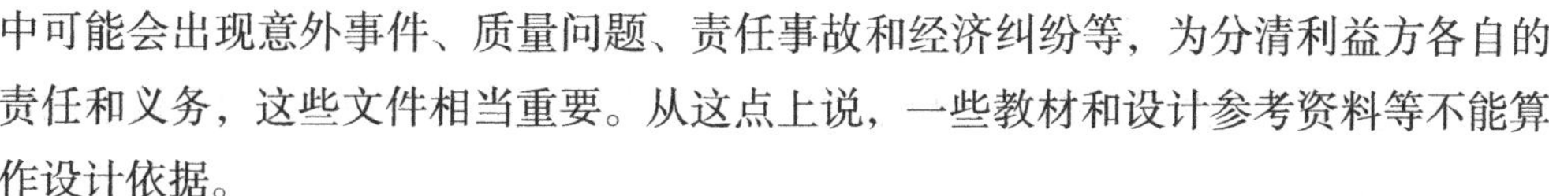

中可能会出现意外事件、质量问题、责任事故和经济纠纷等，为分清利益方各自的责任和义务，这些文件相当重要。从这点上说，一些教材和设计参考资料等不能算作设计依据。

(二) 设计指导思想

设计指导思想是整个设计与建造过程中遵循或努力实现的设计理念，如环保、节能和生态可持续发展等；也包括一些不能忽视和回避的设计原则，如安全牢固、经济技术和设计理念的先进等，常被用作控制设计和建造质量的准则。

(三) 设计成果

设计成果体现在设计的优点、特点和技术经济指标方面，见之于设计说明之中，也体现在各种设计图和表现图上。任何艺术作品都具备唯一性，有着与众不同的艺术特点，这是大型项目方案说明中会特别强调的内容。技术指标是指照度、室内混响和耐火极限这一类的技术参数；经济指标主要体现在有关用地指标和建筑面积及其分配等方面，这些指标都能反映设计的质量。方案设计阶段的图纸文件有设计说明、建筑总平面图、立面图、剖面图和设计效果图等。

五、初步设计阶段和施工图设计阶段

(一) 初步设计阶段

对于建筑规模较大、技术含量较高或较重要的建筑，应进行初步设计，以实现技术的可行性，并以此缩短设计和施工的整个周期。初步设计作为方案设计和施工图之间的过渡，用于技术论证和各专业的设计协调，其成果也可作为业主采购招标的依据，而且便于业主与设计方或不同设计工种在深入设计时的配合。

(二) 施工图设计阶段

1. 建筑工程全套施工图有关文件

合同要求所涉及的包括建筑专业在内的所有专业的设计图纸，含图纸目录、说明和必要的设备、材料表及图纸总封面；对于涉及建筑节能设计的专业，其设计说明应有建筑节能设计的专项内容。

2. 建筑工程施工图的作用

全套建筑工程施工图是由包括建筑专业施工图在内的各专业工种的施工图组成的，是工程建造和造价预算的依据。

3. 建筑专业施工图

建筑专业施工图应交代清楚以下内容，使得负责施工的单位和人员能够照图施工而无疑义。

施工的对象和范围：交代清楚拟建建筑物的大小、数量、位置和场地处理等。

施工对象从整体到各个细节，从场地到整个建筑直至各个重要细节（例如一个栏杆甚至一根线条）的以下内容：施工对象的形状，施工对象的大小，施工对象的空间位置，建造和制作所用的材料，材料与构件的制作、安装固定和连接方法，对建造质量的要求。要交代清楚以上内容，主要是以图纸为主、文字（设计说明及图中的文字标注）为辅。设计说明主要用于系统地阐述设计和施工要点，以弥补设计图纸表达的不足。

4. 施工现场服务

施工现场服务是指勘察、设计单位按照国家、地方有关法律法规和设计合同约定，为工程建设施工现场提供的与勘察设计有关的技术交底、地基验槽、现场更改处理、工程验收（包括隐蔽工程验收）等工作。

(1) 技术交底

技术交底也称图纸会审，工程开工前，设计单位应当参加建设单位组织的设计技术交底，结合项目特点和施工单位提交的问题，说明设计意图，解释设计文件，答复相关问题，对涉及工程质量安全的重点部位和环节的标注进行说明。

(2) 地基验槽

地基验槽是由建设单位组织建设单位、勘察单位、设计单位、施工单位、监理单位的项目负责人或技术质量负责人共同进行的检查验收，主要评估地基是否满足设计和相关规范的要求。

(3) 现场更改处理

①设计更改。若设计文件不能满足有关法律法规、技术标准、合同要求，或者建设单位因工程建设需要提出更改要求，应当由设计单位出具设计修改文件（包括修改图或修改通知）。

②技术核定。对施工单位因故提出的技术核定单内容进行校核，由项目负责人或专业负责人进行审批并签字，加盖设计单位技术专用章。

(4) 工程验收

设计单位相关人员应当按照规定参加工程质量验收。参加工程验收的人员应当查看现场，必要时查阅相关施工记录，并依据工程监理对现场落实设计要求情况的结论性意见提出设计单位的验收意见。

第三章　建筑技术与建筑设计概述

第一节　建筑结构与建筑设计

通过对建筑形式美规律的揭示，我们注意到了造型、色彩、质感等影响建筑美的一些重要因素，其中，造型的本质体现了结构美。建筑的结构如同人体中的骨骼，不但成就了人类的完美之躯，还是一种力的象征。

要研究结构与建筑的关系，我们须了解建筑物受到的荷载以及荷载作用下建筑物产生的变形和为抵抗这些变形所采用的各种结构形式。不同的结构形式使得建筑物呈现出体形丰富、形态各异的特征和结构美。

一、概述

(一) 建筑荷载

与自然界所有物体一样，建筑物承受了各种力，最常见的力是地心引力——重力。建筑物的屋顶、墙柱、梁板和楼梯等的自重，称为恒荷载；建筑物中的人、家具和设备等对楼板的作用，称为活荷载。这些荷载的作用力方向都朝向地心，在这些力的作用下，建筑物有可能发生沉降甚至倾斜。另外，还有寒冷地区的积雪，热带的台风和雨水，地震、火山活动区的地震力，等等。我们发现，风力、地震力多是沿水平方向作用给建筑物的。

(二) 变形和位移

荷载作用下建筑的变形位移通常有弯曲、扭曲、沉降、倾覆、裂缝等，很多时候，这些变形或位移并没有被人们发现，如建筑的沉降。特别值得我们关注的是，建筑构件在力的作用下，最主要的变形就是弯曲。

某些材料，如钢筋混凝土梁板是允许出现肉眼难以发现的微裂缝的，当裂缝开展到一定程度，即使构件没有垮塌，但由于它已经不具备需要的抗弯能力，所以也宣告破坏。

构件在力的作用下会变形，还会产生位移，例如高楼在大风作用下出现的摇摆，越高处的位移可能越大。我们须设法抵抗或减弱这些位移，构件的某些部位通过增加约束而使受力位移得到控制。从简易的独木桥发展到桁架桥，又由木桁架桥启发了桁架式建筑的产生，人们对力学的认识逐步深入，对材料和结构的类型的选择运用也越来越科学。

我们初步地获得了这样一些概念，即不同的材料其强度各不相同，而对于相同材料组成的构件，不同的构造其刚度也不同。此外，还有一个重要的概念叫稳定。

（三）结构布置

建筑设计时，除了为满足使用功能而进行平面和空间的布置、塑造美的外观和屋顶，更重要的是，进行合理、经济的结构布置。前面描述的砖混结构、框架结构、剪力墙结构等，在结构的布置上应遵守以下原则。

1. 砖混结构

砖混结构是一种墙承重结构，墙体材料采用砖砌体，楼面则采用钢筋混凝土楼板和梁。出于抗震的需要，大部分砖混结构的楼板体系都采用混凝土现浇结构，以获得较好的整体刚度。现浇楼板的厚度受到跨度和荷载影响，为使板厚不致过大，往往采用梁来分隔楼板，根据梁的受力特点和作用不同，又分为主梁和次梁。次梁的作用在于把楼板重量尽量均匀地分布到主梁上，所以次梁的布置是把楼板均匀分隔成互相平行的几个部分，而主梁则将板和次梁的力再传递给墙体、传至基础，这就是砖混结构的受力机理。

一般民用建筑主梁的经济跨度为5～8m，主梁的高度一般为跨度的1/10，次梁的跨度一般小于主梁跨度，高度通常为其跨度的1/14。而板的厚度一般不小于其跨度的1/40。楼板的长边和短边之比小于2时，称为双向受力板，否则称为单向板，即使其短边是支撑在梁或墙上，也可以忽略墙、梁对板的约束作用。

2. 框架结构

框架结构的受力机理与砖混结构相似，只是力被最终传给柱子而非墙体，所以框架结构的内外墙也称填充墙，是不承重的；还有与砖混结构的不同点，框架柱通常也是现浇混凝土，所以能和梁板结构共同组成整体性极好的框架体系，所以在有抗震要求的建筑中，往往以框架结构取代砖混结构，当然，砖混结构可以通过一些加固措施来满足抗震需求。

另外，框架结构的楼板体系一般是连续现浇的，这样的楼板及梁称为连续板及连续梁。

3. 剪力墙结构

这种结构的特点与砖混很相近，但其整体性比框架结构更强，能够抵抗的地震力、风力更大，所以多用于高层建筑。

至于框架与剪力墙混合而成的“框剪”结构，包含此两种结构的特点，由于其

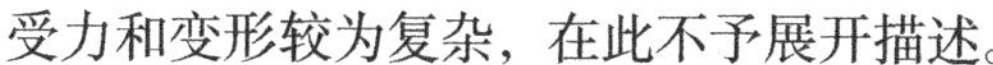

受力和变形较为复杂，在此不予展开描述。

4. 关于悬挑和悬臂

完整的楼板体系一般是由四边支承的，端部或交点由墙或柱支撑，但我们在日常生活中经常看到一些“出挑”的结构，如篮球架、阳台、雨篷、体育场的看台等，这种结构称为悬挑结构，悬挑结构的梁及板称为悬臂梁、悬臂板。设计合理的悬挑结构，除了满足其使用要求，还有美化外观的作用，甚至还可以起到受力、变形的平衡作用及调节作用。

5. 结构布置的优化

有时由于使用空间的需要，在一个大空间里，为使梁的高度减小以增加室内的高度，我们还可以将其设计成“无梁结构”和“井字梁结构”。前者是把板厚加大并在柱顶加“柱帽”，使之形成无梁的厚板结构，但由于造价可能相对较高，其应用并不多见；后者则是相反的概念，即布置双向均匀等跨等高的梁，形成“井”字，使板厚减小，整齐的方格外观相当美观，无须吊顶，但由于施工略显复杂，空间平面适用于方形，故应用并不广泛。

我们需要长期地学习、实践，才能逐步掌握分析和优化的方法。

二、建筑与建筑结构

随着社会和科技的不断发展，建筑的空间构成更为复杂、结构技术不断进步、建筑设备种类日趋多样，现代建筑已经成了由建筑、结构、设备三大要素构成的综合产品。

建筑、结构、设备这三大要素中，结构与建筑的关系更为密切，彼此影响最大，二者的关联程度明显大于设备。学习建筑结构知识，可以帮助设计人员正确地认识建筑与建筑结构的关系，熟悉建筑结构的组成、各种结构的受力特点，以及建筑结构设计的基本概念和基本原理，明确不同设计阶段的结构问题，使设计人员逐步树立正确的设计观念，促进建筑与结构专业间的有效合作，从而提高建筑设计质量。

（一）建筑与结构

1. 建筑

建筑是人们为满足一定的物质和精神需要，利用物质技术条件创造出的人造空间环境。建筑的构成有三个要素，即建筑功能、物质技术条件和建筑形象。

建筑功能是指建筑物必须满足人们物质和精神方面的使用要求。人们的使用要求既有物质的，如居住、办公、学习、生产等方面的要求；也有精神的，如体现个性、身份、地位、实力，形成标志等方面的要求。人们对建筑功能的要求随着社会的发展进步而日益提高和多样化，这是建筑发展的内在动力。

物质技术条件是指建造建筑物所使用的建筑材料、建筑结构与构造、设备及施工技术，也包括设计、施工组织等内容。物质技术条件是建筑的物质基础和实现建筑的手段，是建筑发展的外在条件。

建筑形象是指建筑物的内外观感，包括建筑体型、立面处理、内外空间的组织、装修、色彩应用等，反映了建筑物的文化内涵、时代风采、民族风格、地方特色等。建筑形象具有象征意义，这对于使用者来说是非常重要的，因为建筑物是他们生活环境的象征，是社会对他们态度的象征，是他们审美价值受尊重程度的象征。建筑应当让使用者和看到它的人产生鼓舞人心的、美的感受，这也体现了建筑设计人员的社会责任心。

建筑构成三要素之间是辩证统一、不能分割的，但又有主次之分。首先，建筑功能是起主导作用的因素；其次，物质技术条件是达到目的的手段，技术对功能有约束或促进的作用；最后，建筑形象是功能和技术的反映。

为创造一个有效的建筑物，建筑师必须依据建筑物的功能性质，充分发挥主观作用，在一定功能和技术条件下，将一个建筑物的多种性能有机地组织在一起，构建一定的空间形式，且尽可能达到最优化的集合，从而满足建筑的三项基本要求，即适用、坚固和美观。

适用，是对建筑功能的要求，指建筑物提供的空间能够满足人们的使用要求。坚固，是从物质实体的角度对建筑提出的要求，要求建筑物能够抵抗各种作用，并能够在寿命期内安全、稳定地存在。美观，是指建筑物形象应该符合人们的审美标准。

2. 建筑结构

从建筑的实体构成来看，一般可以分为承重结构、围护结构、饰面装修和附属部件几部分。建筑结构主要是指承重结构部分，即用来形成一定空间及造型，并具有抵御人为和自然界施加于建筑物的各种作用力，使建筑物得以安全使用的骨架。

建筑结构是建筑物质技术条件的重要组成部分，建筑结构的组成、发展以及结构方案的确定都受到多种因素影响。

首先，建筑材料是结构的物质基础，使用材料的方式、方法以及构件的连接是构建结构的技术基础。不同建筑材料可形成不同的建筑结构，如石结构、木结构、钢筋混凝土结构、钢结构，以及同时使用多种材料的混合结构等。同种建筑材料也可以建成不同结构，例如，使用钢筋混凝土可以建造拱、框架、剪力墙、筒体等多种结构。建筑材料制作成结构构件，各种结构构件通过一定方式连接成整体，成为建筑结构。多种多样的材料、构件和不同的连接方式构成了多姿多彩的结构形式。

其次，结构分析和设计理论指导人们设计出优化的结构。从结构的整体受力分析到个别构件的设计，到结构方案的比较、优化，都离不开结构理论。结构理论是一门实验科学，不仅需要理论分析，更要依靠工程实践和科学实验来推动。丰富的实践经验和翔实的实验数据有利于结构理论的深入和提高。计算机的引入使分析、计算、绘图手段得到极大发展，大幅度提高了分析能力和设计速度，对结构设计效率及准确性的提高都有极大帮助。

最后，建筑结构设计必须考虑施工要求。如果没有可行的施工方案（包括人力、机械、运输、组织等内容），就不可能在实际中建造起建筑。

此外，经济因素也影响结构方案的选择和确定。

（二）建筑与结构的关系

建筑和建筑结构是两位一体、不可分割的同一实体。不同专业的设计人员从不同的角度看待这一实体：建筑师从空间环境的角度出发，关注并负责解决的核心问题是获得符合使用要求的空间；结构师从实物的角度出发，负责构建能围合出相应空间且坚固、安全的物质实体。

建筑和结构是矛盾的统一体，没有脱离结构的建筑，也没有脱离建筑的结构。无论何种空间组合的建筑方案都离不开结构的支持，结构体系的形式也不可避免地与它要支撑的建筑物的形式密切相关。

(1) 建筑结构是建筑的骨架，是建筑赖以安全存在的物质基础

作用在建筑上的各种荷载主要由结构部分来承受，建筑结构质量的好坏，对建筑物的坚固性和寿命具有决定性作用，对于生产和使用影响重大。

(2) 建筑的发展既依赖于结构的发展，又引领结构的发展

为满足建筑的功能要求，建筑空间和外观形体不断创新，但建筑物的形式始终受到结构的制约，如空间大小、高低、曲直及外观形体都与所用的结构形式密切相关。从一定时期来看，由于材料、设计及施工等因素的制约，建筑空间的规模和尺度都不会超过建筑结构的承受极限，建筑只能是在结构提供的可能范围内，尽可能发挥各种结构的优势，去创造丰富的空间及其组合形式。某种新型结构材料或结构形式的诞生和使用，则会推动建筑得到较快发展。从历史发展来看，人们对于空间的需求，尤其是规模上的需求，总是推动结构研究不断深入，不断创生出新的、能力更强的结构材料和结构形式。今天，人们对于建筑物更高、更大、更坚固的要求，推动着结构向超高层、超大跨方向发展，也推动结构在承载力和抗震性能方面的不断提高、完善。

(3) 建筑与结构需要完美结合，科学合理的结构方案是建筑设计成功的基础

建筑空间的围合和支撑、建筑的空间造型都离不开结构的支持，通过展现结构美而实现建筑美，使建筑与结构完美结合，才能做出成功设计。正如在大跨度建筑中，不同的结构形式对建筑界面（顶界面、侧界面）的建立都有独特的影响，或构成独具个性的第五立面，或构成完整的建筑外观，对建筑形象的塑造有决定性的影响。有的建筑界面（如大跨度建筑的顶界面）直接暴露结构构件，使得结构构件的粗细、走向、网格图案及其韵律直接成为建筑空间艺术的重要组成部分。建筑造型的比例、尺度、节奏、韵律、均衡、稳定等的形式美问题都需要以结构形态为基础，并同结构形式糅合在一起综合处理，以期达到建筑与结构的有机结合。

总之，建筑与结构的关系是相互依存、相互促进、共同发展的，只有二者和谐统一，才能是好的建筑作品。从建筑设计伊始，就应该考虑结构方案，包括结构材料、结构形式的选择、布置设计、施工方案等问题，综合处理好空间形式、物质技术条件和形象的要求，达到优化的集合。

建筑师只有懂得结构知识，才能更好地驾驭结构。古今中外的建筑大师们，往往同时也是结构大师，建筑与结构的完美结合使他们创造出了流传百世的建筑。少数人认为结构知识会制约构思建筑方案时的想象力，这是错误的。事实上，有的建筑设计方案恰恰是因为缺少结构概念而不可行，或者存在安全方面的不足而最终被放弃。完全忽略结构，或者相反，完全依赖结构的建筑方案都是应该避免的。

（三）建筑专业与结构专业的设计分工与合作

没有专业分工，面对复杂的任务往往难以构思出有创意的设计方案。没有专业合作，则难以扬长避短来发挥各自的聪明才智。

1. 建筑专业与结构专业的设计分工

（1）建筑设计

建筑工程中的建筑设计工作处于先行和主导地位，由建筑师完成，其主要内容是：构思空间形式并创造空间环境，解决好功能、适用和美观的问题。

（2）结构设计

建筑工程中的结构设计工作一般处于服务地位，由注册结构师完成，主要是为建筑构思或方案提供结构方面的构思或方案，解决好坚固性问题。结构师需要评估和改进结构构思，对已经确定的结构方案进行力学分析、计算并提出保证落实的技术细节。

需要指出的是，在一些大型建筑的设计中，如大跨建筑，常常是建筑与结构相互渗透、融合，难以确切区分建筑与结构的各自领域。

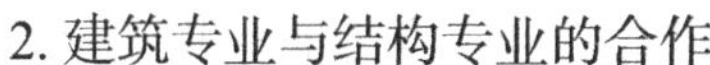

2. 建筑专业与结构专业的合作

建筑与结构的专业分化，对于知识的深化和科技的发展是有利的，但客观上也一定程度地造成了专业间的技术空白和联系的脱节，有时甚至出现隔阂，造成一些建筑设计的空间形式和技术思路之间的整体关系不协调。这就需要通过建筑师与结构师的密切合作加以弥补，以保证圆满完成设计任务。

在合作中，应注意以下几点。

(1) 找准专业定位，树立正确的合作观

建筑设计是主导，结构要为建筑构思服务；同时，建筑必须尊重和满足结构的合理要求。在建筑设计中，无论是功能要求的满足、形式美的推敲，还是个性化的表现，都必须以结构形态为基础。而结构设计应坚持量体裁衣，根据建筑需要进行结构构思，不应片面强调结构本身的要求，以避免出现“削足适履”的现象。各专业的工作成果要统一：于整体构思之下，要追求建筑设计的整体优化效果，不能各自独立。

(2) 扩展知识，建立可靠的合作基础

合理的知识结构是专业合作成功的技术基础。建筑师需要了解和掌握结构等相关专业知识，例如，建筑师熟悉了结构的几何特征、受力特点、材料选择、适用范围和应用方式，并掌握了结构构思方式和选型技巧，将帮助其更好地主持设计，推动与结构专业的合作更加深入，在技术要求上也容易协调。结构师则需要了解建筑设计的基本原理，加强结构形态学知识的学习，提高艺术修养和建筑审美能力，主动推进技术与艺术的和谐与统一。

需要指出的是，与结构师不同，建筑师学习结构知识的目的，在于建立清晰的结构概念而非结构计算，在于了解结构形式的几何特征而非具体的结构尺寸，在于辨析受力特点而非力学演算，在于把握力的传承方式而非具体的支承形式。这些，应认真体会和把握。

(3) 目标一致，发扬合作精神

创作出优秀的建筑作品是各专业设计人员合作的共同目标。作为设计核心的建筑师，应同结构师、设备工程师密切协作，互相理解、支持、礼让，应积极协调结构、设备等各个专业的技术交叉和矛盾。结构师要主动配合，勇于探索和创新，努力为建筑创作提供最有力的技术支持。

(四) 建筑设计过程中的结构问题

建筑设计过程一般可分为三个阶段：方案阶段、初步设计阶段和施工图设计阶段。分阶段进行设计有利于有序地完成复杂的设计任务，避免在方案构思之初就受到各种细节的干扰而影响创新性；同时，分阶段设计有利于在方案逐步细化的过程中把握住基本设计思路，保证方案阶段的概念构思能很好地贯彻和落实。

建筑设计过程中，尤其是大规模、复杂的建筑设计中，结构因素常常影响，甚至全部推翻建筑师的最初方案构思，所以，明确各个设计阶段的结构问题，分辨出其中更为基本的内容，并在解决时保持构思的始终如一，才能保证设计成功。

1. 方案阶段的结构问题

这一阶段，建筑师用概念构思的方式来确定基本方案的全部空间形式的可行性。概念构思的目的是提出和斟酌整个场地规划、使用活动相互关系及房屋形式方案。为此，必须将注意力集中于场地各部分的基本利用、空间组织，并运用象征性方法确定具体形式。这意味着，首先要按照基本功能和空间的关系设想和模拟一个抽象的建筑物，然后对这个抽象的总体空间形式的内涵进行探讨。在开始勾画具体的建筑形式时，再考虑基本的场地条件进行修改。

概念构思需要结构构思同步配合，主要是依据建筑构思，初步确定结构体系的形态，从整体上初步分析受力，构想结构分体系，初步确立可行性。这要求从主要的结构分体系（如结构的水平分体系与竖向分体系）之间的关系，而不是从构件细节去构思整体方案，从而使得建筑构思易于反馈以改进空间形式方案。如果在此阶段就能预见结构整体性，并考虑其施工可行性及经济性，对后面各阶段设计的顺利推进将大有帮助。

这个阶段，建筑师与结构师的合作往往仅在于形成总体构思方面，而实际中结构构思常由建筑师本人兼顾完成。

2. 初步设计阶段的结构问题

这一阶段的工作重点是完善推荐方案，即根据选定的设计方案进行更具体、更深入的设计，在论证技术可行性、经济合理性的基础上提出设计标准、基础形式、结构方案以及水、暖、电等各设备专业的设计方案。

在这个阶段，总体结构方案发展到中等具体程度，着重论证和设计主要分体系，例如，水平和竖向分体系，以确定其主要几何尺寸、构件和相互关系。在总体系下，弄清和解决分体系间的关系以及设计中的矛盾，而各细部的考虑尚有选择余地。这须用图形表达出对主要分体系的要求，而且通过近似估计关键构件的性能来证明它们的基本形式和性能是相互协调的。这样，建筑师与结构师的合作更具体了，已深入整体结构体系、结构的主要分体系的性能分析、形式和尺寸的确定。

初步设计阶段所做的决定，在未经审批前仍然可以反馈回去，使方案的概念进一步完善，甚至可能有重大的变化。初步设计一经批准后，一般不得随意修改、变更。

3. 施工图设计阶段的结构问题

初步设计经过审批后，全部设计的基本问题解决了，即可进行施工图设计。这个阶段，着重于结构中所有分体系构件的细部设计，所有施工的细节，如建筑物的外形轮廓、大小尺寸、结构构造和材料做法的图样，都必须准确、详细地设计出来，以作为施工的依据。

实际中，施工图设计一般都是遵循初步设计来完成的。

综上所述，不同的建筑设计阶段都需要考虑结构问题，但不同阶段结构问题的重点有所不同。整个建筑的设计过程应该是一个逐步发展的过程，较前设计阶段所做出的决定影响着后续的设计，如果考虑不周，可能由于后面的工作出现问题而导致变更前面的决定，所以，只有在各个阶段之间合理地搭接与反馈，才能保证整体性能贯穿一致。

建筑师与结构师的合作是逐步发展的，结构师应该及早介入建筑设计，并在各个阶段与建筑师密切配合。在分析和处理各设计阶段的结构问题时要建立综合的方法，坚持所有设计问题都只是总体设计的延伸，总体设计应控制细部处理效果，而不是相反。只有这样，才能使建筑设计与结构构思的相互促进达到高水平。

三、建筑结构选型概述

建筑结构选型，简单地说，就是依据建筑设计的方案或构思进行结构方案的总体构思，经过技术经济分析，选择切实可行的结构形式和结构体系，并进一步完成主要结构构件的布置等一系列工作，解决好总体的和重要局部的技术问题，为结构设计奠定基础。建筑结构选型是结构构思的具体体现和落实，它以结构分析为基础，遵守结构自身的相关规定，目标是构建满足建筑空间造型需求的结构体系。

（一）建筑结构选型的意义

建筑结构选型具有以下几个方面的意义。

（1）建筑结构选型是由建筑构思通往可行设计方案的必由之路

建筑设计伊始，建筑师往往重点关注功能要求的满足、空间形式的建立及相互关系的处理，此时可形成多种构思或方案。对于这些方案，需要初步选择结构体系和结构形式，并建立起结构分析模型，经过粗略的力学分析后评估其可行性，以便取舍。不经过结构选型，力学分析就无法进行，可行性评估也就无法完成。

（2）建筑结构选型是结构布置及构件设计的前提

只有在选定结构体系和结构形式之后，才能根据结构的特点和要求进行结构构件的布置，再进一步通过力学理论进行计算、构件的设计，来保证建筑的安全性与经济性。可以说，结构选型是结构分析和构件设计的前提和起点。

(3) 建筑结构选型是建筑师与结构师沟通、配合，共同解决方案相关问题的平台

建筑师和结构师在专业上各有长短，双方的沟通需要一个技术平台；而结构体系与结构形式既是建筑方案的总体依托，也是结构计算的总体模型，当结构体系与形式能够做到合理、可行时，则建筑设计和结构设计都可以顺利地深入。所以，结构体系与形式必然成为建筑师与结构师有效沟通的平台，在结构选型的层面，双方如能做到相互理解、达成共识，将大大有利于在各自的领域内充分发挥优势，设计出建筑与结构完美结合的建筑。

如今，结构选型已跨越了建筑学和建筑结构两大学科领域，成为新兴的边缘学科。一般认为，结构选型属于科学范畴，着重于技术的可行性、合理性与先进性，当然也要具有经济性。当今结构技术的新成就以及多种结构形式的巧妙结合赋予结构极强的造型能力，使结构本身具有艺术魅力；而结构选型的许多问题需要建筑与结构两个领域加强合作，深入探讨才能很好地解决。

(二) 建筑结构选型的原则

建筑结构选型的影响因素是多方面的，如建筑物的造型和平、立剖面的设计，力学分析、材料、经济，还有施工，等等。在满足建筑功能、建筑空间和建筑造型的前提下，结构形式要做到正确表达力学概念和结构理论、充分发挥结构材料性能的潜力并全面考虑施工工艺的可行性。具体地，应当遵守以下几项原则。

(1) 满足功能要求

这是一栋建筑设计的根本所在，如果结构形式或结构布置影响建筑功能的有效发挥，那必然是失败的设计。例如，影剧院中的观看大厅，如果内部存在遮挡视线的构件，如立柱或横梁，将令人无法接受。

(2) 符合力学原理

结构安全是建立在力学基础上的。在考虑一个结构方案时，首先要看其是否符合力学原理、受力是否合理，在使用阶段是否安全可靠，不能凭空想象，这是结构的关键所在。

(3) 注意美观

好的结构，不仅可以成为建筑受力的坚强骨骼，其本身的形态也是美的。例如，古代建筑中，无论是我国的殿宇，还是西方的神庙，多数结构都是外露的，很少用装饰来表现内部空间，它们的梁、柱不但承担了建筑的荷载，也体现了艺术美。那种认为建筑美与结构相互排斥的看法是错误的。

(4) 便于施工

结构选型还必须立足于可靠和先进的施工方法，否则其合理性也就无从谈起；如果施工问题考虑不周，也会造成重大经济损失。例如，澳大利亚的国标性建筑悉尼歌剧院，在剧院乳白色贝壳的外形结构完成时，施工者发现原设计方案有某种不切实际的地方，无奈只有将原方案推倒重来。这时建造剧院的经费预算已经耗尽，工程只得停顿下来。后来，澳大利亚政府请来英国的建筑专家对原设计做局部修改，还发行彩票筹集资金，经过艰苦运作，好不容易才凑足了款项，工程继续开工并最终完成，结果，工程历时了14年，最终耗费1亿多澳元，是当初预算的近20倍。

(5) 考虑经济

一般而言，一幢建筑的总造价中，结构部分大约占到60%，高者可达80%以上。因此，控制造价也必然成为建筑结构选型的基本原则。

(三) 建筑结构选型的要求

做好结构选型工作，设计人员需要有较丰富的设计实践经验，熟悉各种结构形式，结构体系的特点和适用范围，熟悉结构选型的内容和过程；需要设计人员能把握结构的总体受力，以及力在结构分体系及构件中的分配与传递，并在完成结构构件布置后，能通过分析计算判断布置方案的可行性和合理性。要较好地完成结构选型工作，还需要建筑师与结构师密切协作，使结构构思与选型紧密结合。

结构选型中，结构体系的选择既与房屋内部的空间要求有关，还与所受的荷载性质及其数值的大小有关，结构体系必须与荷载情况相适应，以保证建筑物的安全可靠、经济合理和耐久性。而结构形式的选择，是采用砌体结构、钢筋混凝土结构，还是钢结构，不仅取决于建筑的性质和高度，还要看物质与技术条件以及工期的要求等。要求所选定的结构体系和结构形式不但能满足建筑物的使用要求，还要具有尽可能好的结构性能，并且经济效益高和建造速度快。

对于某一具体建筑，可以相对突出其某一方面或某两个方面来判断其设计的合理性。例如，对于大型性建筑，可靠的结构性能是十分重要的；而对于大量性建筑则要求具有尽可能好的经济效果和尽可能快的建设速度，当然其他方面也需要可靠和认真对待。又例如，对于高层建筑，水平荷载大、抗震要求高，所以结构方面的考虑非常重要，而建筑形式要求相对降低；对于大跨度建筑，虽然屋盖跨度大，但承受的水平荷载并不大，以承受竖向荷载为主，选型时主要注意充分发挥结构的性能特点，充分支持建筑造型要求。至于一般规模的低层和多层建筑，由于结构处理相对容易，在选型方面往往有多种可行方案，这时就要充分考虑实用性和经济性的要求。

不同性质的荷载要求结构中有不同类型的抵抗构件。竖向荷载要求结构具有足够抗压强度的竖向构件，而水平荷载则要求结构具有足够的抗弯和抗剪强度及刚度，需要在房屋内有强大的抗侧力构件。

不同高度的房屋，控制结构设计的因素不同。对于高度较小的多层建筑，抵抗竖向荷载作用往往是设计的控制因素；而高层建筑的结构设计（包括截面尺寸和配筋等）往往是由刚度要求决定的，即满足各种荷载作用下建筑的侧移（包括顶点位移和层间相对侧移）不超过规定值。

抗震设计对于结构设计影响大。对于地震区的建筑，尤其是高层建筑，在确定结构体系时，除要考虑前面所提到的建筑内部空间和适用的房屋高度等因素外，还需进一步考虑抗震设计准则，如计算简图明确，地震力传递路线合理，沿水平和竖向结构的刚度和强度分布均匀，或按需要合理分布，等等。

总之，结构选型不仅需要考虑建设方案的因素，还要从结构受力、结构高度和跨度、抗震要求等多种因素，突出重点，综合分析来完成。

四、建筑结构的组成与分类

建筑结构一般由以下结构构件组成：水平构件、竖向构件和基础。

一栋建筑物的结构可以称为整体结构体系，相应地，各种水平构件相互连接构成了结构的水平分体系，各个竖向构件相互连接则构成了结构的竖向分体系。水平分体系与竖向分体系之间是密切联系、相互依存的，结构的水平构件必须由竖向构件支承。基础是位于建筑物最下部的结构构件，承受建筑物的全部荷载并传递给地基。

（一）常见的水平构件

1. 板

在结构中，板用来覆盖一定尺度的面积空间，承受一定面积上的荷载。从材料看，板可由木材、钢筋混凝土、钢材等制成，而应用最广泛的是钢筋混凝土板。钢筋混凝土板可以现浇也可以预制。常用预制钢筋混凝土板的截面形式主要有矩形实心板、空心板、槽型板、T 形板等。

以矩形板为例，板可以沿四边设置支承，也可以在三条边，或者相对、相邻两条边上。

(1) 两对边支承的板应按单向板计算。

(2) 四边支承的板应按下列规定计算。

①当长边与短边长度之比小于或等于 2.0 时，应按双向板计算。②当长边与短

边长度之比大于2.0，但小于3.0时，宜按双向板计算；当按沿短边方向受力的单向板计算时，应沿长边方向布置足够数量的构造钢筋。③当长边与短边长度之比大于或等于3.0时，可按沿短边方向受力的单向板计算。

实心板覆盖空间的面积相对较小，承受荷载的能力较低；空心板覆盖的面积有所增大，而槽型板和T形板，属于梁板合一的构件，能覆盖较大的面积。

2. 梁

在结构中，梁用来跨越两点之间的距离，承受一定长度上的线荷载或集中力。从材料看，梁可由石材、木材、钢筋混凝土、钢材等制成，随着现代新的结构材料的不断出现，传统的石材已不再使用，木梁也较少使用，大多数梁则采用钢筋混凝土或钢材制作。

梁跨越空间的能力与制作梁的材料、梁的截面高度与截面形式、梁的支座条件等有关。以钢筋混凝土梁为例，其截面高度一般为跨度的1/20至1/8。

3. 桁架

桁架可以看作格构化的梁，由杆件构成，其高度比实体梁大，由于其格构化的形式，桁架自重并不大，因而其跨越能力比实体梁得以提高。但是，由于其相对较薄，所以其平面外的稳定性较实体梁减弱，一般需要设置侧向的支撑。

桁架可以由木材、钢筋混凝土、钢材制作，也可由两种以上材料制作，如钢—木结合的桁架。

桁架一般用在屋盖部位，此时一般称为屋架，当然，桁架还可以用在房屋的其他部位。

4. 薄壳

薄壳可以理解为曲面的板，平板变为曲板，其内力由弯矩转变为压应力，受压比受弯对结构构件有利，尤其是多向受压，处于空间工作状态，对构件更为有利。

薄壳需具备两个条件，一是“曲面的”，二是“刚性的”。

薄壳主要是用于大跨度建筑的屋顶，其形式丰富多样，使建筑的造型更富于变化。

5. 网架与网壳

网架一般用钢材制作，可以看作格构化的板，由杆件和节点构成，其厚度比板大，因而覆盖面积的能力也强。由于其格构化的形式，自重小且通透，便于利用屋顶实现天然采光。

网架和网壳都是三维杆系结构，具有各向受力性能和较好的空间整体性。网架外形呈平板状，而网壳外形外呈曲面形状，可以把网壳理解为曲面的网架，其受力性能比网架更好，造型也更丰富。

(二) 水平分体系的构成

板、梁、桁架、网架等水平构件单独或结合使用，构成了结构的水平分体系。

水平分体系的常见形式有平板体系、板—梁体系、主—次梁体系、双向密肋体系、薄壳体系、空间桁体系、网架体系等，其跨越、覆盖空间的能力不同，力的传递路径也有区别，需要结合竖向分体系的情况选择使用。

1. 平板体系

平板体系往往由实体的板构成，竖向荷载直接作用在板上并通过板传递给支承板的竖向构件（如墙）。实体的板跨度不能太大，除非加大厚度，加大厚度会导致材料用量增加、自重加大，很不经济。

2. 板—梁体系

如果需要覆盖的空间为矩形，直接布置板会导致板厚较大，不经济，这时，可以先在某跨度方向布置梁，在梁之上再布置板，这就形成了板—梁体系，在板—梁体系中，竖向荷载一般是直接作用在板上，通过板传递给梁，再通过梁传递给竖向构件。

3. 主—次梁体系

主—次梁体系的荷载传递路径更为复杂，一般是板直接承受竖向荷载作用后传递给次梁或直接传递给主梁，而次梁承受荷载后也传递给主梁，最后由主梁传递给竖向构件。

薄壳、网架和网壳等属于空间结构体系，其承受的荷载往往是在空间范围内向下传递，相关内容将在后面各章讲述。

(三) 常见的竖向构件

1. 柱

建筑结构中，柱为水平构件提供间断的“点”支承，承受通过水平构件传来的荷载并沿柱身向下传递。从材料看，柱可由砖、石、木材、钢筋混凝土、钢材等制成，目前大、中型建筑中应用较广泛的是钢筋混凝土柱和钢柱，小型建筑中也有部分砖柱、石柱。

单独的柱子由于比较细长，往往只能承受竖向荷载，因此需要与墙、框架或井筒组合采用，以便在水平荷载作用下保持稳定。在各种结构中，柱子都是通过各层楼板和屋顶的水平结构与其他竖向构件连接在一起共同承受荷载的。

2. 墙体

建筑结构中，外墙可以起围护作用，内墙可以分割内部空间，同时，墙体为水

平构件提供连续的“线”支承，承受通过水平构件传来的荷载并沿墙身向下传递。

从材料看，墙体可以由实心砌体、板材或有斜撑的木结构、钢桁架等构成。目前，大、中型建筑中应用较广泛的承重墙是钢筋混凝土墙，而一些多层建筑中也有部分砖承重墙。

3. 框架

刚架是由柱和梁刚性连接而成，能同时承受竖向和水平荷载的平面结构；多层多跨的刚架，就是框架。框架中的梁和柱的轴线往往共面，我们可以把框架看作用梁加强了的柱列，其抵抗竖向压力的能力比彼此相互独立的一列柱要强；还可以把框架看作格构化的墙，框架抵抗水平荷载的能力不如实体的墙。

(四) 竖向分体系的构成

竖向分体系可由比较规则布局的柱、框架、承重墙和 (或) 井筒组成。竖向分体系可以将建筑所受的竖向和水平荷载都传递到基础，房屋的二维或三维竖向分体系主要有三种：墙体系、竖向井筒和梁—柱框架。

1. 墙体系

墙体在本身平面内具有很大刚度，墙体与楼板或屋面板连接时，可以很好地抵抗墙体平面内的水平荷载，例如，风荷载或水平地震作用，所以也叫剪力墙。由于墙体太薄，对于抵抗垂直于墙面的水平荷载是相当弱的。建筑物中，通常布置成正交或接近正交的两道墙，以抵抗各个方向的水平力。

2. 井筒

井筒通常由4片实心墙体围合而成，是刚性的三维结构，既可以承受所分担的竖向荷载，又是很好的抗水平力构件。同时，井筒在各个方向上都有很大的刚度和承载力。

井筒一般作为楼梯间、电梯井或其他竖向管道的通道。如果建筑物中只有一个井筒，一般把它放在平面的中央；当多于一个时，则可以分散布置，但最好是对称布置，以防止受到水平荷载——尤其是水平地震作用时易发生扭转。

3. 梁—柱框架体系

梁—柱框架中，由于梁柱节点处为刚性连接使得两者的弯曲相互作用，从而形成一个具有相当刚性的同时承受竖向和水平荷载的平面结构。每隔若干层楼板用大型梁和大的井筒刚性连接在一起，就形成了巨型框架结构方案。

由于梁柱的轴线在同一平面内，框架可以视为平面结构，它抵抗自身平面内的水平荷载的能力较强，但抵抗垂直于自身平面的水平荷载能力弱，这与墙体系是相同的。所以，实际工作中，经常把若干框架相互正交或接近正交布置，以抵抗各个方向的水平荷载。

(五) 水平分体系与竖向分体系的关系

水平分体系的设计与施工与竖向分体系的支承结构的布置相互关联。为有效地抵抗竖向及水平荷载，竖向分体系与水平分体系必须相互连接、互相支撑，设计时必须相互协调。

竖向分体系的构件布置往往决定了水平分体系各构件的跨度、覆盖的面积等，进而决定了其所受荷载的大小，所以对水平分体系各构件的设计影响重大。例如，柱子的间距即为梁的跨度，而墙体间的距离往往就是梁或板的跨度。

如果将竖向构件布置得稍微密一些，水平构件的跨度就会减小，这样做往往比较经济。但是，如果建筑功能要求较大的跨度，就需要增大竖向支承构件的间距；此时，水平构件的跨度加大，结构高度也会加大。虽然大跨度比小跨度能节省部分竖向支承构件，但在水平构件上增加的消耗往往更多，所以，设计时应力求既满足空间尺度要求，又使所增加的结构材料或施工消耗最小的方案，即必须综合考虑使用空间和工程效果两个方面，力图做出最佳设计。

与建筑物的总高度相比，竖向分体系在水平方向上的一个或两个尺寸通常很小，因此，竖向分体系本身不稳定，必须由水平分体系来保持其稳定性。

水平分体系的构件是竖向构件在不同高度处的支点，也是竖向构件之间相互联系的媒介。水平构件间的高差，以及水平构件与竖向构件间的连接方式，决定了竖向构件的计算高度；如果水平构件的间距较小，则有利于提高竖向构件的刚度。例如，柱子需要与水平的梁（或楼板）连接，上下相邻两道梁之间的高度，以及梁柱之间是刚接还是铰接，决定了柱的计算高度，若是刚接，则柱的计算高度小于实际高度，此时柱的侧向变形较小，刚度提高。如果水平构件数量较少，则竖向构件间的联系就弱，其稳定性难以保证，不利于受力。

在设计中，还需在不同程度上同时考虑水平分体系和竖向分体系的类型。例如，居住功能的需要往往要求楼盖和墙的表面平坦，为此，建筑物的主要水平结构或竖向结构的分体系常做成平板式。

结构分体系的设计需要与总体结构体系的分析方法一致，用同一套概念指导设计。

(六) 建筑结构的分类

依据不同的标准，可以把建筑结构划分成不同的类型。实际中，常按所使用的主要结构材料、主体结构形式、结构的层数与体型等进行分类，也可按结构受力特

点进行分类。

1. 按主要结构材料分类

(1) 混凝土结构：以混凝土为主要材料制作的结构，包括素混凝土结构、钢筋混凝土结构、钢管混凝土结构和预应力混凝土结构等。

(2) 砌体结构：包括砖砌体、石砌体、小型砌块、大型砌块、多孔砖砌体等。

(3) 钢结构：以钢板和型钢等钢材为主要材料制作的结构。

(4) 木结构：由木材或主要由木材组成的承重结构称为木结构。

(5) 塑料结构：以塑料为主要材料组成的结构。

(6) 薄膜充气结构：以性能优良的柔软织物为材料，可以利用拉索结构或刚性的支撑结构将薄膜绷紧或撑起，也可以膜内充气，形成能够覆盖大跨度空间的结构体系。

2. 按主体结构形式分类

(1) 墙体结构：以墙体作为支承水平构件及承担水平力的结构。

(2) 框架结构：梁柱为刚接的多层多跨结构。

(3) 框架—剪力墙结构：由框架和剪力墙共同作为承重结构的受力体系。

(4) 筒体结构：是高层建筑重要的结构形式，包括框筒结构、筒中筒结构、框架核芯筒结构、多重筒结构和束筒结构等。

(5) 桁架结构：是由上下弦杆和腹杆组成，相当于掏去了中部未受力材料的简支梁。

(6) 拱结构：是以砖、石、混凝土等圬工材料为主要材料，以受轴向压力为主的结构。

(7) 空间网格结构：包括平板网架结构和壳形网架结构，是一种三维杆系结构。

(8) 薄壁空间结构：由上下两个几何曲面构成的壳体结构，壳体厚度远小于曲率半径。

(9) 钢索结构（悬索结构）：使用高强度的受拉索，结合边缘构件和下部支承构件组成的大跨度结构。

(10) 薄膜结构：以薄膜配合其他材料形成的大跨度结构。

3. 按建筑结构的层数和体型分类

(1) 单层结构：多用于单层厂房、食堂、影剧院、仓库等，跨度往往较大。

(2) 多层结构：2 ~ 9 层的结构。

(3) 高层结构：高度大于 24m 或层数大于等于 10 层的结构。

(4) 超高层结构：一般指层数在 40 层以上、高度 100 m 以上的建筑物。

(5) 大跨度结构：跨度一般在 40m 以上。

4. 按建筑结构的组成和受力特点分类

平面结构体系，组成结构的构件轴线都属于同一个平面，主要外荷载的作用线也属于该平面或以该平面为对称，包括梁、桁、刚架、排架、拱等。

空间结构体系，组成空间结构的构件不属于某一个平面，结构往往呈三维结构，所受荷载也属于空间荷载，包括薄壳、网架和网壳、悬索、薄膜等。该类结构受力后沿空间多个方向传递，其本身抵抗各个方向的荷载能力较强，不需要另设支撑系统。

第二节　建筑设备与建筑设计

人们在一座建筑中的日常生活和工作总是离不开水、空气和电，我们把提供这些必需物的设备称为建筑设备。给水排水、采暖通风与空调以及电力电气等系统，由于有了这些设备，从而保证了健康舒适的室内环境。

一、给水与排水

随着社会科技不断地发展，人类取水不再通过收集雨水或山泉，而是只要打开“自来水龙头”就可以得到。然而，这些“自来水”仍然源于对江河、雨水、地下水的收集、积蓄、净化，并由市政管道引入建筑，所以，我们不仅应该了解建筑给水系统，而且要有珍惜和保护水资源的意识。

(一) 给水系统

室内给水系统由管道、阀门和用水设备等组成，除了生活用水，还有消防用水以及工业建筑的工业用水。室内管道的供给来自市政管网，多数生活用水是经过净化的，并具有一定的水压。对较高的建筑，市政水压不足以供给，所以这样的建筑需设置水泵、水池和水箱等，并通过如稳压、减压等技术来保证所需的供水。

消防给水系统是建筑物防火灭火的主要设备，不同的建筑类型、建筑高度、使用对象有不同的建筑物防火等级和分类，对消防给水的要求也不同。

(二) 排水系统

室内排水系统的组成与给水系统相同，室内管道收集的污水、雨水排入市政雨污管网。与给水系统不同的是，排水管道的水压是依靠其自身重力产生的，所以排水管道要有一定的坡度，否则会产生堵和漏。排水系统除了要保证其畅通以外，还必须防止污染，所以，建筑室内排水要求雨污分流、油污分流，一部分排水还可以经过处理后循环使用，如经中水处理后，这些循环使用的水可用于灌溉、洗车等。

二、采暖通风与空调

人们对于冷暖的感受主要通过空气而获得，此外，空气质量如湿度、污染颗粒等是直接影响人们舒适、健康的因素。在没有通风设备和空调设备以前，我们主要通过打开门窗进行自然通风，解决闷热、潮湿的问题，但地球大部分地区处于“冬冷夏热”的恶劣环境中，同时有些室内为无法开窗的封闭空间，因此，为改善室内空气环境，满足健康舒适的要求，需设置采暖、通风和空调系统。

(一) 采暖系统

采暖系统是由散热器、阀门和管道组成的，根据热媒的不同，管道中有热水、蒸汽等。我国北方地区在寒冷季节需采取集中供暖方式，如产生热水或蒸汽的锅炉房。南方地区的冬天，有的采用局部供暖的方式，如热风管道。上述供暖方式通常需消耗相当的能源，如煤、油、气、电等。近年来，随着人们的环保、生态意识日益增强，通过努力，发现了多种绿色能源，如利用地热等为室内供暖。

(二) 通风系统

通风系统是为解决空气中有湿气、余热、粉尘和有害气体的问题，通过风口、管道、风机等设备排出室内不良空气，输入室外新鲜空气。与水体相似，空气是有压力的，风向总是顺着压力由大(正)向小(负)的方向流动，因此，有效的办法是让室内的不良空气处于负压空间，避免其流向清洁区。

此外，通风系统往往与消防的排烟系统综合考虑，即平时作为通风换气系统，火灾时转换成排烟系统。

(三) 空调系统

目前，我国多数民用建筑均设有用于改善室内空气温度和湿度的空调系统。空调系统分为集中空调和局部空调，后者较简单，如家用的空调机就是局部空调，而集中空调系统则较复杂，一般由风口、空调机、风管、冷水管、制冷机、热媒等组成。该系统造价高、耗能大，污染排放也较多。

许多工程师都将创造一个室内不使用空调或少使用空调的绿色建筑作为奋斗目标，如采用保温隔热的围护结构、低能耗玻璃、节能门窗，还有“呼吸幕墙”等新技术。

三、电力电气

室内照明可能是人们在室内最需要的，电灯不仅给人们带来光明，也给予我们安定、温馨的精神需求。建筑内的照明有赖于电。“电”包括电力、电气等强电系统以及包括电话、电视、保安在内的弱电系统。

(一) 电力电气系统

室内电力电气系统包含配线、配电、插座开关、灯具和一切用电设备。我国民用建筑的室内电力电气线路的电压有220V和380V两种，以满足不同电流负载的用电设备。一般民用建筑室内线路多为暗敷，即电线穿套管埋设于墙体和楼板里，在一定的使用区间，如住宅的一户内，设置一个配电箱，并加载短路保护、过载保护等。灯具的设计是室内设计的重点之一，既需有效，还要美观，选择时优先考虑高效节能灯。

室内供电来自市政电网，某些重要建筑往往设置自备电源和应急电源，即通过发电机组进行室内供电，满足临时需要。

建筑物的防雷也属于电力设计的范畴。建筑防雷是通过避雷针、引下线和接地极等组成的。有些摩天大楼顶部的避雷针还起到一定的装饰作用。

(二) 弱电系统

建筑弱电系统一般包括通信、有线电视等系统，有些还设有安保监控、消防报警、背景广播、智能化系统。随着对建筑节能的日趋关注，楼宇的智能化管理技术也得到了越来越多的应用，如照明节能智能化、电梯智能化、空调智能化等技术。

四、结构与设备的关系

为了实现建筑物的内外交通联系、保证各种物品的运输；为了保证建筑物的使用安全并达到一定的使用质量，在建筑物内部都需要安装一些设备、设施，如水平及竖向交通运输、采暖、通风、空调、电力、水、消防和垃圾处理等设备。

建筑结构需要为设备、设施提供支撑；设备的安装和使用影响结构构件的设计，例如，设备自重会成为构件的荷载，构件设计中需要考虑设备振动影响、大型设备的基础与建筑物基础的协调处理等。结构设计也常常影响采光和音响。

（一）交通运输设备对结构的影响

单层大跨度建筑中，无论是民用建筑还是工业厂房，水平人流、物流的运输往往是设计考虑的重点；在多层公共建筑中（例如，大型医院、车站等），人流与物流的分析往往同步于建筑方案设计；高层建筑中，高效安全的竖向交通运输组织是保证使用的前提。

交通运输设备对结构构件承受的荷载、构件定位及力的传递都会产生较大影响。例如，厂房在结构设计时必须考虑桥式吊车等大型运输设备的安装及运行要求，厂房的跨度和柱距必须与吊车的跨度协调，厂房的净高必须保证吊车吊运物件的安全，这对结构构件的定位、受力、尺寸等都产生很大影响。在多层公共建筑（例如商场）内部常常需要设置自动扶梯，倾斜设置的扶梯需要楼板预留出足够大的洞口，梁和柱要避开扶梯的路线，设置必要的梁以承受扶梯的荷载等，这会对结构承重构件的受力产生影响，所以需提前考虑。高层建筑中需要设置电梯井，如果电梯数量较多，电梯井筒的尺度会相当大，使得电梯的井筒成为结构的中心。

采暖、通风、空调、电力、给排水等设备需要布设各种水平与垂直的管道、线路，它们需要水平和竖直方向穿过结构，部分设备需要镶嵌或支挂在结构构件上，这些需要整体协调地考虑，以减小所占空间的高度。大型中央控制型设备，如中央空调、集中供热等，常由某个中心位置通向各空间；垃圾处理的设施需要竖向管道井，并在底层附近设置收集箱。大的水平或竖向干管通道可以为结构所用，若考虑不周，则可能出现问题。

（二）天然采光和人工照明对结构的影响

人工照明常常要求统一考虑结构的水平与竖向分体系和光照空间效果，还要考虑室内安装照明设备所需的空间。天然采光与结构的关系更明显，天然采光可以通过外墙上设窗来实现，也可以通过屋顶天窗实现，或者两者同时设置。例如，设计一个完全封闭的空间就需要全部采用人工照明，一个顶部敞开的空间，可完全依靠天然采光。封闭的外墙或屋顶，可采用实体板或壳式的结构，而开敞的外墙或屋顶一般要采用杆系结构。

（三）音响设备对结构的影响

例如，悬索结构的屋顶多数是下凹型的，可以减小建筑内部的容量、混响时间及平均自由程，也减少了吸声材料的用量；同时由于下凹顶界面，能把声音均匀地扩散到建筑内的各区域，对声学是有利的，建筑内部声学空间形态与结构造型相符。

如果重型设备紧贴在柔性结构上，则需处理好机械和结构的接触面，否则，会使振动和音响干扰传到整个空间。

第三节　建筑经济与建筑设计

一、绿色建筑理念

所谓“绿色建筑”并不是指有屋顶绿化、立体绿化的房屋，而是指能最大限度地节约资源、保护环境和减少污染，提供人们健康、适用和高效的使用空间，并与自然和谐共生的建筑。绿色建筑还常常被称为“节能建筑”“生态建筑”“可持续建筑”，这些叫法包含“绿色建筑”的主要理念，但并未完整地概括其内涵。

(一) 节约资源

节约资源就是在房屋的建造过程中尽量减少资源的使用，力求使资源可再生利用，例如要节约土地、节约用水和其他能源，尽量利用可再生建筑材料代替不可再生的。所以，在建筑设计时，应努力设法降低建筑占地率，扩大绿化面积，充分利用如太阳能、风能、地热等天然可再生能源。

(二) 保护环境

保护环境即减轻环境的负荷，减少污染。人们越来越认识到，建筑使用能源所产生的二氧化碳是造成气候变暖的主要原因，因此，世界各国对建筑节能的关注程度正日益增加。建筑节能已成为建筑设计的主要任务之一，不仅对新建筑如此，对既存建筑的更新也以节能和资源再利用为关键策略。

(三) 健康与回归自然的生活

建筑设计应该使建筑的室外空间与周边环境相融合、和谐、互补，做到融于生态、保护生态，同时还要营造出舒适健康的室内空间，不能使用对人体健康有害的建筑材料、装饰材料和家具陈设，不能追求过度的奢华和浪费。

二、主要技术经济指标

（一）建筑面积

沿建筑物外墙所围合的各层水平投影面积之和，包括阳台、挑廊、储藏室、设备间、地下室、室外楼梯等。这些建筑物应是层高 2.2m 以上的有顶盖的坚固性建筑，否则建筑面积的计算需折减。我国某些城市和地区还规定，当建筑物层高超过 5m 时，建筑面积应再乘以 1.5。建筑面积是国家控制建设规模、评价建筑经济的重要指标。

（二）单位造价

单位造价，也称单方造价、平米造价，是指建筑的每平方米的工程造价，以元 /m^2 表示，是控制和评价建筑工程的投资、经济效益和质量标准的重要指标。它包括土建工程（如墙体、混凝土、门窗、装饰等）和管道设备安装工程，除特殊情况外，一般不包括室外工程和室内的如家具设备等。建筑质量标准的高低对单位造价影响很大，同样影响单位造价的因素还有建筑材料的价格、劳动力成本、施工能力、工程设计、项目管理等，不同国家地区的差距很大。

为保证工程项目的投资规模、质量标准，在建筑设计初期需计算确定工程估算和工程概算，待详细的施工图纸完成时，应提供工程预算，工程竣工后，由施工承建单位计算工程决算，以获得准确的单位造价和总造价。

（三）平面系数与体形系数

建筑物的经济性还与其使用面积的大小有很大关系，考察它的主要的技术经济指标是平面系数，以 K 表示，其计算公式如下：K= 使用面积（m^2）/ 建筑面积（m^2）× 100%。

其中，使用面积指扣除结构（如墙、柱、管道井、烟囱等）面积和交通面积后的建筑面积，可见，如墙体多而厚以及过多的走道、楼梯会使平面系数减小，使建筑的使用率、实用性降低。因此，减小结构构件的尺寸，减少隔间、隔墙、交通部分，应做到简捷、经济。

一般住宅建筑的 K 在 65% ~ 85% 之间，而公共建筑因需要较多的交通辅助面积，故 K 较小，约为 60%。

随着人们建筑节能意识的增强，产生了另一个评价经济指标的系数——体形系数，用 S 表示。我国给出的定义为：建筑物与室外大气接触的外表面积与其所包围的体积的比值。*S* 值越小，则该建筑越符合节能要求，我国寒冷地区的 *S* 值不大于 0.4。

因此，从节能观点出发，建筑的体型宜简单、低矮，凹凸过多、体型庞大会导致过多的能耗。

（四）建筑容积率与建筑密度

建筑容积率是指项目规划建设用地范围内的全部建筑面积与规划建设用地面积之比。一部分不计入容积率的建筑面积，如地下室面积等，在计算时要加以注明。建筑容积率是反映建设项目经济性的一个重要指标，用 *R*（%）表示，*R* 值越大，建设用地范围内的可建造面积越大，建筑外部空间就越拥挤。

建筑密度，即建筑覆盖率，指项目用地范围内所有建筑物、构筑物的基底面积之和与规划建设用地总面积之比，用 *D*（%）表示，*D* 值越大，则建筑密度越高，可布置的道路、绿化的面积则减小。

一个住区、一座城市，都应该有合理的容积率和密度，不能追求片面的利益，不能为提高容积率和密度而降低居民的生活品质。反之，土地浪费也是不可取的。

（五）绿化率

绿化率是指规划建设用地范围内的绿地面积与规划建设用地面积之比。绿地面积越大，建筑的室外空间就越可以获得更好的景观环境和空气质量，但是可建造的房屋面积则减小，所以，绿化率不但影响了室外环境质量，也影响了建设的经济性，设计时须科学地解决这一矛盾。

（六）建筑红线

建筑红线，也称“建筑控制线”，是控制城市道路两侧沿街建筑物临街面的界线，任何临街建筑物或构筑物都不得超过建筑红线，有时，因城市规划的需要，“建筑控制线”还需后退，原来的建筑红线称为“道路红线”，而后退了的控制线称为“建筑退红线”。退红线的目的是使道路的上部空间得到伸展加宽，从而有可能获得更好的街道景观和视线。

（七）建筑高度与层高

建筑物的建筑高度是指建筑物室外地坪至建筑檐口或女儿墙顶的总高度。凸出屋顶的烟囱、避雷针、旗杆等不计入总高度，当凸出屋顶的楼电梯间、水箱等构筑物的面积不超过屋顶总面积的 1/5 时，其高度也不计入建筑高度。城市规划部门一般会对建设项目的建筑高度有限制，有时则对建筑的层数有限制，称为“建筑限高”，以避免建筑过高带来的负面影响。

建筑某楼层层高是指该楼层面至上一楼层面的垂直距离。层高与建筑的使用功能、结构类型以及楼面构造等有关。

三、建筑经济评价

对于一座建筑或一个住区的经济评价，不能仅停留在它具有多大的建筑面积、它的单方造价是多少这些概念上，而应该以综合的、科学的、前瞻性的和可持续的态度来对待。

如上文提到的结构形式、建筑材料、建筑设备、建筑体型、施工方法以及建筑容积率、建筑密度和绿化率等，都是影响建筑经济性的因素。合理的设计就是科学地解决各种矛盾，即要选择恰当的结构形式和体型，选用环保健康的建筑材料，运用节能设备，充分利用天然能源和再生资源，以融于环境和保护生态为设计的基本理念，创造未来的建筑、住区和城市。

另外，我们在创造绿色建筑的时候要避免误入“绿色建筑不便宜，经济性建筑不绿色”的误区，而应以可持续的态度，着眼未来，对建设成本与回报、项目运营与管理几个方面进行综合的评价。

第四章　建筑规划节能设计

第一节　建筑选址与布局

建筑规划中的节能设计是建筑节能设计的重要内容之一，规划设计从分析建筑物所在地区的气候条件、地理条件出发，将节能设计、建筑设计和能源的有效利用相结合，使建筑物在冬季最大限度地利用可再生能源，如太阳能等，尽可能多地争取有利得热和减少热损失，夏季最大限度地减少得热并利用自然能源，如通过利用自然通风等手段来加速散热、降低室温。

居住建筑及公共建筑规划设计中的节能设计主要是对建筑的总平面布置、建筑体型、太阳能利用、自然通风及建筑室外环境绿化、水景布置等进行设计。具体规划设计要结合建筑选址、建筑布局、建筑体型、建筑朝向、建筑间距等几个方面进行。

一、建筑选址

建筑节能设计，首先要全面了解建筑所在区域的气候条件、地形地貌、地质水文资料等，这些因素对建筑规划的选址、建筑节能的效率及室内热环境都是有影响的。

(一) 气候条件对建筑物的影响

建筑的地域性首先表现为地理环境的差异性及特殊性，它包括建筑所在地区的自然环境特征，如气候条件、地形地貌、自然资源等，其中气候条件对建筑的作用最为突出。因此，进行建筑节能设计前应了解当地的太阳辐射照度、冬季日照率、冬夏两季最冷月和最热月平均气温、空气湿度、冬夏季主导风向以及建筑物室外的微气候环境。建筑节能设计首先应考虑充分利用建筑物所处区域的自然能源和条件，在尽可能不消耗常规能源的前提下，遵循气候设计方法和利用建筑技术措施，创造出适宜于人们生活和工作所需要的室内热环境。

以居住区为例，如能够采取措施利用建筑周围的微气候条件，从而达到改善室内热环境的目的，就能在一定程度上减少对采暖空调设备的依赖，进而减小能耗。

(二) 地形地貌对建筑能耗的影响

建筑所处位置的地形地貌，如位于平地或坡地、山谷或山顶、江河或湖泊水系等，将直接影响建筑室内外热环境和建筑能耗的大小。

在严寒或寒冷地区，建筑宜布置在向阳、避风的地域，不宜布置在山谷、洼地、沟底等凹形地域。这主要是考虑冬季冷气流容易在凹地聚集，形成对建筑物的“霜洞”效应，从而使位于凹地底层或半地下室层面的建筑若想保持所需的室内温度，采暖能耗将会增加。但是，对于夏季炎热地区而言，建筑布置在上述地方却是相对有利的，因为这些地方往往容易实现自然通风，尤其是晚上，高处凉爽气流会“自然”地流向凹地，把室内热量带走，在降低通风、空调能耗的同时还改善了室内热环境。

江河湖海地区，因地表水陆分布、表面覆盖等的不同，昼间受太阳辐射和夜间受长波辐射散热作用时，因陆地和水体增温或冷却不均而产生昼夜不同方向的地方风。在建筑设计时，可充分利用这种地方风，以改善夏季室内热环境，降低空调能耗。

建筑物室外地面的覆盖层（如植被、地砖或混凝土地面）及其透水性也会影响室外的微气候环境，从而影响建筑采暖和空调能耗的大小。因此节能建筑在规划设计时，应有足够的绿地和水面，严格控制建筑密度，尽量减小混凝土地面面积，并应注意地面的透水性，以改善建筑物室外的微气候环境。

(三) 争取使建筑向阳、避风建造

节能建筑为满足冬暖夏凉的目的，合理地利用阳光是最经济有效的途径。同时人类生存、身心健康、卫生、工作效率也与日照有着密切关系。在节能建筑的规划设计中应对以下几个方面予以注意。

(1) 注意选择建筑物的最佳朝向，严寒和寒冷地区、夏热冬冷地区和夏热冬暖地区的居住建筑和公共建筑朝向应以南北朝向或接近南北朝向为主，这样可使建筑物均有主要房间朝南，有利于冬季争取日照、夏季减少太阳辐射得热。同时，对建筑朝向可针对不同地区的最佳朝向范围做一定程度的调整，以做到节能省地两不误。(2) 应选择满足日照要求、不受周围其他建筑物严重遮挡阳光的基地。(3) 居住和公共建筑的基地应选择在向阳、避风的地段上。冷空气的风压和冷风渗透均对建筑物冬季防寒保温带来不利影响，尤其对严寒、寒冷和部分夏热冬冷地区的建筑物影响很大。节能建筑应选择在避风基址上建造或建筑物大面积墙面、门窗设置应避开冬季主导风向，应以建筑物围护体系不同部位的风压分析图作为设计依据，对建筑围

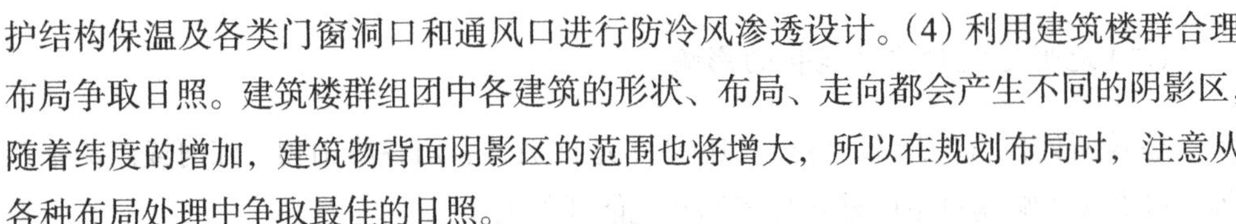

护结构保温及各类门窗洞口和通风口进行防冷风渗透设计。(4) 利用建筑楼群合理布局争取日照。建筑楼群组团中各建筑的形状、布局、走向都会产生不同的阴影区，随着纬度的增加，建筑物背面阴影区的范围也将增大，所以在规划布局时，注意从各种布局处理中争取最佳的日照。

二、建筑布局

建筑布局与建筑节能也是密切相关的。影响建筑规划设计布局的主要气候因素有日照、风向、气温、雨雪等。在进行规划设计时，可通过建筑布局形成优化微气候环境的良好界面，建立气候防护单元，对节能也是很有利的。设计组织气候防护单元，要充分根据规划地域的自然环境因素、气候特征、建筑物的功能等形成利于节能的区域空间，充分利用和争取日照，避免季风的干扰，组织内部气流，利用建筑的外界面形成对冬季恶劣气候条件的有利防护，改善建筑的日照和风环境，达到节能的效果。

建筑群的布局可以从平面和空间两个方面考虑。一般的建筑组团平面布局有行列式、错列式、周边式、混合式、自由式等。它们都有各自的特点。

行列式——建筑物成排成行地布置。这种布置方式能够争取最好的建筑朝向，若注意保持建筑物间的日照间距，可使大多数居住房间得到良好的日照，并有利于自然通风，是目前广泛采用的一种布局方式。

错列式——可以避免“风影效应”，同时利用山墙空间争取日照。

周边式——建筑沿街道周边布置。这种布置方式虽然可以使街坊内空间集中开阔，但有相当多的居住房间得不到良好的日照，对自然通风也不利。所以这种布置方式仅适于严寒和部分寒冷地区。

混合式——行列式和部分周边式的组合形式。这种布置方式可较好地组成一些气候防护单元，同时又有行列式日照通风的优点，在严寒和部分寒冷地区是一种较好的建筑群组团方式。

自由式——当地形比较复杂时，密切结合地形构成自由变化的布置形式，这种布置方式可以充分利用地形特点，便于采用多种平面形式和高低层及长短不同的体型组合。可以避免互相遮挡阳光，对日照及自然通风有利，是最常见的一种组团布置形式。

另外，规划布局中要注意点、条组合布置，将点式住宅布置在朝向好的位置，条状住宅布置在其后，有利于利用空隙争取日照。

从空间方面考虑，在组合建筑群中，当一栋建筑远高于其他建筑时，它在迎风面上会受到沉重的下冲气流的冲击。另一种情况出现在若干栋建筑组合时，在迎冬季来风方向减少某一栋建筑，均能产生由于其间的空地带来的下冲气流。这些下冲气流与附近水平方向的气流形成高速风及涡流，从而加大风压，加大热损失。

在我国南方及东南沿海地区，重点是考虑夏季防热及通风。建筑规划设计时应重视科学合理地利用山谷风、水陆风、街巷风、林园风等自然资源，选择利于室内通风、改善室内热环境的建筑布局，从而降低空调能耗。

第二节 建筑体型、朝向与间距

一、建筑体型

(一) 建筑物体形系数与节能的关系

建筑体型的变化直接影响建筑采暖、空调能耗的大小。所以建筑体型的设计，应尽可能利于节能，具体设计中通过控制建筑物体形系数达到减少建筑物能耗的目的。

建筑物体形系数（S）是指建筑物与室外大气接触的外表面积（F_0）(不包括地面、不采暖楼梯间隔墙和户门的面积) 与其所包围的体积（V_0）的比值。即：

$$S=\frac{F_0}{V_0}$$

建筑物体形系数的大小对建筑能耗的影响非常显著。体形系数越大，表明单位建筑空间所分担的受室外冷、热气候环境作用的外围护结构面积越大，采暖或空调能耗就越多。研究表明：建筑物体形系数每增加0.01，耗热量指标就增加2.5%左右。

以一栋建筑面积3000 m² 的6层住宅建筑为例，高度为17.4 m，围护结构平均传热系数相同，当体型不同时，每平方米建筑面积耗热量也不同。

体形系数不仅影响建筑物耗能量，还与建筑层数、体量、建筑造型、平面布局、采光通风等密切相关。所以，从降低建筑能耗的角度出发，在满足建筑使用功能、优化建筑平面布局、美化建筑造型的前提下，应尽可能将建筑物体形系数控制在一个较小的范围内。

(二) 最佳节能体型

建筑物作为一个整体，其最佳节能体型与室外空气温度、太阳辐射照度、风向、风速、围护结构构造及其热工特性等各方面因素有关。从理论上讲，当建筑物各朝向围护结构的平均有效传热系数不同时，对同样体积的建筑物，其各朝向围护结构的平均有效传热系数与其面积的乘积都相等的体型是最佳节能体型。

当建筑物各朝向围护结构的平均有效传热系数相同时，同样体积的建筑物，体形系数最小的体型是最佳节能体型。

(三) 控制建筑物体形系数

建筑物体形系数常受多种因素影响，且人们的设计常追求建筑体型的变化，而不再满足仅采用简单的几何形体，所以详细讨论控制建筑物体形系数的途径是比较困难的。

提出控制建筑物体形系数的目的，是使特定体积的建筑物在冬季和夏季冷热作用下，从面积因素考虑，使建筑物外围护部分接受的冷、热量尽可能最少，从而减少建筑物的耗能量。一般来讲，可以采取以下几种方法控制或降低建筑物的体形系数。

第一，加大建筑体量。即加大建筑的基底面积，增加建筑物的长度和进深尺寸。多层住宅是建筑中常见的住宅形式，且基本上是以不同套型组合的单元式住宅。

尤其是严寒、寒冷和部分夏热冬冷地区，建筑物的耗热量指标随体形系数的增加近乎直线上升。所以，低层和少单元住宅对节能不利，即体量较小的建筑物不利于节能。对于高层建筑，在建筑面积相近的条件下，高层塔式住宅耗热量指标比高层板式住宅高10%～14%。

在部分夏热冬冷和夏热冬暖地区，建筑物全年能耗主要是夏季的空调能耗。由于室内外的空气温差远不如严寒和寒冷地区大，且建筑物外围护结构存在白天得热、夜间散热现象，所以，体形系数的变化对建筑空调能耗的影响比严寒和寒冷地区对建筑采暖能耗的影响小。

第二，外形变化尽可能减至最低限度。据此就要求建筑物在平面布局上外形不宜凹凸太多，体型不要太复杂，尽可能力求规整，以减少因凹凸太多造成外围护面积增大而提高建筑物体形系数，从而增大建筑物耗能量。

第三，合理提高建筑物层数。低层住宅对节能不利，体积较小的建筑物，其外围护结构的热损失要占建筑物总热损失的绝大部分。增加建筑物层数对减少建筑能耗有利，然而层数增加到8层以上后，层数的增加对建筑节能的作用却趋于不明显。

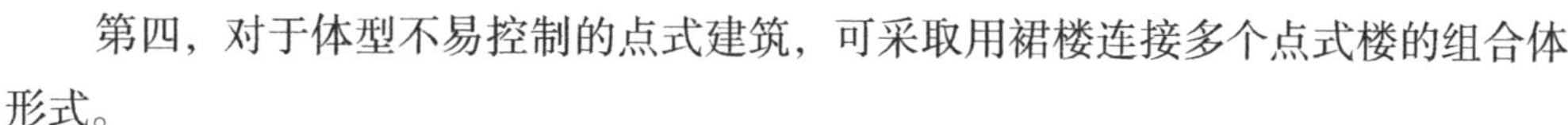

第四，对于体型不易控制的点式建筑，可采取用裙楼连接多个点式楼的组合体形式。

二、建筑朝向

(一) 良好的建筑朝向利于建筑节能

建筑物的朝向对建筑节能有很大影响，这已是人们的共识。朝向是指建筑物正立面墙面的法线与正南方向间的夹角。朝向选择的原则是使建筑物在冬季能获得尽可能多的日照，且主要房间避开冬季主导风向，同时考虑夏季尽量减少太阳辐射得热。如处于南北朝向的长条形建筑物，由于太阳高度角和方位角的变化，冬季获得的太阳辐射热较多，而且在建筑面积相同的情况下，主朝向面积越大，这种倾向越明显。此外，建筑物夏季可以减少太阳辐射得热，主要房间避免受东、西日晒。因此，从建筑节能的角度考虑，如总平面布置允许自由选择建筑物的形状、朝向时，则应首选长条形建筑体型，且采用南北朝向或接近南北朝向为好。

然而，在规划设计中，影响建筑体型、朝向方位的因素很多，如地理纬度、基址环境、局部气候及暴雨特征、建筑用地条件、道路组织、小区通风等，要达到既能满足冬季保温又可夏季防热的理想朝向有时是困难的，我们只能权衡各种影响因素之间的利弊轻重，选择出某一地区建筑的最佳朝向或较好朝向。

(二) 朝向对建筑日照及接收太阳辐射量的影响

处于不同地区和冬夏气候条件下，同一朝向的居住和公共建筑在日照时数和日照面积上是不同的。由于冬季和夏季太阳方位角、高度角变化的幅度较大，各个朝向墙面所获得的日照时间、太阳辐射照度相差很大。因此，要对不同朝向墙面在不同季节的日照时数进行统计，求出日照时数的平均值，作为综合分析朝向的依据。分析室内日照条件和朝向的关系，应选择在最冷月有较长的日照时间和较大日照面积，以及在最热月有较少的日照时间和较小的日照面积的朝向。

对于太阳辐射作用，在这里只考虑太阳直接辐射作用。设计参数依据一般选用最冷月和最热月的太阳累计辐射照度。

太阳辐射中，紫外线所占比例是随太阳高度角增加而增加的，一般正午前后紫外线最多，日出及日落时段最少。所以在选定建筑朝向时要注意考虑居室所获得的紫外线量。这是基于室内卫生和利于人体健康的考虑。另外，还要考虑主导风向对建筑物冬季热损耗和夏季自然通风的影响。

三、建筑间距

在确定好建筑朝向后，还应特别注意建筑物之间应有的合理间距，这样才能保证建筑物获得充足的日照。这个间距就是建筑物的日照间距。建筑规划设计时应结合建筑日照标准、建筑节能原则、节地原则，综合考虑各种因素来确定建筑日照间距。

居住建筑的日照标准一般由日照时间和日照质量来衡量。

日照时间：我国地处北半球温带地区，居住及公共建筑总希望在夏季能够避免较强日照，而在冬季又希望能够获得充分的直接阳光照射，以满足室内卫生、建筑采光及辅助得热的需要。为了使居室能得到最低限度的日照，一般以底层居室窗台获得日照为标准。北半球太阳高度角全年的最小值是在冬至日。因此，确定居住建筑日照标准时通常将冬至日或大寒日定为日照标准日，每套住宅至少应有一个居住空间能获得日照。老年人住宅不应低于冬至日日照时数 2 h 的要求，旧区改建的项目内新建住宅日照标准可酌情降低，但不应低于大寒日日照时数 1h 的要求。

日照质量：居住建筑的日照质量是通过日照时间内室内日照面积的累计而达到的。根据各地的具体测定，在日照时间内居室内每小时地面上阳光投射面积的累计来计算。日照面积对于北方居住建筑和公共建筑冬季提高室温有重要作用。所以，应有适宜的窗型、开窗面积、窗户位置等，这既是为了保证日照质量，也是采光、通风的需要。

(一) 日照间距的计算

日照间距是指建筑物长轴之间的外墙距离，是由建筑用地的地形、建筑朝向、建筑物高度及长度、当地的地理纬度及日照标准等因素决定的。

在居住区规划中，如果已知前后两幢建筑的朝向及其外形尺寸，以及建筑所在地区的地理纬度，则可计算出为满足规定的日照时间所需的间距。

(二) 日照间距与建筑布局

在居住区规划布局中，满足日照间距的要求常与提高建筑密度、节约用地存在一定矛盾。在规划设计中可采取一些灵活的布置方式，既满足建筑的日照要求，又可适当提高建筑密度。

首先，可适当调整建筑朝向，将朝向南北改为朝向南偏东或偏西 30° 的范围内，使日照时间偏于上午或偏于下午。研究结果表明，朝向在南偏东或偏西 15° 范围内对建筑冬季太阳辐射得热影响很小，朝向在南偏东或偏西 15° ~30° 范围内，建筑仍能获得较好的太阳辐射热，偏转角度超过30° 则不利于日照。

在居住区规划中，建筑群体错落排列，不仅有利于疏通内外交通和丰富空间景观，也有利于增加日照时间和改善日照质量。高层点式住宅常采取这种布置方式，在充分保证采光日照条件下可大大缩小建筑物之间的间距，达到节约用地的目的。

在建筑规划设计中，还可以利用日照计算软件对日照时间、角度、间距进行较精确的计算。

第三节 室外风环境设计

一、室外风环境优化设计

风环境是近20几年来提出的环境科学术语。风不仅对整个城市环境有巨大影响，而且对小区建筑规划、室内外环境及建筑能耗有很大影响。

风是太阳能的一种转换形式，既有速度又有方向。风向以22.5° 为间隔，共计16个方位。一个地区不同季节风向分布可用风玫瑰图表示。

由于太阳对地球南北半球表面的辐射热随季节呈规律性变化，从而引起大气环流的规律性变化，这种季节性大范围有规律的空气流动形成的风称为季候风。这种风一般随季节而变，冬、夏季基本相反，风向相对稳定。如我国的东部，从大兴安岭经过内蒙古河套绕四川东部到云贵高原，多属受季候风影响地区。同时，也形成我国新疆、内蒙古和黑龙江部分地区一年中的主导风向是偏西风。由于我国地域辽阔，地形、地貌、海拔高度变化很大，不同地区风环境特征差异明显，除季风区、主导风向区外，还有无主导风向区、准静风区（简称静风区，是指风速小于1.5 m/s的频率大于50% 的区域。我国的四川盆地等地区属于这个区）等。

从地球表面到500 ~ 1000 m高的这一层空气一般叫作大气边界层，在城市区域上空则叫作城市边界层。大气边界层的厚度，并没有一个严格的界限，它只是一个定性的分层高度，其厚度主要取决于地表粗糙度，在平原地区较薄，在山区和市区较厚。大气边界层内空气的流动称为风。边界层内风速沿纵向（垂直方向）的分布特征是：紧贴地面处风速为零，越往高处风速逐渐加大。这是因为越往高处地面摩擦力影响越小。当到达一定高度时，往上的风速不再增大，把这个高度叫作摩擦高度或边界层高度。边界层高度主要取决于下垫面的粗糙程度。边界层内空气流动形成的风直接作用于建筑环境和建筑物，也将直接影响建筑物使用过程中的采暖或空调能耗。

此外，由于地球表面上的水陆分布、地势起伏、表面覆盖等条件的不同，因而造成诸表面对太阳辐射热的吸收和反射各异，诸表面升温后和其上部的空气进行对流换热及向太空辐射出的长波辐射能量亦不相同，这就造成局部空气温度差异，从而引起空气流动形成的风称为地方风。如陆地与江河、湖泊、海面相接区域，白天，水和陆地对太阳辐射热吸收、反射不同及它们的热容量等物理特性不同，陆地上空气升温比水面上空气升温快，陆地上空暖空气流向水面上空，而水面上冷空气流向陆地近地面，于是形成了由水面到陆地的海风；而夜晚陆地地面向大气进行热辐射，其冷却程度比水面强烈，于是水面上空暖空气流向陆地上空，而陆地近地面冷空气流向水面，于是又形成由陆地到水面的陆风，这就是地方风的一种——水（海）陆风。水（海）陆风影响的范围不大，沿海地区比较明显，海风通常深入陆地20～40 km，高达1000 m，最大风力可达5～6级；陆风在海上可伸展8～10 km，高度100～300 m，风力不超过3级。在温度日变化和水陆之间温度差异最大的地方，最容易形成水（海）陆风。我国沿海受海陆风的影响由南向北逐渐减弱。此外，在我国南方较大的几个湖泊湖滨地带，也能形成较强的水陆风。

地方风的形成和风向还有街巷风、山谷风、井庭风、林园风等。

风对建筑采暖能耗的影响主要体现在两个方面：第一，风速的大小会影响建筑围护结构外表面与室外冷空气受迫对流的热交换速率；第二，冷风的渗透会带走室内热量，使室内空气温度降低。建筑围护结构外表面与周围环境的热交换速率在很大程度上取决于建筑物周围的风环境，风速越大，热交换就越强烈，采暖能耗也就越大。因此，对采暖建筑来说，如果要减小建筑围护结构与外界的热交换，达到节能的目的，就应该将建筑物规划在避风地段，且选择符合相关节能标准要求的体形系数。

在夏热冬冷和夏热冬暖地区，良好的室内外风环境，在炎热的夏季非常利于室内的自然通风，为人们提供新鲜空气，带走室内的热量和水分，降低室内空气温度和相对湿度，促进人体的汗液蒸发降温，改善人体舒适感；同时也利于建筑内外围护结构的散热，从而有效降低空调能耗。

（一）建筑物主要朝向宜避开不利风向

我国北方采暖地区冬季主要受来自西伯利亚的寒冷气流影响，以北风、西北风为主要寒流风向。从节能角度考虑，建筑在规划设计时宜避开不利风向，以减少寒冷气流对建筑物的侵袭。同时对朝向为冬季主导风向的建筑物立面应多选择封闭设计和加强围护结构的保温性能，也可以通过在建筑周围种植防风林起到有效防风作用。

（二）利用建筑组团阻隔冷风

通过合理布置建筑物，降低寒冷气流的风速，可以减少建筑围护结构外表面的热损失，节约能源。

迎风建筑物的背后会产生背风涡流区，这个区域也称风影区（风影是从光学中光影类比移植过来的物理概念，它是指风场中由于遮挡作用而形成局部无风或风速变小区域）。这部分区域内风力弱，风向也不稳定。将建筑物紧凑布置，使建筑物间距在 2.0 H 以内，可以充分利用风影效果，大大减弱寒冷气流对后排建筑的侵袭。

在风环境的优化设计过程中，建筑物的长度、高度甚至屋顶形状都会影响风的分布，并有可能出现“隧道”效应，这会使局部风速增至 2 倍以上，产生强烈的涡流。所以，应该对建筑群内部在冬季主导风向寒风作用下的风环境做出分析（可利用计算流体力学软件进行模拟分析），对可能出现的“隧道”效应和强涡流区域通过调整规划设计方案予以消除。

（三）提高围护结构气密性，减少建筑物冷风渗透耗能

减少冷风渗透是一项基本的建筑保温措施。在冬季经常出现大风降温天气的严寒、寒冷和部分夏热冬冷地区，冬季大风天的冷风渗透大大超出保证室内空气质量所需的换气要求，加大了冬季采暖的热负荷，并对人体的热舒适感产生不良影响。改善和提高外围护结构特别是外门窗的气密性是减少建筑物冷风渗透的关键。新型塑钢门窗或带断热桥的铝合金门窗在很大程度上提高了建筑物的气密性。

减少建筑物的冷风渗透，也需合理的建筑规划设计。居住建筑常因考虑占地面积等因素而多选择行列式的组团布置方式。从减弱或避免冬季寒冷气流对建筑物的侵袭方面来考虑，采用行列式组团形式时应注意控制风向与建筑物长边的入射角，不同入射角建筑排列内的气流状况不同。

（四）利于建筑自然通风的规划设计

在规划设计中，建筑群采取行列式或错列式布局，朝向（或朝向接近）夏季主导风向，且间距布局合理（可减弱或避开风影区的影响），有利于建筑物的自然通风。

在夏季室外风速小、天气炎热的气候条件下，高低建筑物错落布置，建筑小区内不均匀的气流分布所形成的大风区可以改善室内外热环境。此外，庭院式建筑布局（由于在庭院中间没有屋顶）也能形成良好的自然通风，增加室外环境的人体热舒适感。在这种气候条件下，风压很小，利用照射进庭院的太阳能形成烟囱效应，增加庭院和室内的空气流动。在城市中，为增大庭院的自然通风效果，屋顶需要较大

的空隙率以减小正压。另外，可利用吸入式屋顶使建筑物下风向的负压与屋顶正压相互抵消，最终利用屋顶边缘的文丘里效应或者旋涡的能量来增加通风量。

若建筑物布置过于稠密而阻挡气流，则住宅区通风条件就会变差。若整个地区通风良好，夏季还可以降低步行者的体感温度，道路及住宅区的空气污染也容易往外扩散。此外，良好的自然通风，可以降低空调的使用率，从而达到降低能耗的目的。所以，在规划住宅区时，应该充分考虑整个区域的通风。当地区的总建筑占地率（建筑物外墙围住的部分的水平投影面积与建筑地基面积的比）相同时，通常中高层集合住宅区的自然通风效果优于低层住宅区。产生这种现象的原因是，中高层集合住宅区用地是在整个地区内被统一规划的，容易形成一个集中而连续的开放空间，具备风道的功能，带来整个地区良好的通风环境。而在低层住宅区用地中，随着地基不断被细分化和窄小化，建筑物很容易密集在一起，造成总建筑占地率的增加，从而使整个地区的通风环境变差。

（五）强风的危害和防止措施

所谓强风的危害是指发生在高大建筑周围的强风对环境的危害，是伴随着城市中高层乃至超高层建筑的出现而明显化了的社会问题。

就城市整体而言，其平均风速比同高度的开旷郊区为小，但在城市覆盖层（从地面向上到 50 ~ 100 m 这一层空气通常叫接地层或近地面层）内部风的局地性差异很大。主要表现在有些地方风速变得很大，而有些地方的风速变得很小甚至为零。造成风速差异性很大的主要原因有二：一方面是街道的走向、宽度、两侧建筑物的高度、形式和朝向不同，所获得的太阳辐射能就有明显的差异。这种局地差异，在主导风微弱或无风时将导致局地热力学环流，使城市内部产生不同的风向风速。另一方面是盛行风吹过城市中鳞次栉比、参差不齐的建筑物时，因阻碍效应产生不同的升降气流、涡动和绕流等，使风的局地变化更为复杂。

强风的危害是多方面的。首先是给人的活动造成许多不便，如行走困难、呼吸困难，甚至吹倒行人等。其次是造成房屋及各种设施的破坏，如玻璃破损、室外展品被吹落等。最后是恶化环境，如冬季使人感到更冷，并使建筑围护结构外表面与室外冷空气对流换热更为强烈，冷风渗透加剧，这都将导致采暖能耗的大量增加。

为了防止上述风害，可采取如下措施。

（1）使高大建筑的小表面朝向盛行风向，或频数虽不够盛行风向，但风速很大的风向，以减弱风的影响。（2）建筑物之间的相互位置要合适。例如两栋建筑物之间的距离不宜太窄，因为越窄则风速越大。（3）改变建筑平面形状，例如切除尖角变为多角形，就能减弱风速。（4）设防风围墙（墙、栅栏）可有效防止并减弱风害。防风围墙能使部分风通过，是较好的措施。此外，围墙的高度、长度及与风所成的角度等，对其防风效果有一定影响。(5) 种植树木于高层建筑周围，和前述围墙一样，起到减弱强风区的作用。(6) 在高楼的底部周围设低层部分，这种低层部分可以将来自高层的强风挡住，使之不会流动到街面或院内地面上去。(7) 在近地面的下层处设置挑棚等，使来自上边的强风不致吹到街上的行人。(8) 设联拱廊。在两个建筑物之间架设联拱廊之后，下面就受到了保护。当然，这种联拱廊还有防雨、遮阳等功能。

二、环境绿化及水景布置

建筑与气候密切相关，适应环境及气候，是建筑规划及设计应遵循的基本原则之一，也是建筑节能设计的原则之一。一个地区的气候特征是由太阳辐射、大气环流、地面性质等相互作用决定的，具有长时间尺度统计的稳定性，凭借目前人类的科学技术水平还很难将其改变。所以，建筑规划设计应结合气候特点进行。

但在同一地区，由于地形、方位、土壤特性以及地面覆盖状况等条件的差异，在近地面大气中，一个地区的个别地方或局部区域可以具有与本地区一般气候有所不同的气候特点，这就是微气候的概念。微气候是由局部下垫面构造特性决定的发生在地表附近大气层中的气候特点和气候变化，它对人的活动影响很大。

由于与建筑发生直接联系的是建筑周围的局部环境，即其周围的微气候环境。所以，在建筑规划设计中可以通过环境绿化、水景布置的降温、增湿作用，调节风速、引导风向的作用，保持水分、净化空气的作用，来改善建筑周围的微气候环境，进而达到改善室内热环境并减少能耗的目的。

人口高度密集的城市，在特殊的下垫面和城市人类活动的影响下，改变了该地区原有的区域气候状况，形成了一种与城市周围不同的局地气候，其特征有“城市热岛效应”“城市干岛、湿岛”等。

在城市、小区的规划设计中，增加绿化、水景的面积，对改善局部的微气候环境是非常有益的。

(一) 调节空气温度、增加空气湿度

绿化及水景布置对居住区气候起着十分重要的作用，具有良好的调节气温和增加空气湿度的作用。这主要是因为水在蒸发过程中会吸收大量太阳辐射热和空气中的热量，而植物 (尤其是乔木) 有遮阳、减低风速和蒸腾、光合作用。植物在生长过程中根部不断从土壤中吸收水分，又从叶面蒸发水分，这种现象称为“蒸腾作用”。据测定，一株中等大小的阔叶木，一天约可蒸发 100 kg 的水分。同时，植物吸收阳光作为动力，把空气中的二氧化碳和水进行加工变成有机物做养料，这种现象称为

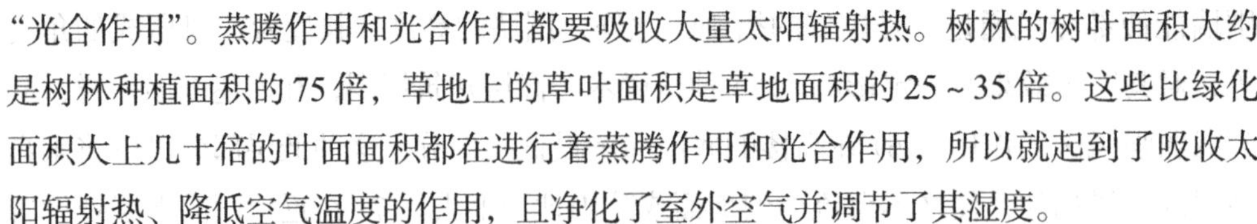

“光合作用”。蒸腾作用和光合作用都要吸收大量太阳辐射热。树林的树叶面积大约是树林种植面积的75倍，草地上的草叶面积是草地面积的25～35倍。这些比绿化面积大上几十倍的叶面面积都在进行着蒸腾作用和光合作用，所以就起到了吸收太阳辐射热、降低空气温度的作用，且净化了室外空气并调节了其湿度。

（二）绿化的遮阳防辐射作用

据调查研究，茂盛的树木能遮挡50%～90%的太阳辐射热，草地上的草可以遮挡80%左右的太阳光线。实地测定：正常生长的大叶榕、橡胶榕、白兰花、荔枝等树下，离地面1.5 m高处，透过的太阳辐射热只有10%左右；柳树、桂木、刺桐等树下，透过的太阳辐射热是40%～50%。由于绿化的遮阳，可使建筑物和地面的表面温度降低很多，绿化地面比一般没有绿化地面辐射热低70%以上。在太阳辐射情况下，午后混凝土和沥青地面最高表面温度达50℃以上，而草坪仅有40℃左右。草坪的初始温度最低，在午后其温度下降也比较快，到18：00后低于气温。说明植被在太阳辐射下由于蒸腾作用，降低了对土壤的加热作用，相反在没有太阳辐射时，在长波辐射冷却下能迅速将热量从土壤深部传出，说明植被是较为理想的地表覆盖材料，对改善室外微气候环境的作用是非常明显的。

研究表明，如果在居住区增加25%的绿化覆盖率，可使空调能耗降低20%以上。所以，在居住区的节能设计中，应注重环境绿化、水景布置的设计。但不应只单纯追求绿地率指标及水面面积或将绿地、水面过于集中布置，还应注重绿地、水面布局的科学、合理，使每栋住宅都能同享绿化、水景的生态效益，尽可能大范围、最大限度地发挥环境绿化、水景布置改善微气候环境质量的有益作用。

基于上述原理和实际效果，说明环境绿化、水景布置的科学设计和合理布局，对改善公共建筑周围微气候环境质量、节约空调能耗也是极其有利的。

（三）降低噪声、减轻空气污染

绿化对噪声具有较强的吸收衰减作用。其主要原因是树叶和树枝间空隙像多孔性吸声材料一样吸收声能，同时通过与声波发生共振吸收声能，特别是能吸收高频噪声。有研究表明，公路边15～30 m宽的林带，能够降低噪声6～10 dB，相当于减少噪声能量60%以上。当然，树木的降噪效果与树种、林带结构和绿化带分布方式有关。根据城市居住区特点采用面积不大的草坪和行道树可起到吸声降噪的效果。

植被，特别是树木，有吸收有害气体，吸滞烟尘、粉尘和细菌的作用。因此，居住区绿化建设还可以减轻城市大气污染、改善大气环境质量。

第五章　单体建筑节能设计

第一节　建筑体型调整与墙体节能设计

建筑物使用过程的能耗主要是通过外围护结构的传热损失和通过门窗缝隙的空气渗透热损失。以占我国住宅建筑总量绝大多数的4个单元6层楼的砖墙、混凝土楼板结构的多层住宅为例，通过外围护结构的传热损失约占全部热损失的77%，通过门窗缝隙的空气渗透热损失约为23%。在传热损失中，通过外墙约为25%，通过窗户约为24%，通过楼梯间隔墙约为11%，通过屋面约为9%，通过阳台门下部约为3%，通过户门约为3%，通过地面约为2%。窗户的传热损失与空气渗透热损失相加，约为全部热损失的47%。由此可知，加强建筑围护结构的节能设计是建筑节能设计的主要任务之一。

单体建筑的节能设计内容主要包括建筑围护结构的节能设计和采暖空调系统的节能设计。对建筑学和城市规划专业来说，除建筑物充分利用自然光、减弱室外热环境及气候对建筑物不利影响的设计之外，建筑围护结构的节能设计主要是指：建筑物墙体（含外墙和存在空间传热的内隔墙），屋面外门、外窗底层地面及存在空间传热的层间楼板或外挑楼板等。

由于我国南、北方气候差异较大，因此不同的气候分区所采取的具体节能措施也不完全相同。严寒、寒冷和部分夏热冬冷地区的建筑以保温节能设计为主，部分夏热冬冷和夏热冬暖地区建筑以隔热节能设计为主。

保温和隔热，都是为了保持室内具有适宜的温度、降低能耗而对围护结构所采取的节能措施。保温一般是指围护结构（包括屋顶、外墙、门窗及存在空间传热的楼板、内隔墙及外挑楼板等）在冬季阻止或减少室内向室外或其他空间传热而使室内保持适宜温度的措施。而隔热则通常指外围护结构在夏季减弱室外综合温度谐波的影响，使其内表面最高温度不致使人体产生烘烤感的措施。两者的主要区别如下。

第一，两者传热过程不同。保温是指阻止或减弱冬季由室内向室外传热的过程，而隔热则是指阻隔夏季由室外向室内传热的过程。通常保温按稳定传热来考虑，同时考虑不稳定传热的影响，而隔热则是按周期性传热来考虑，一般以24 h为周期。

第二，两者评价指标不同。围护结构保温性能一般用传热系数或传热阻值来评价，而其隔热性能则一般用夏季室外综合温度谐波作用下外围护结构内表面的最高温度及其出现时间和围护结构的衰减倍数来评价。

在室内维持一定温度时，冬季围护结构传热系数越小，保温性能越好，采暖能耗越低；而夏季其内表面最高温度越低、衰减倍数越大、延迟时间越长，隔热性能越好，空调能耗就越低。

第三，两者构造措施不同。保温性能主要取决于围护结构的传热系数或传热阻值（对某些建筑物热稳定性也很重要）的大小。由多孔轻质保温材料构成的轻型围护结构，比如内置聚苯板或聚氨酯泡沫夹芯的彩色压型钢板用作屋面板或墙板时，因其传热系数较小，所以保温性能较好，但其隔热性能往往较差。这主要是上述墙板、屋面板热惰性指标值较小，对室外综合温度和室内空气温度谐波波幅衰减较小的缘故。

一、建筑体型调整与平面设计

（一）建筑平面形状与节能的关系

建筑物的平面形状主要取决于建筑的功能及建筑物用地地块的形状，但从建筑热工的角度来看，一般来说，过于复杂的平面形状势必增加建筑物的外表面积，带来采暖能耗的大幅度增加，因此从建筑节能的角度出发，在满足建筑功能要求的前提下，平面设计应注意使外围护结构表面积与建筑体积之比尽可能小，以减小散热面积及散热量（在室内散热量较小的前提下，体形系数越小，夏季空调房间的得热量越小）。当然对空调房间，应对其得热和散热状况进行具体分析。假定平面大小为 40 m × 40 m、高度为 17 m 的建筑物耗热量为 100%。

（二）建筑长度与节能的关系

在高度及宽度一定的条件下，对南北朝向建筑来说，增加居住建筑物的长度对节能是有利的，长度小于 100 m，能耗增加较大。例如，从 100 m 减至 50 m，能耗增加 8% ~ 10%。从 100 m 减至 25 m，5 层住宅能耗增加 25%，9 层住宅能耗增加 17% ~ 20%。

（三）建筑平面布局与节能的关系

合理的建筑平面布局会给建筑在使用上带来极大的方便，同时也可有效地改善室内的热舒适度和有利于建筑节能。在节能建筑设计中，主要应从合理的热环境分区及设置温度阻尼区两个方面来考虑建筑平面的布局。

不同的房间可能有不同的使用要求，因此，其对室内热环境的要求可能也各异。在设计中，应根据房间对热环境的要求而合理分区，将对温度要求相近的房间相对集中布置。如将冬季室温要求稍高、夏季室温要求稍低的房间设于核心区；将冬季室温要求稍低、夏季室温要求稍高的房间设于平面中紧邻外围护结构的区域，作为核心区和室外空间的温度缓冲区（或称温度阻尼区），以减少供热能耗；将夏季温湿度要求相同（或接近）的房间相邻布置。

为了保证主要使用房间的室内热环境质量，可在该类房间与室外空间之间，结合使用情况，设置各式各样的温度阻尼区。这些阻尼区就像一道“热闸”，不但可使房间外墙的传热（传冷）损失减少，而且大大减少了房间的冷风渗透，从而也减少了建筑的渗透热（冷）损失。冬季设于南向的日光间、封闭阳台、外门（或门厅）设置门斗（夏季附加合适的遮阳、通风设施）等都具有温度阻尼区作用，是冬（夏）季减少耗热（冷）的一个有效措施。

二、建筑物墙体节能设计

（一）建筑物外墙保温设计

外墙按其保温材料及构造类型，主要有单一材料保温墙体、单设保温层复合保温墙体。常见的单一材料保温墙体有加气混凝土保温墙体、多孔砖墙体、空心砌块墙体等。在单设保温层复合保温墙体中，根据保温层在墙体中的位置又分为内保温墙体、外保温墙体及夹心保温墙体。

随着节能标准的提高，大多数单一材料保温墙体难以满足包括节能在内的多方面技术指标的要求。而单设保温层的复合墙体由于采用了新型高效保温材料而具有更优良的热工性能，且结构层、保温层都可充分发挥各自材料的特性和优点，既不会使墙体过厚，又可满足保温节能要求，还可满足墙体抗震、承重及耐久性等多方面的要求。

在三种单设保温层的复合墙体中，外墙外保温系统因技术合理、有明显的优越性且适用范围广，不仅适用于新建建筑工程，也适用于既有建筑的节能改造，从而成为住房和城乡建设部在国内重点推广的建筑保温技术。外墙外保温技术具有七大技术优势：保护主体结构，大大减小了因温度变化导致结构变形所产生的应力，避免了雨、雪、冻、融、干、湿循环造成的结构破坏，减少了空气中有害气体和紫外线对围护结构的侵蚀，延长了建筑物的寿命；基本消除了“热桥”影响，也防止了“热桥”部位产生的结露；使墙体潮湿状况得到改善，墙体内部一般不会发生冷凝现象；有利于室温保持稳定；可以避免装修对保温层的破坏；便于既有建筑物进行节能改造；增加房屋使用面积。

1. EPS 板薄抹灰外墙外保温系统

EPS 板薄抹灰外墙外保温系统（简称 EPS 板薄抹灰系统）由 EPS 板保温层、薄抹面层和饰面涂层构成，EPS 板用胶粘剂固定在基层上，薄抹面层中满铺抗碱玻纤网。

大量工程实践证实，EPS 板薄抹灰外墙外保温系统技术成熟、完备、可靠，工程质量稳定，保温性能优良，使用年限可超过 25 年。

(1) 基层墙体

基层墙体可以是混凝土墙体，也可以是各种砌体墙体。但基层墙体表面应清洁，无油污，无凸起、空鼓、疏松等现象。

(2) 胶粘剂

胶粘剂是将 EPS 板粘贴于基层上的一种专用黏结胶料。EPS 板的粘贴方法有点框粘法和满粘法。点框粘法应保证黏结面积大于 40%。

(3) EPS 板

EPS 板是一种应用较为普遍的阻燃型保温板材。其设计厚度经过计算应满足相关节能标准对该地区墙体的保温要求。不同地区居住建筑和公共建筑各部分围护结构传热系数限值见相关节能标准。

(4) 玻纤网

耐碱涂塑玻璃纤维网格布。为使抹面层有良好的耐冲击性及抗裂性，在薄抹面层中要求满铺玻纤网。因为保温材料密度小、质量轻、内含大量空气，在遇温度和湿度变化时，保温层体积变化较大，在基层发生变形时，抹面层中会产生很大的变形应力，当应力大于抹面层材料的抗拉强度时便产生裂缝。满铺耐碱玻纤网后，能使所受的变形应力均匀向四周分散，在限制沿平行耐碱网格布方向变形的同时，又可获得垂直耐碱网格布方向的最大变形量，从而使抹面层中的耐碱网格布长期稳定地起到抗裂和抗冲击的作用。所以，玻纤网称为抗裂防护层中的软钢筋。

(5) 薄抹面层

抹在保温层上、中间夹有玻纤网、保护保温层并起防裂、防水、抗冲击作用的构造层。为了解决保温层受温度和湿度变化影响造成的体积、外形尺寸的变化，抹面层要用抗裂水泥砂浆。这种砂浆使用了弹性乳液和助剂。弹性乳液使水泥砂浆具有柔性变形性能，改善了水泥砂浆易开裂的弱点。助剂和不同长度、不同弹性模量的纤维可以控制抗裂砂浆的变形量，并使其柔韧性得到明显提高。

(6) 饰面涂层

在弹性底层涂料、柔性耐水腻子上刷的外墙装饰涂料。柔性耐水腻子黏结强度高、耐水性好、柔韧性好，特别适合在易产生裂缝的各种保温及水泥砂浆基层上做找平、修补材料，可有效防止面层装饰材料出现龟裂或有害裂缝。

(7) 锚栓

建筑物高度在 20 m 以上时，在受负风压作用较大的部位，或在不可预见的情况下为确保系统的安全性而起辅助固定作用。

2. 胶粉 EPS 颗粒保温浆料外墙外保温系统

胶粉 EPS 颗粒保温浆料外墙外保温系统（简称保温浆料系统）由界面层、胶粉 EPS 颗粒保温浆料保温层、抗裂砂浆抹面层和饰面层组成。该系统采用逐层渐变、柔性释放应力的无空腔的技术工艺，可广泛适用于不同气候区、不同基层墙体、不同建筑高度的各类建筑外墙的保温与隔热。

(1) 基层

基层适用于混凝土墙体、各种砌体墙体。但基层表面应清洁、无油污，剔除影响黏结的附着物和空鼓、疏松部位。

(2) 界面砂浆

界面砂浆由基层界面剂、中细砂和水泥混合制成，用于提高胶粉 EPS 颗粒保温浆料与基层墙体的黏结力。对要求做界面处理的基层应满涂界面砂浆。

(3) 胶粉 EPS 颗粒保温浆料

胶粉 EPS 颗粒保温浆料由胶粉料和 EPS 颗粒组成。胶粉料由无机胶凝材料与各种外加剂在工厂采用预混合干拌技术制成。施工时加水搅拌均匀，抹在基层墙面上形成保温材料层，其设计厚度经过计算应满足相关节能标准对该地区墙体的保温要求。胶粉 EPS 颗粒保温浆料宜分层抹灰，每层操作间隔时间应在 24 h 以上，每层厚度不宜超过 20 mm。

(4) 抗裂砂浆薄抹面层

抗裂砂浆的作用、构造做法、性能要求同 EPS 板薄抹灰外墙外保温系统中的抗裂砂浆薄抹面层。

(5) 玻纤网

玻纤网的作用、目的、性能要求同 EPS 板薄抹灰外墙外保温系统中的玻纤网。

(6) 饰面层

饰面层同 EPS 板薄抹灰外墙外保温系统中的饰面涂层。

本系统中如果饰面层不用涂料而采用墙面砖时，就要将抗裂砂浆中的玻纤网用热镀锌钢丝网代替，热镀锌钢丝网用塑料锚栓双向间距 500 mm 锚固，以确保面砖饰面层与基层墙体的有效连接。

面砖的粘贴要用专用的面砖黏结砂浆。面砖黏结砂浆由面砖专用胶液与中细砂、水泥按一定质量比混合配制而成，可有效提高面砖的黏结强度。

3. EPS 板现浇混凝土外墙外保温系统

EPS 板现浇混凝土外墙外保温系统（以下简称无网现浇系统）以现浇混凝土外墙作为基层，EPS 板为保温层。EPS 板内表面（与现浇混凝土接触的表面）沿水平方向开有矩形齿槽，内、外表面均满涂界面砂浆。在施工时将 EPS 板置于外模板内侧，并安装尼龙锚栓作为辅助固定件。浇灌混凝土后，墙体与 EPS 板以及锚栓结合为一体。EPS 板表面抹抗裂砂浆薄抹面层，外表以涂料为饰面层，薄抹面层中满铺玻纤网。

无网现浇系统是用于现浇混凝土剪力墙的外保温体系，采用阻燃型 EPS 板做外保温材料。施工时在绑扎完墙体钢筋后将保温板和穿过保温板的尼龙锚栓与墙体钢筋固定，然后安装内外钢模板，并将保温板置于墙体外侧钢模板内侧。浇筑墙体混凝土时，外保温板与墙体有机结合在一起，拆模后外保温与墙体同时完成。其优点是：施工简单、安全、省工、省力、经济、与墙体结合好，并能进行冬期施工；摆脱了人贴手抹、手工操作的安装方式，实现了外保温安装的工业化，减轻了劳动强度，有很好的经济效益和社会效益。

为了确保 EPS 板与现浇混凝土和面层局部修补、找平材料等能够牢固地黏结，以及保护 EPS 板不受阳光和风化作用的破坏，要求 EPS 板两面必须预涂 EPS 板界面砂浆。此砂浆由 EPS 板专用界面剂与中细砂、水泥混合制成，施工时均匀涂刷在 EPS 板两面，形成黏结性能良好的界面层，以增强 EPS 板与混凝土、抹面层的黏结能力。要求 EPS 板内表面要开水平矩形齿槽或燕尾槽。

EPS 板宽度为 1.2 m，高度宜为建筑物层高，厚度按设计要满足相关节能标准对该地区墙体的保温要求。

施工时，混凝土一次浇筑高度不宜大于 1 m，避免混凝土产生过大的侧压力而使 EPS 板出现较大的压缩形变。

抗裂砂浆薄抹面层、饰面层的材料性能、作用、施工要求等同 EPS 板薄抹灰系统中对抗裂砂浆薄抹面层、饰面层的要求一致。

4. EPS 钢丝网架板现浇混凝土外墙外保温系统

EPS 钢丝网架板现浇混凝土外墙外保温系统（以下简称有网现浇系统）以现浇混凝土为基层，EPS 单面钢丝网架板置于外墙外模板内侧并安装 ϕ6 钢筋作为辅助固定件。浇灌混凝土后，EPS 单面钢丝网架板挑头钢丝和 ϕ6 钢筋与混凝土结合为一体，EPS 单面钢丝网架板表面抹掺入外加剂的水泥砂浆形成厚抹面层，外表做饰面

层。以涂料做饰面层时，应加抹玻纤网抗裂砂浆薄抹面层。

有网现浇系统用于建筑剪力墙结构体系，施工时，当外墙钢筋绑扎完毕后，将由工厂预制的保温板构件放在墙体钢筋外侧（这种构件是外表面有横向齿形槽的聚苯板，中间斜插若干 ϕ2.5 穿过板材的镀锌钢丝，这些斜插镀锌钢丝与板材外的一层 ϕ2 钢丝网片焊接，构件两面喷有界面剂，构件由工厂预制），并与墙体钢筋固定。为确保保温板与墙体之间结合的可靠性，在聚苯板保温构件上除有镀锌斜插丝伸入混凝土墙内，并通过聚苯板插入经过防锈处理的 ϕ6L 形钢筋与墙体钢筋绑扎，或插入 ϕ10 塑料胀管，每平方米 3 ~ 4 个，再支墙体内外钢模板（此时保温板位于外钢模板内侧），然后浇筑混凝土墙。为避免混凝土产生过大的侧压力而使保温板出现较大的压缩变形，混凝土一次浇筑高度不宜大于 1 m。拆模后保温板和混凝土墙体结合在一起，牢固可靠。然后在钢丝网架上抹抗裂砂浆厚抹面层。

如果表面做涂料饰面，应加抹抗裂砂浆复合耐碱玻纤网薄抹面层，涂弹性底层涂料、柔性耐水腻子，最后刷外墙装饰涂料。

由于这种外保温构造系统有大量腹丝埋在混凝土中，与结构墙体的连接比较可靠，目前大多用于做面砖饰面，在抗裂砂浆厚抹面层上，用专用面砖黏结砂浆粘贴面砖。

保温板厚度应满足相关节能标准对该地区墙体的保温要求。考虑到大量穿过聚苯板插入混凝土墙体的腹丝对保温板热工性能的影响，在实际计算保温板厚度时，其导热系数应乘以 1.2 的修正系数。

无论采取何种外墙外保温系统，都应包覆门窗框外侧洞口、女儿墙、封闭阳台及突出墙面的出挑部位等热桥部位（构造做法可参照相应图集）；不得随意更改系统构造和组成材料；外墙外保温系统组成材料的性能要符合要求。

（二）建筑物楼梯间内墙保温设计

楼梯间内墙泛指住宅中楼梯间与住户单元间的隔墙，同时一些宿舍楼内的走道墙也包含在内。采暖居住建筑的楼梯间及外走廊与室外连接的开口处应设置窗或门，且该窗和门应能密闭。严寒地区 A 区和严寒地区 B 区的楼梯间宜采暖，设置采暖的楼梯间的外墙和外窗应采取保温措施。实际设计中，有些建筑的楼梯间及走道间不设采暖设施，楼梯间的隔墙即成为由住户单元内向楼梯间传热的散热面。这种情况下，这些楼梯间隔墙部位就应做好保温处理。

计算表明，一栋多层住宅，楼梯间采暖比不采暖耗热要减少 5% 左右；楼梯间开敞比设置门窗耗热量要增加 10% 左右。所以有条件的建筑应在楼梯间内设置采暖装置并做好门窗的保温措施，否则，就应按节能标准要求对楼梯间内墙采取保温措施。

根据住宅选用的结构形式，如砌体承重结构体系，楼梯间内隔墙多为双面抹灰240 mm厚的砖砌体结构或190 mm厚的混凝土空心砌块砌体结构。这类形式的楼梯间内的保温层常置于楼梯间一侧，保温材料多选用保温砂浆类产品或保温浆料系列产品。

对钢筋混凝土高层框架—剪力墙结构体系建筑，其楼梯间常与电梯间相邻，这些部位通常作为钢筋混凝土剪力墙的一部分，对这些部位也应提高保温能力，以达到相关节能标准的要求。

（三）建筑物变形缝保温设计

建筑物中的变形缝常见的有伸缩缝、沉降缝、抗震缝等，虽然这些部位的墙体一般不会直接面向室外寒冷空气，但这些部位的墙体散热量也是不容忽视的。尤其是建筑物外围护结构其他部位提高保温能力后，这些构造缝就成为较为突出的保温薄弱部位，散热量相对较大，所以，必须对其进行保温处理。变形缝应采取保温措施，并应保证变形缝两侧墙的内表面温度在室内空气设计温、湿度条件下不低于露点温度。保温浆料系统变形缝保温做法：伸缩缝、沉降缝、抗震缝用聚苯条塞紧，填塞深度不小于300 mm，聚苯条密度应不大于10 kg/m³，金属盖缝板可用1.2 mm厚的铝板或0.7 mm厚的不锈钢板，两边钻孔固定。在严寒地区，除了沿着变形缝填充一定深度的保温材料外，还要再将缝两侧的墙做内保温，其保温效果会更好。

（四）建筑物外墙隔热设计

外墙、屋顶的隔热效果是用其内表面温度的最高值、衰减倍数和延迟时间来衡量和评价的。所以，有利于降低外墙、屋顶内表面最高温度，增大衰减倍数和增加延迟时间的方法都是隔热的有效措施。通常，外墙、屋顶的隔热设计按以下思路采取具体措施：减少对太阳辐射热的吸收；减弱室外综合温度波动对围护结构内表面最高温度的影响，且所选材料及其构造层次有利于散热，能将太阳辐射等热能转化为其他形式的能量，减少通过围护结构传入室内的热量等。

1. 采用浅色外饰面，减小太阳辐射热的当量温度

当量温度反映了围护结构外表面吸收太阳辐射热使室外热作用提高的程度。要减少热作用，就必须降低外表面对太阳辐射热的吸收系数。建筑墙体外饰面材料品种很多，吸收系数值差异也较大。合理选择材料和构造对外墙的隔热是非常有效的。

2. 增大传热阻与热惰性指标值

增大围护结构的传热阻可以降低围护结构内表面的平均温度；增大热惰性指标

值可以大大衰减室外综合温度的谐波振幅和延迟内表面最高温度出现的时间至深夜间，减小围护结构内表面的温度波幅。两者对降低结构内表面温度的最高值及延迟其出现时刻都是有利的。

这种隔热构造方式不仅具有隔热性能，在冬季也有保温作用，特别适用于夏热冬冷地区。不过，这种构造方式的墙体、屋面夜间散热较慢，内表面的高温区段时间较长，出现高温的时间也较晚，用于办公、学校等以白天使用为主的建筑物较为理想。

对昼夜空气温差较大的地区，白天可紧闭门窗（通过有组织换气以满足卫生要求）使用空调、夜间打开门窗自然（或机械）通风排除室内热量并储存室外新风冷量，以降低房间次日的空调负荷，因此也可用于节能空调建筑。

3. 采用有通风间层的复合墙板

有通风间层的复合墙板比单一材料制成的墙板（如加气混凝土墙板）构造复杂一些，但它将材料区别使用，可采用高效的隔热材料，能充分发挥各种材料的特长，墙体较轻，而且利用间层的空气流动及时带走热量，减少了通过墙板传入室内的热量，且夜间降温快，特别适用于湿热地区住宅、医院、办公楼等多层和高层建筑。

4. 外墙绿化

外墙绿化具有美化环境、降低污染、遮阳隔热等功能。在建筑周围种树架棚，可以利用树荫遮挡照射到房屋及地面的太阳辐射，改善室外热环境。

通过外墙绿化方式可达到遮阳隔热效果：一种是种植攀缘植物覆盖墙面，另一种是在外墙周围种植密集的树木，利用树荫遮挡阳光。攀缘植物遮阳隔热效果与植物叶面对墙面覆盖的疏密程度有关，覆盖越密，遮阳隔热效果越好。植树遮阳隔热效果与投射到墙面的树荫疏密程度有关，由于树木与墙面有一定距离，外墙周围植树通风比墙面攀缘植物的情况好。

外墙绿化具有隔热和改善室外热环境的双重效果。被植物遮阳的外墙，其外表面温度与空气温度相近，而直接暴露于阳光下的外墙，其外表面温度最高可比空气温度高 15℃以上。

与建筑遮阳构件相比，外墙绿化遮阳的隔热效果更好。各种遮阳构件，不管是水平的还是垂直的，在遮挡阳光的同时也成为太阳能集热器，吸收了大量的太阳辐射热，大大提高了自身的温度，然后辐射到被它遮阳的外墙上。因此，被它遮阳的外墙表面温度仍比空气温度高。而绿化遮阳的情况则不然，对于有生命的植物，具有温度调节、自我保护功能。在日照下，植物把从根部吸收的水分输送到叶面蒸发，犹如人体出汗，使自身保持较低的温度，而不会对周围环境造成过强的热辐射。因此，被植物遮阳的外墙表面温度低于被遮阳构件的墙面温度，外墙绿化的遮阳隔热效果优于遮阳构件。

植物覆盖层所具有的良好生态隔热性能来源于它的热反应机理。研究表明，太阳辐射投射到植物叶片表面后，约有20%被反射、80%被吸收。由于植物叶面朝向天空，反射到天空的比率较大。在被吸收的热量中，通过一系列复杂的物理化学生物反应后，很少部分储存起来，大部分以显热和潜热的形式转移出去，其中很大部分是通过蒸腾作用转变为水分的汽化潜热。潜热交换的结果是增加空气的湿度，显热交换的结果是提高空气的温度。所以说，外墙绿化具有增湿降温、保持环境生态热平衡的作用。

（五）建筑外墙外保温系统的防火设计

1. 提高外墙外保温系统整体构造的防火性能

外墙外保温系统的大力推广和广泛应用，为我国的建筑节能事业做出了很大贡献。然而，目前外墙外保温系统中所用保温材料中约80%为防火性能相对较差的有机可燃材料，如EPS板、XPS板、硬泡聚氨酯等，外保温系统存在防火安全隐患。近些年也发生了一系列由于保温材料或外保温系统燃烧引发的火灾事故，造成了众多人员伤亡和重大的财产损失，令人痛心。这也促使我国建筑领域高度重视并深入开展了外保温系统防火技术的研究，且取得了具有应用价值的成果，从材料燃烧性能角度看，用于建筑外墙的保温材料分为三大类：一是以岩棉和矿物棉为代表的无机保温材料，通常被认定为不燃材料；二是以胶粉聚苯颗粒保温浆料为代表的有机无机复合型保温材料，通常被认定为难燃材料；三是以聚苯乙烯泡沫塑料（包括EPS板、XPS板）、硬泡聚氨酯和改性酚醛树脂为代表的有机保温材料，通常被认定为可燃材料。

A级保温材料还有玻璃棉板（毡）、无机保温砂浆、无机保温膏料、石膏基保温砂浆等；B1级保温材料有酚醛保温板、经特殊处理后的挤塑聚苯板和聚氨酯等。

当外墙外保温系统的保温材料采用不燃材料或不具有传播火焰的难燃材料时，外墙外保温系统几乎不存在防火安全性问题。

然而，我们选用保温材料时，不仅要考虑它的防火性能，还要考虑它的保温性、耐久性、耐候性、施工工艺、造价成本等。在我国现有经济、技术条件下，以岩棉为代表的无机保温材料，除在燃烧性能方面优于其他类型的保温材料外，其他方面都不具有明显优势，尤其是岩棉保温板强度低、吸水性大、面层易开裂且生产过程能耗大、污染重、成本高，影响了它在民用建筑中的推广应用。而有机保温材料性能好、质地轻、应用技术成熟，尽管具有可燃性，仍在国内外被广泛应用。由于经济、技术等多方面原因，目前还没有找到可以完全替代有机保温材料的高效保温材料，在当前和今后的一段时期内，有机保温材料仍将占据我国建筑保温市场的主导地位。

虽然有机保温材料防火性能较差，但外保温系统中的有机保温材料都是被无机材料包覆在系统内部。所以，应该将保温材料、防护层以及防火构造作为一个整体来考虑，重点提高外保温系统整体构造防火性能和根据建筑高度增加防火构造措施。

2. 外墙外保温系统的防火构造措施

火灾通常是以释放热量的方式造成灾害。因此，要解决外保温系统的防火问题。

第一，有机保温板与基层墙体之间或与装饰面层之间如果存在空腔，在火灾发生时，可能为保温材料的燃烧提供氧气，为火焰的蔓延提供烟囱通道，加速火灾的蔓延。火的发生和蔓延都离不开空气，因此，存在空腔构造的保温系统有利于火焰的传播。外保温系统中贯通的空腔构造和封闭的空腔构造对系统的防火安全性能的影响程度是不同的。空腔越大、越连贯就越不利于防火，而无空腔构造限制了外保温系统内的热对流作用，消除火灾隐患。基于这点，我们提倡保温系统施工时保温板采用满粘法，既可在一定程度上提高外保温系统的防火性能、降低火灾危害，还可增强保温板的黏结力、提高保温系统的耐久性。

第二，外墙外保温系统设置防火隔离带，可有效抑制热传导，阻止火焰蔓延。防火隔离带的基本构造应与外墙外保温系统相同，并宜包括胶粘剂、防火隔离带保温板、锚栓、抹面胶浆、玻璃纤维网布、饰面层等。

防火隔离带的宽度不应小于 300 mm，其厚度宜与外墙外保温系统厚度相同。

防火隔离带保温材料的燃烧性能等级应为 A 级。如岩棉带、发泡水泥板、泡沫玻璃板等，其中进行过表面处理（可采用界面剂或界面砂浆涂覆处理）的岩棉防火隔离带防火效果最好。

防火隔离带保温板应与基层墙体全面积粘贴，并应使用锚栓辅助连接，锚栓应压住底层玻璃纤维网布。锚栓间距应不大于 600 mm，锚栓距离保温板端部应不小于 100 mm，每块保温板上的锚栓数量应不少于 1 个。

防火隔离带部位的抹面层应加底层玻璃纤维网布，底层玻璃纤维网布垂直方向超出防火隔离带边缘不应小于 100 mm，水平方向可对接，对接位置离防火隔离带保温板端部接缝位置不应小于 100 mm。当面层玻璃纤维网布上下有搭接时，搭接位置距离隔离带边缘不应小于 200 mm。

防火隔离带应设置在门窗洞口上部，且防火隔离带下边缘距洞口上沿不应超过 500 mm。

当防火隔离带在门窗洞口上沿时，门窗洞口上部防火隔离带在粘贴时应做玻璃纤维网布翻包处理，翻包的玻璃纤维网布应超出防火隔离带保温板上沿 100 mm。翻包、底层及面层的玻璃纤维网布不得在门窗洞口顶部搭接或对接，抹面层平均厚度不宜小于 6 mm。当防火隔离带在门窗洞口上沿且门窗框外表面缩进基层墙体外表面时，门窗洞口顶部外露部分应设置防火隔离带，且防火隔离带保温板宽度不应小于 300 mm。

对于幕墙式建筑，当建筑高度大于等于 24 m 时，保温材料的燃烧性能应为 A 级。当建筑高度小于 24 m 时，保温材料的燃烧性能应为 A 级或 B1 级。当采用 B1 级保温材料时，每层应设置水平防火隔离带。

严寒和寒冷地区的建筑外墙保温采用防火隔离带时，防火隔离带热阻不得小于外墙外保温系统热阻的 50%；夏热冬冷地区的建筑外墙保温采用防火隔离带时，防火隔离带热阻不得小于外墙外保温系统热阻的 40%，而且防火隔离带部位的墙体内表面温度不得低于室内空气设计温、湿度条件下的露点温度。

外保温系统防火隔离带应与基层墙体可靠连接，应能适应外保温系统的正常变形而不造成渗透、裂缝和空鼓；应能承受自重、风荷载和室外气候的反复作用而不造成破坏。因此，应对防火隔离带进行耐候性、耐冻融性等试验，且性能指标要符合有关的规定。

第三，防护面层（包括抹面层和饰面层）的厚度和质量的稳定性，决定保温系统层面受到热量或火焰侵袭时对内侧有机保温材料的保护能力。增加防护层厚度可以明显减少外部火焰对内部保温材料的辐射热作用。

试验表明，同等厚度的胶粉聚苯颗粒对有机保温材料的防火保护作用要强于水泥砂浆。这是因为：一方面，胶粉聚苯颗粒属于保温材料，是热的不良导体，而水泥砂浆属于热的良导体，前者外部热量向内传递过程要比后者缓慢，其内侧有机保温材料达到熔融收缩温度的时间长，在聚苯颗粒熔化后形成的封闭空腔使得胶粉聚苯颗粒的导热系数更低，热量传递更为缓慢；另一方面，砂浆遇热后开裂使热量更快进入内部，使有机保温材料更快达到熔融收缩温度。

此外，在保温系统的防火试验研究中发现，对聚苯板涂刷界面砂浆能提高可燃材料在存放和施工期间的防火性能（90% 以上的外保温火灾发生在施工阶段。说明加强外保温工程施工期间的防火安全技术管理工作、对施工人员进行防火安全教育、避免外保温工程施工与有明火的工序交叉作业等也非常重要）。界面砂浆的原始功能在于使两种相互黏结性差的材料实现有效黏结，而从试验效果看，界面砂浆还会起到另一个重要作用——防火。如氧指数为 31% 的聚苯板用防火界面砂浆涂覆后氧指数升为 36%，点火性和火焰传播性要比未涂刷界面砂浆的聚苯板降低很多，防火能力得到了一定的提高。

影响建筑外墙外保温系统防火安全性能的要素包括系统组成材料的燃烧性能等

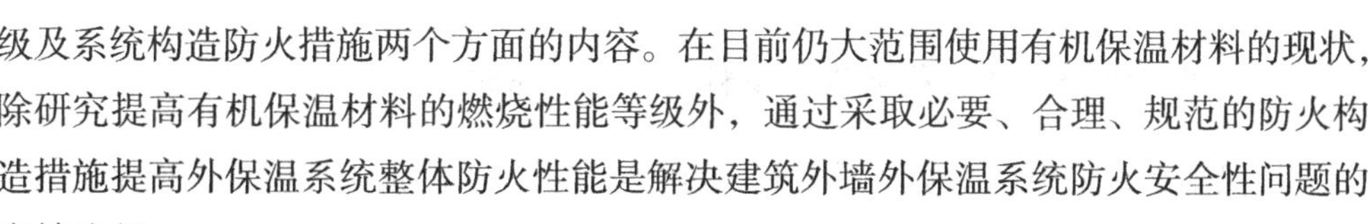

级及系统构造防火措施两个方面的内容。在目前仍大范围使用有机保温材料的现状，除研究提高有机保温材料的燃烧性能等级外，通过采取必要、合理、规范的防火构造措施提高外保温系统整体防火性能是解决建筑外墙外保温系统防火安全性问题的有效途径。

第二节　建筑物屋顶节能设计

屋顶作为建筑物外围护结构的组成部分，由于冬季存在比任何朝向墙面都大的长波辐射散热，再加之对流换热，降低了屋顶的外表面温度；夏季所接收的太阳辐射热也最多，导致室外综合温度最高，造成其室内外温差传热在冬、夏季都大于各朝向外墙。因此，提高建筑物屋面的保温、隔热能力，可有效减少能耗，改善顶层房间内的热环境。

一、建筑物屋顶保温设计

屋面保温设计绝大多数为外保温构造，这种构造受周边热桥影响较小。为了提高屋面的保温能力，屋顶的保温节能设计要采用导热系数小、轻质高效、吸水率低(或不吸水)、有一定抗压强度、可长期发挥作用且性能稳定可靠的保温材料作为保温隔热层。

保温层厚度的确定按屋面保温种类、保温材料性能及构造措施以满足相关节能标准对屋面传热系数限值要求为准。

(一) 胶粉 EPS 颗粒屋面保温系统

该系统采用胶粉 EPS 颗粒保温浆料对平屋顶或坡屋顶进行保温，用抗裂砂浆复合耐碱网格布进行抗裂处理，防水层采用防水涂料或防水卷材。保护层可采用防紫外线涂料或块材等。

防紫外线涂料由丙烯酸树脂和太阳光反射率高的复合颜料配制而成，具有一定的降温功能，用于屋顶保护层，其性能指标应符合相关的要求。

胶粉 EPS 颗粒保温浆料作为屋面保温材料，不但要求保温性能好，还应满足抗压强度的要求。

（二）现场喷涂硬质聚氨酯泡沫塑料屋面保温系统

该保温系统采用现场喷涂硬质聚氨酯泡沫塑料对平屋顶或坡屋顶进行保温，采用轻质砂浆对保温层进行找平及隔热处理，并用抗裂砂浆复合耐碱网布进行抗裂处理，保护层采用防紫外线涂料或块材等。

聚氨酯防潮底漆由高分子树脂、多种助剂、稀释剂配制而成，施工时用滚筒、毛刷均匀涂刷在基层材料表面，可有效防止水及水蒸气对聚氨酯发泡保温材料产生不良影响。

聚氨酯界面砂浆由与聚氨酯具有良好黏结性能的合成树脂乳液、多种助剂等制成的界面处理剂与水泥、砂混合制成，涂覆于聚氨酯保温层上以增强保温层与找平层的黏结能力。

（三）倒置式保温屋面

所谓倒置式屋面，就是将传统屋面构造中保温隔热层与防水层颠倒，将保温隔热层设置在防水层上面，是一种具有多种优点的保温隔热效果较好的节能屋面形式。其基本构造宜由结构层、找坡层、找平层、防水层、保温层及保护层组成。

倒置式保温屋面宜采用结构找坡。当采用材料找坡时坡度宜为3%，且最薄处>30 mm。结构找坡的屋面可直接将原浆表面抹平压光成找平层，也可采用水泥砂浆或细石混凝土找平。

用卵石（其粒径宜为40～80 mm）做保护层的倒置式屋面构造形式。设计时保护层也可选用混凝土板块、地砖、瓦材、水泥砂浆、细石混凝土等。当采用板块材料、卵石做保护层时，在保温层与保护层之间应设置隔离层。保护层的质量应保证当地30年一遇最大风力时保温板不被刮起和保温层在积水状态下不浮起。

倒置式屋面的主要优点如下。

1. 可以有效延长防水层的使用年限

倒置式屋面将保温层设在防水层上，大大减弱了防水层受大气、温差及太阳光紫外线照射的影响，使防水层不易老化，因而能长期保持其柔软性、延伸性等性能。

2. 保护防水层免受外界损伤

由于保温材料组成的缓冲层，使卷材防水层不易在施工中受外界机械损伤，又能衰减外界对屋面的冲击。

3. 施工简便，利于维修

倒置式屋面省去了传统屋面中的隔汽层及保温层上的找平层，施工简化，更加经济。即使出现个别地方渗漏，只要揭开几块保温板，就可以进行处理，易于维修。

4. 调节屋顶内表面温度

屋顶最外层可为卵石层、配筋混凝土现浇板或烧制方砖保护层，这些材料蓄热系数较大，在夏季可充分利用其蓄热能力强的特点，调节屋顶内表面温度，使其温度最高峰值向后延迟，错开室外空气温度最高值，有利于提高屋顶的隔热效果。

为充分发挥倒置式屋面防水、保温、耐久的优势，其设计选材、工程质量应符合相关标准的技术要求。

倒置式屋面工程应选用耐腐蚀、耐霉烂、适应基层变形能力强，符合现行国家标准规定的防水材料，防水等级应为Ⅰ级，防水层合理使用年限不得少于 20 年。当采用两道防水层设防时，其中一道防水层宜选用防水涂料。

倒置式屋面构造中保温材料的性能应符合下列规定。(1) 导热系数不应大于 0.080 W/（m · K）。(2) 使用寿命应满足设计要求。(3) 压缩强度或抗压强度不应小于 150 kPa。(4) 体积吸水率不应大于 3%。(5) 材料内部无串通毛细孔现象，反复冻融条件下性能稳定。(6) 适用范围广，在 –30 ℃ ~ 70 ℃范围内均能安全使用。(7) 对于屋顶基层采用耐火极限不小于 1 h 的不燃烧体的建筑，其屋顶保温材料的燃烧性能不应低于 B2 级；其他情况下，保温材料的燃烧性能不应低于 B1 级。(8) 不得使用松散保温材料。

挤塑聚苯板（XPS）、硬泡聚氨酯板、硬泡聚氨酯防水保温复合板、喷涂硬泡聚氨酯及泡沫玻璃的保温板等就能满足上述要求，适用于倒置式屋面的保温隔热材料。挤塑聚苯板（XPS）、硬泡聚氨酯板主要物理性能分别见表 5–1、表 5–2。

表 5–1　挤塑聚苯板（XPS）主要物理性能

试验项目		压缩强度 /kPa	导热系数（25℃）/[W/(m·K)]	吸水率（V/V）/（%）	表观密度 /(kg/m³)	尺寸稳定性（70℃，48 h）/（%）	水蒸气渗透系数（23℃，RH50%）/ [ng/(m•s•Pa)]	燃烧性能等级
性能指标	X150	≥ 150	≤ 0.030	≤ 1.5	≥ 20	≤ 1.5	≤ 3.5	不低于 B2 级
	X250	≥ 250	≤ 0.030	≤ 1.0	≥ 25	≤ 1.5	≤ 3	
	X350	≥ 350	≤ 0.030	≤ 1.0	≥ 30	≤ 1.5	≤ 3	
	X600	≥ 600	≤ 0.030	≤ 1.0	≥ 40	≤ 1.5	≤ 2	

表 5-2　硬泡聚氨酯板主要物理性能

试验项目	压缩强度 /kPa	导热系数（25℃）/ [W/(m·K)]	不透水性（无结皮，0.2 MPa，30 min）	表观密度 / (kg/m³)	尺寸稳定性（70℃，48 h)/(%)	芯材吸水率（V/V）/（%）	燃烧性能等级
性能 A 型	≥ 150	≤ 0.024	不透水	≥ 35	≤ 1.5	≤ 3.0	不低于 B2 级
指标 B 型	≥ 200	≤ 0.024	不透水	≥ 35	≤ 1.0	≤ 1.0	

为了确保倒置式屋面的保温性能在保温层积水、吸水、结露、长期使用老化、保护层压置等复杂条件下仍能持续满足屋面节能的要求，在倒置式屋面保温设计时，保温层的设计厚度应按计算厚度的 1.25 倍取值，且最小厚度不得小于 25 mm。

二、建筑物屋顶隔热设计

屋顶隔热的机理和设计思路与墙体是相同的，只是屋顶是水平或倾斜部件，在构造上有其特殊性。

（一）采用浅色饰面，减小当量温度

以某地区的平屋顶为例，说明屋面材料太阳辐射热吸收系数 ρ_s 值对当量温度的影响。某地区水平面太阳辐射照度最大值 I_{max}=961 W/m^2，平均值 $\bar{I}$ =312 W/m^2。屋面材料的 ρ_s 值对当量温度的影响很大。当采用太阳辐射热吸收系数较小的屋面材料时，可降低室外热作用，从而达到隔热的目的。

（二）通风隔热屋顶

通风隔热屋顶的原理是在屋顶设置通风间层，一方面利用通风间层的上表面遮挡阳光、阻断直接照射到屋顶的太阳辐射热，起到遮阳板的作用；另一方面利用风压和热压作用将上层传下的热量带走，使通过屋面板传入室内的热量大为减少，从而达到隔热降温的目的。这种屋顶构造方式较多，既可用于平屋顶，也可用于坡屋顶；既可在屋面防水层之上组织通风，也可在防水层之下组织通风。

通风隔热屋顶的优点很多，如省料、质轻、材料层少、防雨防漏、构造简单等，适宜自然风较丰富的地区。沿海地区和部分夏热冬暖地区具备这种有利条件，无论白天还是夜晚，都会因陆地与水面的气温差而形成气流，间层内通风流畅，不但白天隔热好，而且夜间散热快，隔热效果较好。此种屋顶不适宜在长江中下游地区及寒冷地区采用。

在通风隔热屋顶的设计中应考虑以下问题。

①通风屋面的架空层应根据基层的承载能力设计，构造形式要简单，架空板便于生产和施工。②通风屋面和风道长度不宜大于 15 m，空气间层以 200 mm 左右为宜。③通风屋面基层上面应有满足节能标准的保温隔热基层，一般应按相关节能标准要求对传热系数和热惰性指标限值进行验算。④架空隔热板的位置在保证使用功能的前提下应考虑利于板下部形成良好的通风状况。⑤架空隔热板与山墙间应留出 250 mm 的距离。⑥架空隔热层在施工过程中，应做好对已完工防水层的保护工作。

（三）蓄水隔热屋顶

蓄水屋顶就是在屋面上蓄一层水来提高屋顶的隔热能力。水之所以能起到隔热作用，主要是因为水的热容量大，而且水在蒸发时要吸收大量的汽化潜热，而这些热量大部分从屋顶所吸收的太阳辐射热中摄取，这样就大大减少了经屋顶传入室内的热量，降低了屋顶的内表面温度。蓄水屋顶的隔热效果与蓄水深度有关。热工测试数据，见表 5–3。

表 5–3　不同厚度蓄水层屋面热工测定数据

测试项目	蓄水层厚度 /mm			
	50	100	150	200
外表面最高温度 /℃	43.63	42.90	42.90	41.58
外表面温度波幅 /℃	8.63	7.92	7.60	5.68
内表面最高温度 /℃	41.51	40.65	39.12	38.91
内表面温度波幅 /℃	6.41	5.45	3.92	3.89
内表面最低温度 /℃	30.72	31.19	31.51	32.42
内外表面最高温差 /℃	3.59	4.48	4.96	4.86
室外最高温度 /℃	38.00	38.00	38.00	38.00
室外温度波幅 /℃	4.40	4.40	4.40	4.40
内表面热流最高值 /（W/m^2）	21.92	17.23	14.46	14.39
内表面热流最低值 /（W/m^2）	−15.56	−12.25	−11.77	−7.76
内表面热流平均值 /（W/m^2）	0.5	0.4	0.73	2.49

用水隔热是利用水的蒸发耗热作用，而蒸发量的大小与室外空气的相对湿度和风速的关系最密切。相对湿度的最低值是在每日 14：00 ~ 15：00 时。我国南方地区中午前后风速较大，故在 14：00 时水的蒸发作用最强烈，从屋面吸收而用于蒸发的热量最多。而这个时段内屋顶室外综合温度恰恰最高，即适逢屋面传热最强烈的时候。因此，在夏季气候干热、白天多风的地区，用水隔热的效果必然显著。

蓄水屋顶具有良好的隔热性能，且能有效保护刚性防水层，有如下特点。

①蓄水屋顶可大大减少屋顶吸收的太阳辐射热，同时，水的蒸发要带走大量的热。因此屋顶的水起到了调节室内温度的作用，在干热地区其隔热效果十分显著。②刚性防水层不干缩。长期在水下的混凝土不但不会干缩，反而有一定程度的膨胀，避免出现开裂性透水毛细管的可能，使屋顶不至于渗漏水。③刚性防水层变形小。由于水下防水层表面温度较低，内外表面温差小，昼夜内外表面温度波幅小，混凝土防水层及钢筋混凝土基层产生的温度应力也小，由温度应力而产生的变形相应也小，从而避免了由于温度应力而产生的防水层和屋面基层开裂。④密封材料使用寿命长。在蓄水屋顶中，用于填嵌分格缝的密封材料，由于氧化作用和紫外线照射程度减轻，所以不易老化，可延长使用年限。

蓄水屋顶也存在一些缺点，在夜里屋顶外表面温度始终高于无水屋面，这时很难利用屋顶散热，且屋顶蓄水也增加了屋顶荷重，为防止渗水，还要加强屋面的防水措施。

现有被动式利用太阳能的新型蓄水屋顶，白天用黑度较小的铝板、铝箔或浅色板材遮盖屋顶，反射太阳辐射热，而蓄水层则吸收顶层房间内的热量；夜间打开覆盖物有利于屋顶散热。

当屋面防水等级为Ⅰ级、Ⅱ级，或在寒冷地区、地震地区和振动较大的建筑物上时，不宜采用蓄水屋面。

蓄水隔热屋顶的设计应注意以下问题。

①混凝土防水层应一次浇筑完毕，不得留施工缝，这样每个蓄水区混凝土整体防水性好。立面与平面的防水层应一次做好，避免因接头处理不好而产生裂缝。工程实践证明，防水层的做法采用40 mm厚的C20细石混凝土加水泥用量0.05%的三乙醇胺，或水泥用量1%的氯化铁、1%的亚硝酸钠（浓度98%），内设 ϕ4@200 mm × 200 mm的钢筋网，防渗漏性最好。②泛水质量的好坏，对渗透水影响很大。应将混凝土防水层沿女儿墙内墙加高，高度应超出水面不小于100 mm。由于混凝土转角处不易密实，必须拍成斜角，也可抹成圆弧形，并填设如油膏之类的嵌缝材料。③分隔缝的设置应符合屋盖结构的要求，间距按板的布置方式而定。对于纵向布置的板，分隔缝内的无筋细石混凝土面积应小于50 m²；对于横向布置的板，应按开间尺寸以不大于4 m设置分隔缝。④屋顶的蓄水深度以50～150 mm为宜，因水深超过150 mm时屋面温度与相应热流值下降不是很明显，实际水层深度以小于200 mm为宜。⑤屋盖的荷载能力应满足设计要求。

（四）种植隔热屋顶

在屋顶上种植植物，利用植物的光合作用，将热能转化为生物能，利用植物叶面的蒸腾作用增加蒸发散热量，均可大大降低屋顶的室外综合温度；同时，利用植物栽培基质材料的热阻与热惰性，降低屋顶内表面的平均温度与温度波动振幅，综合起来，达到隔热目的。这种屋顶屋面温度变化小，隔热性能优良，是一种生态型的节能屋面。

种植屋顶分覆土种植和容器种植。种植土分为田园土（原野的自然土或农耕土，湿密度为1500～1800 kg/m²）、改良土（由田园土、轻质骨料和肥料等混合而成的有机复合种植土，湿密度为750～1300 kg/m³）和无机复合种植土（根据土壤的理化性状及植物生理学特性配制而成的非金属矿物人工土壤，湿密度450～650 kg/m³）。田园土湿密度大，使屋面荷载增大很多，且土壤保水性差，现在使用较少。无机复合种植土湿密度小、屋面温差小，有利于屋面防水防渗。它采用蛭石、水渣、泥炭土、膨胀珍珠岩粉料或木屑等代替土壤，重量减轻，隔热性能有所提高，且对屋面构造没有特殊要求，只是在檐口和走道板处须防止蛭石等材料在雨水外溢时被冲走。

不同种类的植物，要求种植土厚度不同，如乔木根深，则种植土较厚；而地被植物根浅，则种植土较薄。在满足植物生长需求的前提下，要尽量减小种植土的厚度，这样有利于降低屋面荷载。表5–4是不同植物适宜的种植土厚度。

表5–4　种植土厚度

种植土种类	种植土厚度 /mm			
	小乔木	大灌木	小灌木	地被植物
田园土	800～900	500～600	300～400	100～200
改良土	600～800	300～400	300～400	100～150
无机复合种植土	600～800	300～400	300～400	100～150

种植屋顶不仅对建筑的屋面起到保温隔热作用，而且还有增加城市绿化面积、降低城市热岛效应、有效利用城市雨水、美化建筑和城市景观、点缀环境、改善室外热环境和空气质量的作用。表5–5是对某种种植屋面进行的热工测试数据。

表5–5　有、无种植层的热工实测值 /t

项目	无种植层	有蛭石种植层	差值
外表面最高温度	61.6	29.0	32.6
外表面温度波幅	24.0	1.6	22.4
内表面最高温度	32.2	30.2	2.0
内表面温度波幅	1.3	1.2	0.1

注：室外空气最高温度36.4℃，平均温度29.1℃。

种植屋顶的设计应重点解决以下问题。

①种植屋面一般由结构层、保温（隔热）层、找坡（找平）层、防水层、排（蓄）

水层、过滤层、种植层、植被层等构造层组成。②种植屋面的结构层应采用整体现浇钢筋混凝土，其质量应符合国家现行相关规范的要求。其结构承载力设计必须包括种植荷载，植物荷载设计应按植物在屋面环境下生长10年后的荷载估算。必须做到屋顶允许承载量大于一定厚度种植屋面最大湿度质量、一定厚度排水物质质量、植物荷重、其他物质质量之和。③种植屋面保温隔热层应选用密度小（宜小于100 kg/m^3）、压缩强度大、导热系数小、吸水率低的材料，不得使用松散保温隔热材料。喷涂硬泡聚氨酯、硬泡聚氨酯板、挤塑聚苯板等就是符合上述要求的保温隔热材料。为了确保屋面的保温性能在保温层受潮、长期使用、保护层受压等条件下长久满足屋面节能的要求，保温隔热材料厚度应满足所在地区现行建筑节能设计标准，设计厚度应按计算厚度的1.2倍取值。④种植屋面的找坡层宜采用轻质材料（如加气混凝土、轻质陶粒混凝土等）或保温隔热材料找坡，找坡层上用1∶3（体积比）水泥砂浆抹面。找平层厚度宜为15～20 mm，应坚实平整，留分隔缝，纵、横缝的间距不应大于6 m，缝宽宜为5 mm，兼作排气道时，缝宽应为20 mm。⑤种植屋面防水层的合理使用年限应不少于15年。应采用两道或两道以上防水层设防，最上道防水层必须采用耐根穿刺防水材料。防水层的材料应相容。常用耐根穿刺的防水材料有复合铜胎基SBS改性沥青防水卷材（厚度不小于4 mm）、SBS改性沥青耐根穿刺防水卷材（厚度不小于4 mm）、APP改性沥青耐根穿刺防水卷材（厚度不小于4 mm）、聚氯乙烯防水卷材（内增强型，厚度不小于1.2 mm）等。⑥过滤层宜采用单位面积质量为200～400 g/m^{2}的材料。⑦屋面种植应优先选择滞尘和降温能力强的植物，并根据气候特点、屋面大小和形式、受光条件、绿化布局、观赏效果、安全防风、水肥供给和后期管理等因素，选择适合当地种植的植物种类。一般不宜种植根深的植物，不宜选用根系穿刺性强的植物，不宜选用速生乔木、灌木植物。高层建筑屋面和坡屋面宜种植地被植物。⑧种植平屋面坡度不宜大于3%，以免种植介质流失。⑨四周挡墙下的泄水孔不得堵塞，应能保证排除积水，满足房屋建筑的使用功能。⑩倒置式屋面不应采用覆土种植。

（五）蓄水种植隔热屋顶

蓄水种植隔热屋顶是将一般种植屋顶与蓄水屋顶结合起来，进一步完善其构造后所形成的一种新型隔热屋顶。以下介绍其构造要点。

1. 防水层

蓄水种植屋顶由于有一蓄水层，故防水层应采用设置涂膜防水层和刚性防水层（如配筋细石混凝土防水层）的复合防水设防做法，且应先做涂膜（或卷材）防水层，再做刚性防水层，以确保防水质量。

防水层也可按照种植隔热屋面防水层的要求设计、选材和施工。

2. 蓄水层

种植床内的水层靠轻质多孔粗骨料蓄积，粗骨料的粒径不应小于25 mm，蓄水层（包括水和粗骨料）的深度不小于60 mm。种植床以外的屋面也蓄水，深度与种植床内相同。

3. 滤水层

考虑到保持蓄水层的畅通，不致被杂质堵塞，应在粗骨料的上面铺60 ~ 80 mm厚的细骨料滤水层。细骨料按5 ~ 20 mm粒径级配，下粗上细地铺填。

4. 种植层

蓄水种植隔热屋顶的构造层次较多，为尽量减轻屋面板的荷载，栽培介质的堆积密度不宜大于10 kN/m³。

5. 种植床埂

蓄水种植隔热屋顶应根据屋盖绿化设计用床埂进行分区，每区面积不宜大于100 m，气床境宜高于种植层60 mm左右，床埂底部每隔1200 ~ 1500 mm设一个溢水孔，孔下口平水层面。溢水孔处应铺设粗骨料或安设滤网以防止细骨料流失。

6. 人行架空通道板

架空板设在蓄水层上、种植床埂之间，供人在屋面活动和操作管理之用，兼有给屋面非种植覆盖部分增加一隔热层的功效。架空通道板应满足上人屋面的荷载要求，通常可支撑在两边的床埂上。

蓄水种植隔热屋顶与一般种植屋顶的主要区别是增加了一个连通整个屋面的蓄水层，从而弥补了一般种植屋顶隔热不完整、对人工补水依赖较多等缺点，又兼具蓄水隔热屋顶和一般种植隔热屋顶的优点，隔热效果更佳，但相对造价也较高。几种屋顶的隔热效果见表5–6。

表5–6　几种屋顶的内表面温度比较/℃

隔热方案	时间						内表面最高温度	优劣次序
	15：00	16：00	17：00	18：00	19：00	20：00		
蓄水种植屋顶	31.3	31.9	32.0	31.8	31.7	–	32.0	1
架空小板通风屋顶	–	36.8	38.1	38.4	38.3	38.2	38.4	5
双层屋面板通风屋顶	34.9	35.2	36.4	35.8	35.7	–	36.4	4
蓄水屋顶	–	34.4	35.1	35.6	35.3	34.6	35.6	3
一般种植屋顶	33.5	33.6	33.7	33.5	33.2	–	33.7	2

第三节 建筑物外门、外窗节能设计

建筑物外门、外窗是建筑物外围护结构的重要组成部分，除了具备基本的使用功能外，还必须具备采光、通风、防风雨、保温隔热、隔声、防盗、防火等功能，才能为人们的生活提供安全舒适的室内环境空间。但是，建筑外门、外窗又是整个建筑围护结构中保温隔热性能最薄弱的部分，是影响室内热环境质量和建筑耗能量的重要因素之一。此外，由于门窗需要经常开启，其气密性对保温隔热也有较大影响。据统计，在采暖或空调的条件下，冬季单层玻璃窗所损失的热量占供热负荷的30%~50%，夏季因太阳辐射热透过单层玻璃窗射入室内而消耗的冷量占空调负荷的20%~30%。因此，增强门窗的保温隔热性能，减少门窗能耗，是改善室内热环境质量、提高建筑节能水平的重要环节。另外，建筑门窗还承担着隔绝与沟通室内外两种空间互相矛盾的任务，因此，在技术处理上相对其他围护部件难度更大，涉及的问题也更复杂。

衡量门窗性能的指标主要包括六个方面：阳光得热性能、采光性能、空气渗透防护性能、保温隔热性能、水密性能和抗风压性能等。建筑节能标准对门窗的保温隔热性能、窗户的气密性、窗户遮阳系数提出了明确具体的限值要求。建筑门窗的节能措施就是提高门窗的性能指标，主要是在冬季有效利用阳光，增加房间的得热和采光，提高保温性能、降低通过窗户传热和空气渗透所造成的建筑能耗；在夏季采用有效的隔热及遮阳措施，降低透过窗户的太阳辐射得热以及室内空气渗透所引起空调负荷增加而导致的能耗增加。

一、建筑物外门节能设计

这里讲的外门是指住宅建筑的户门和阳台门。户门和阳台门下部门芯板部位都应采取保温隔热措施，以满足节能标准要求。常用各类门的热工指标见表5-7。

表5-7 门的传热系数和传热阻

门框材料	门的类型	传热系数 K_0 /[W/（$m^2 \cdot K$）]	传热阻 R_0 /（$m^2 \cdot K/W$）
木、塑料	单层实体门	3.5	0.29
	夹板门和蜂窝夹芯门	2.5	0.40
	双层玻璃门（玻璃比例不限）	2.5	0.40
	单层玻璃门（玻璃比例＜30%）	4.5	0.22
	单层玻璃门（玻璃比例为30%~60%）	5.0	0.20

续表

门框材料	门的类型	传热系数 K_0 /[W/（m^2·K）]	传热阻 R_0 /（m^2·K/W）
金属	单层实体门	6.5	0.15
	单层玻璃门（玻璃比例不限）	6.5	0.15
	单框双玻门（玻璃比例< 30%）	5.0	0.20
	单框双玻门（玻璃比例为 30% ~ 70%）	4.5	0.22
无框	单层玻璃门	6.5	0.15

可以采用双层板间填充岩棉板、聚苯板来提高户门的保温隔热性能，阳台门应使用塑料门。此外，提高门的气密性即减少空气渗透量对提高门的节能效果是非常明显的。

在严寒地区，公共建筑的外门应设门斗（或旋转门）、寒冷地区宜设门斗或采取其他减少冷风渗透的措施。夏热冬冷和夏热冬暖地区，公共建筑的外门也应采取保温隔热节能措施，如设置双层门、采用低辐射中空玻璃门、设置风幕等。

二、建筑物外窗节能设计

因为窗的保温隔热能力较差，还有经缝隙的空气渗透引起的附加冷热损失，所以窗的节能设计原则是在满足使用功能要求的基础上尽量减小窗户面积，提高窗框、玻璃部分的保温隔热性能，加强窗户的密封性以减少空气渗透。北方严寒及寒冷地区加强窗户的太阳能得热、夏热冬冷及夏热冬暖地区加强窗户对太阳辐射热的反射及对窗户采取遮阳措施，以提高外窗的保温隔热能力，减少能耗。具体可采取以下措施。

（一）控制窗墙面积比

窗墙面积比是指某一朝向的外窗总面积（包括阳台门的透明部分、透明幕墙）与该朝向的外围护结构总面积之比。控制好开窗面积，可在一定程度上减少建筑能耗。

无论是严寒、寒冷地区，还是夏热冬冷地区、夏热冬暖地区，窗都是保温、隔热最薄弱的部件。

窗墙面积比的确定，是根据不同地区、不同朝向的墙面的冬、夏日照情况，季风影响，室外空气温度，室内采光设计标准及开窗面积与建筑能耗所占的比例等因素确定的。窗墙面积比的确定，要考虑严寒、寒冷地区及夏热冬冷地区利于建筑物冬季透过窗户获得太阳辐射热、减少传热损失、兼顾保温和太阳辐射得热两个方面，也要考虑南方地区利于自然通风及减少东、西向太阳辐射得热和窗口遮阳。

(二) 提高窗的保温隔热性能

1. 提高窗框的保温隔热性能

通过窗框的传热能耗在窗户的总传热能耗中占有一定比例，它的大小主要取决于窗框材料的导热系数。表 5-8 给出了几种主要框料的导热系数。加强窗框部分保温隔热效果有三个途径：一是选择导热系数较小的框材，木材和塑料保温隔热性能优于钢和铝合金材料，但木窗耗用木材，且易变形引起气密性不良，导致保温隔热性能降低；而塑料自身强度不高且刚性差，其抗风压性能较差。二是采用导热系数小的材料截断金属框扇型材的热桥制成断桥式窗，保温隔热效果很好，如铝合金材料经过喷塑、与 PVC 塑料复合等断热桥处理后，可显著降低其导热性能。塑料窗在型材内腔增加金属加强筋以提高其抗风压性能。三是利用框料内的空气腔室提高保温隔热性能。

表 5-8　几种主要框料的导热系数 /[W/（m・K）]

铝	松木、杉木	PVC	空气	钢
174.45	0.17 ~ 0.35	0.13 ~ 0.29	0.04	58.2

2. 提高窗玻璃部分的保温隔热性能

玻璃及其制品是窗户常用的镶嵌材料。然而单层玻璃的热阻很小，几乎就等于玻璃内外表面换热阻之和，即单层玻璃的热阻可忽略不计，单层玻璃窗内外表面温差只有 0.4℃，所以通过窗户的热流很大，整个窗的保温隔热性能较差。

可以通过增加窗的层数或玻璃层数提高窗的保温隔热性能。如采用单框双玻窗、单框双扇玻璃窗、多层窗等，利用设置的封闭空气层提高窗玻璃部分的保温性能。双层窗的设置是一种传统的窗户保温做法，双层窗之间常有 50 ~ 150 mm 厚的空间。我国采用的单框双玻窗的构造绝大部分是简易型的，双玻形成的空气间层并非绝对密封，而且一般不做干燥处理，这样很难保证外层玻璃的内表面在任何阶段都不形成冷凝。

密封中空双层玻璃是国际上流行的第二代产品，密封工序在工厂完成，空气完全被密封在中间，空气层内装有干燥剂，不易结露，保证了窗户的洁净和透明度。

无论哪种节能窗型，空气间层的厚度与传热系数的大小都有一定的规律性，通常空气间层的厚度在 4 ~ 20 mm 之间可产生明显的阻热效果，在此范围内，随空气层厚度增加，热阻增大，当空气层厚度大于 20 mm 后，热阻的增加趋缓。而且，空气间层的数量越多，保温隔热性能越好，表 5-9 是几种不同中空玻璃的传热系数。

表 5–9　平板玻璃和中空玻璃的传热系数

材料名称	构造、厚度 /mm	传热系数 /CW/（m^2•K）
平板玻璃	3	7.1
平板玻璃	5	6.0
双层中空玻璃	3+6+3	3.4
双层中空玻璃	3+12+3	3.1
双层中空玻璃	5+12+5	3.0
三层中空玻璃	3+6+3+6+3	2.3
三层中空玻璃	3+12+3+12+3	2.1

此外，窗玻璃种类的选择对提高窗的保温隔热性能也很重要。

低辐射玻璃是一种对波长范围 2.5 ~ 40 μ m 的远红外线有较高反射比的镀膜玻璃，具有较高的可见光透过率（大于 80%）和良好的热阻隔性能，非常适合于北方采暖地区，尤其是采暖地区北向窗户的节能设计。采用遮阳型低辐射玻璃也可降低南方地区的空调能耗。

近几年发展的涂膜玻璃也是一种前景较好的隔热玻璃。它是指在玻璃表面通过一定的工艺涂上一层透明隔热涂料，在满足室内采光需要的同时，又使玻璃具有一定的隔热功能（通过调整隔热剂在透明树脂中的配比及涂膜厚度，涂膜玻璃遮阳系数在 0.5 ~ 0.8 之间，可见光透过率在 50% ~ 80% 之间。日本已研制出可以过滤太阳辐射但不影响采光的高性能涂料）。

热反射玻璃、吸热玻璃、隔热膜玻璃都具有较好的隔热性能，但这些玻璃的可见光透过率都不高，会影响室内采光，可能导致室内照明能耗增加，设计时应权衡使用。

提高窗的保温隔热性能的目的是提高窗的节能效率，满足节能标准要求。外门、外窗传热系数分级见表 5–10。

表 5–10　外门、外窗传热系数分级 /[W/（m^2 · K）]

分级	1	2	3	4	5
分级指标值	K ≥ 5.0	5.0 > K ≥ 4.0	4.0 > K ≥ 3.5	3.5 > K ≥ 3.0	3.0 > K ≥ 2.5
分级	6	7	8	9	10
分级指标值	2.5 > K ≥ 2.0	2.0 > K ≥ 1.6	1.6 > K ≥ 1.3	1.3 > K ≥ 1.1	K < 1.1

（三）提高窗的气密性，减少空气渗透能耗

提高窗的气密性、减少空气渗透量是提高窗节能效果的重要措施之一。由于经常开启，要求窗框、窗扇变形小。因为墙与框、框与扇、扇与玻璃之间都可能存在

缝隙，会产生室内外空气交换。从建筑节能角度来讲，空气渗透量越大，导致冷、热耗能量就越大。因此，必须对窗的缝隙进行密封。提高窗户的气密性，非常有利于窗户节能。但是，并非气密程度越高越好，过于气密对室内卫生状况和人体健康都不利（或安装可控风量的通风器来实现有组织换气）。

我国将外门窗的气密性能分为8级，具体指标见表5-11，其中8级最佳。

表5-11 建筑外门窗气密性能分级表

分级	1	2	3	4	5	6	7	8
单位缝长分级指标值 $q_1/[m^3/(m \cdot h)]$	$4.0 \geqslant q_1 > 3.5$	$3.5 \geqslant q_1 > 3.0$	$3.0 \geqslant q_1 > 2.5$	$2.5 \geqslant q_1 > 2.0$	$2.0 \geqslant q_1 > 1.5$	$1.5 \geqslant q_1 > 1.0$	$1.0 \geqslant q_1 > 0.5$	$q_1 \leqslant 0.5$
单位面积分级指标值 $q_2/[m^3/(m^2 \cdot h)]$	$12 \geqslant q_2 > 10.5$	$10.5 \geqslant q_2 > 9.0$	$9.0 \geqslant q_2 > 7.5$	$7.5 \geqslant q_2 > 6.0$	$6.0 \geqslant q_2 > 4.5$	$4.5 \geqslant q_2 > 3.0$	$3.0 \geqslant q_2 > 1.5$	$q_2 \leqslant 1.5$

注：采用在标准状态下，压力差为10 Pa时的单位开启缝长空气渗透量 q_1 和单位面积空气渗透量 q_2 作为分级指标。

外窗及敞开式阳台门应具有良好的密闭性能。严寒地区外窗及敞开式阳台门的气密性等级不应低于国家标准中规定的6级；寒冷地区1～6层的外窗及敞开式阳台门的气密性等级不应低于国家标准中规定的4级，7层及7层以上不应低于6级。

建筑物1～6层的外窗及敞开式阳台门的气密性等级不应低于国家标准中规定的4级；7层及7层以上的外窗及敞开式阳台门的气密性等级不应低于该标准规定的6级。

居住建筑1～9层外窗的气密性能不应低于国家标准中规定的4级；10层及10层以上外窗的气密性能不应低于国家标准中规定的6级。

可以通过提高窗用型材的规格尺寸、准确度、尺寸稳定性和组装的精确度，采用气密条，改进密封方法或各种密封材料与密封方法配合的措施加强窗户的气密性，降低因空气渗透造成的能耗。

（四）选择适宜的窗型

常用的窗型有平开窗、左右推拉窗、固定窗、上下悬窗、亮窗、上下提拉窗等，其中以推拉窗和平开窗最多。

窗的几何形式与面积以及窗扇开启方式对窗的节能效果也是有影响的。

因为我国南北方气候差异较大，窗的节能设计的重点不同，所以，窗型的选择也不同。

南方地区窗型的选择应兼顾通风与排湿，推拉窗的开启面积只有1/2，不利于

通风。而平开窗则因通风面积大、气密性较好符合该地区的气候特点。

采暖地区窗型的设计应把握以下要点。

①在保证必要的换气次数的前提下，尽量缩小可开窗扇面积。②选择周边长度与面积比小的窗扇形式，即接近正方形有利于节能。③镶嵌的玻璃面积尽可能大。

(五) 提高窗保温性能的其他方法

为提高窗的节能效率，设计上还可以使用具有保温隔热特性的窗帘、窗盖板等构件。采用热反射织物和装饰布做成的双层保温窗帘就是其中的一种。这种窗帘的热反射织物设置于里侧，反射面朝向室内，一方面阻止室内热空气向室外流动；另一方面通过红外反射将热量保存在室内，从而起到保温作用。多层铝箔——密闭空气层——铝箔构成的活动窗帘有很好的保温隔热性能，但价格昂贵。在严寒地区夜间采用平开或推拉式窗盖板，内填沥青珍珠岩、沥青麦草、沥青谷壳或聚苯板等可获得较高的保温隔热性能及较经济的效果。

窗的节能措施是多方面的，既包括选用性能优良的窗用材料，也包括控制窗的面积，加强气密性，使用合适的窗型及保温窗帘、窗盖板等，多种方法并用，会大大提高窗的保温隔热性能，而且部分采暖和夏热冬冷地区的南向窗户完全有可能成为得热构件。

(六) 窗口遮阳设计

在南方地区，太阳辐射热通过窗口直接进入室内是引起室内过热、空调能耗大的主要原因之一，同时，直射阳光还会影响室内照度分布，产生眩光不利于正常视觉工作，使室内家具、衣物、书籍等褪色、变质。窗口遮阳的目的就是阻断直射阳光进入室内，防止阳光过分照射，避免上述各种不利情况的产生。

通常将进入室内的直射阳光辐射强度大于280 W/m^2、气温在29℃以上作为设置窗口遮阳的界限。

1. 窗口遮阳的形式

夏季，不同朝向窗口接受太阳辐射热的强度和峰值出现的时间是不同的。因此，窗口遮阳设计应根据环境气候、日照规律、窗口朝向和房间用途来决定采用的遮阳形式。遮阳的基本形式有水平式、垂直式、综合式、挡板式。水平式遮阳适用于南向及接近南向窗口，在北回归线以南地区，既可用于南向窗口，也可用于北向窗口；垂直式遮阳主要用于北向、东北向和西北向附近窗口；综合式遮阳适用于南向、东南向、西南向和接近此朝向的窗口；挡板式遮阳主要适用于东向、西向附近窗口。

遮阳设施有固定式（安装后不能对其进行任何调节的遮阳形式）和活动式（可以

根据室内环境需要进行调控的遮阳形式）。活动式遮阳设施常见的有竹帘、百叶帘、遮阳篷等。这类遮阳设施的优点是经济易行、灵活，可根据阳光的照射变化和遮阳要求而调节，无阳光时可全部卷起或打开，对房间的通风、采光有利。

根据遮阳设施的安装位置，可分为内遮阳、中间遮阳、外遮阳三种方式。内遮阳最常见的就是窗帘，其形式有百叶帘、卷帘、垂直帘、风琴帘等，材料以布、木、铝合金为主。窗帘除了遮阳外，还有遮挡视线保护隐私、消除眩光、隔声、吸声降噪、装饰室内等功能。外遮阳就是设置在建筑围护结构外侧的遮阳设施。中间遮阳是遮阳设施处于两层玻璃之间或双层表皮幕墙之间的遮阳形式，一般采用浅色的百叶帘。百叶帘通常采用电动控制方式。由于遮阳帘装置在两层玻璃之间，受外界气候影响较小，寿命较长，是一种新型的遮阳装置。同样的百叶帘安装在不同位置遮阳效果相差很大，内遮阳百叶的得热难以向室外散发，大多数热量都留在室内，而外遮阳百叶升温后大部分热量被气流带走，仅小部分传入室内。因此，外遮阳的遮阳效果明显优于内遮阳。

2. 遮阳设施对室内气温、采光、通风的影响

遮阳构件遮挡了太阳辐射热，使室内最高气温明显降低。根据广州某西向房间的观测资料，闭窗时，遮阳对防止室温上升的作用较明显。有、无遮阳的室温最大差值达2℃，平均差值为1.4℃，而且有遮阳时，房间温度波幅较小，出现高温的时间也较晚。这说明遮阳能起到很好的隔热作用，既可明显改善无空调房间的室内热环境状况，又可明显减少空调房间的空调冷负荷。开窗时，室温最大差值为1.2℃，平均差值为1.0℃，虽然不如闭窗时明显，但在炎热的夏季仍具有一定的意义。

遮阳设施能阻挡直射阳光，有防止眩光、利于视觉工作、改善室内自然光环境的作用。但遮阳设施的挡光作用也降低了室内照度。据观测，采用遮阳设施后，一般室内照度降低53%～73%，但室内照度的均匀度会大幅提高。

遮阳构件在遮阳的同时，也会对室内通风产生不利的影响。由于遮阳构件的存在，建筑周围的局部风压会出现较大幅度的变化，对房间的自然通风有一定的阻挡作用，使室内风速有所降低。实测资料表明，有遮阳的房间，其室内风速减弱22%～47%，风速的减弱程度和风场流向都与遮阳的设置方式有很大关系。因此，设计时，既要满足遮阳要求，又要减少对采光和通风的不利影响，最好能导风入室。

3. 遮阳系数的简化计算

各种遮阳设施遮挡太阳辐射热量的效果以遮阳系数表示。遮阳系数是指，在照射时间内透进有遮阳窗口的太阳辐射热量与透进无遮阳窗口的太阳辐射热量的比值。遮阳系数越小，说明透进窗口的太阳辐射热量越少，防热效果越好。

窗的综合遮阳系数按下式计算：

$$S_C = S_{C_C} \times S_D = S_{C_B} \times (1 - F_K / F_C) \times S_D \tag{5-1}$$

式中：S_C——窗的综合遮阳系数；

S_{C_C}——窗本身的遮阳系数；

S_{C_B}——窗玻璃的遮阳系数，表征窗玻璃自身对太阳辐射透射热的减弱程度，其数值为透过窗玻璃的太阳辐射热量与透过 3 mm 厚的普通透明窗玻璃的太阳辐射热量之比；

F_K——窗框的面积，m²；

F_C——窗的面积，m²，F_K / F_C 为窗框面积比，PVC 塑钢窗或木窗窗框面积比可取 0.30，铝合金窗窗框面积比可取 0.20。

窗的外遮阳系数按下式计算：

$$S_D = ax^2 + bx + 1 \tag{5-2}$$

$$x = A / B \tag{5-3}$$

式中：S_D——外遮阳的遮阳系数；

x——外遮阳特征值，当 $x > 1$ 时，取 $x=1$；

a、b——拟合系数，依严寒和寒冷地区、夏热冬冷地区及夏热冬暖地区的不同；

A、B——外遮阳的构造定性尺寸。

当窗口采用组合形式的外遮阳时（如水平式 + 垂直式 + 挡板式），组合形式的外遮阳系数由参加组合的各种形式遮阳的外遮阳系数的乘积确定，即：

$$S_D = S_{D_H} \cdot S_{D_V} \cdot S_{D_B} \tag{5-4}$$

式中：S_{D_H}、S_{D_V}、S_{D_B}——分别为水平式、垂直式、挡板式的建筑外遮阳系数，单一形式的外遮阳系数按式（5-2）、式（5-3）计算。

4. 遮阳设施的构造设计

遮阳设施的隔热效果除与窗口朝向和遮阳形式有关外，还与遮阳设施的构造处理、安装位置、选材及颜色有很大关系。遮阳构件既要避免吸热过多，又要易于散热；宜采用浅色且蓄热系数小的轻质材料，因为颜色深及蓄热系数大的材料会吸收并储存较多的热量，影响隔热效果。设计时应选择对通风、散热、采光、视野、立面造型和构造要求等更为有利的形式。

为了减少板底热空气向室内逸散和对通风、采光的影响，通常将板底做成百叶的，或部分做成百叶的；或中间层做成百叶的，而顶层做成实体，并在前面加吸热玻璃挡板。后一种做法对隔热、通风、采光、防雨更为有利。

遮阳板的安装位置对防热和通风的影响很大。例如将板面紧靠墙布置时受热表面上升的热空气将由室外导入室内。这种情况对综合式遮阳的影响更为严重。为克服这个缺点，板面应离开墙面一定距离，以使大部分热空气沿墙面排走，且应使遮阳板尽可能减少挡风，最好还能兼起导风入室的作用。装在窗口内侧的布帘、百叶等遮阳设施，其所吸收的太阳辐射热大部分散发到了室内。若装在外侧，则其所吸收的太阳辐射热大部分散发到了室外，从而能减少对室内温度的影响。

第四节　建筑物幕墙、底层及楼层地面节能设计

一、建筑物幕墙节能设计

建筑幕墙是建筑物各部件中将现代建筑技术与艺术结合得最完美的典范。随着建筑科学技术的进步和新材料、新工艺、新技术的不断发展，建筑幕墙的形式和类型也越来越多，如玻璃幕墙、石材幕墙、金属幕墙、双层通风幕墙、光电幕墙等。本节重点阐述建筑玻璃幕墙的节能设计。

玻璃幕墙实现了建筑外围护结构中墙体与门窗合二为一，把建筑围护结构的使用功能与装饰功能巧妙地融为一体，使建筑更具现代感和装饰艺术性，从而受到人们的青睐。然而大面积的玻璃幕墙因传热系数大、能耗高而成为建筑节能设计的重点部位。玻璃幕墙节能涉及玻璃和型材及构造的热工特性，严寒地区、寒冷地区和温和地区的幕墙要进行冬季保温设计，夏热冬冷地区、部分寒冷地区及夏热冬暖地区的幕墙要进行夏季隔热设计。

玻璃幕墙传热过程大致有三种：①幕墙外表面与周围空气和外界环境间的换热，包括外表面与周围空气间的对流换热、外表面吸收、反射的太阳辐射热和外表面与空间的各种长波辐射换热；②幕墙内表面与室内空气的对流换热，包括内表面与室内空气的对流换热和室内其余表面间的辐射换热；③幕墙玻璃和金属框格的传热，包括通过单层玻璃的导热，或通过双层玻璃及自然通风，或机械通风的双层皮可呼吸幕墙的对流换热及辐射换热，还有通过金属框格或金属骨架的传热。

普通单层玻璃幕墙传热系数与单层窗户基本相同，传热系数较大，保温性能低。在采暖地区冬季导致室温降低，采暖能耗大，并且很容易在幕墙的内表面形成结

露或结冰现象；在南方地区夏季隔热性能差，内表面温度偏高，直接导致空调能耗增大。

玻璃幕墙的节能设计应从框材和玻璃及构造措施等方面综合考虑。由于玻璃幕墙多采用金属材料做框格、骨架，导热系数大，当室内外温差大时，热传导就成为影响玻璃幕墙保温隔热性能的一个重要因素。采用断桥式隔热型材解决玻璃幕墙框架的热传导问题，效果很好。

此外，玻璃的保温隔热性能是解决幕墙节能的关键之一。厚度小于 12 mm 的中空玻璃有较好的保温性能，因为其内部空气层中的空气基本处于静止状态，产生的对流换热量很小。

高透型低辐射中空玻璃适用于严寒地区、寒冷地区和夏热冬冷地区的玻璃幕墙，具有可见光透过率高、反射率低、吸收性弱的特点。其允许可见光较好地透过玻璃透入室内，增强采光效果，对红外波段具有反射率高、吸收性弱的特点，冬季能有效阻止室内热能通过玻璃向室外泄漏，夏季能阻挡外部热能进入室内，大大改善了幕墙的保温隔热性能。

遮阳型低辐射玻璃能选择性透过可见光，降低太阳辐射热进入室内的程度，并同样具有对红外波段的高反射特性。用于炎热气候区的幕墙，能更有效地阻止外部的太阳辐射热透过玻璃进入室内，降低空调能耗。

总之，低辐射玻璃因具有较低的辐射率，能有效阻止室内外热辐射，具有极好的光谱选择性，可在保证大量可见光通过的基础上阻挡大部分红外线透过玻璃，既保持了室内光线较明亮，又降低了室内的采暖、空调能耗，现已成为现代节能玻璃幕墙的首选材料之一。

为大幅提高玻璃幕墙的热工性能，可采用新型双层通风玻璃幕墙。这种新的幕墙技术在改善和提高玻璃幕墙的保温、隔热、隔声性能及生态环保功能和建筑节能等方面具有很大的优势，又被称为智能型玻璃幕墙、呼吸式玻璃幕墙和热通道玻璃幕墙等。

双层通风玻璃幕墙由内、外两层玻璃幕墙组成，其间构成一个一定宽度（通常为 150～300 mm，也可设计为 500～600 mm，便于维护及清洁）的空气夹层。外层玻璃幕墙用作防风雨抵制气候变化的屏障；内层玻璃幕墙可根据功能需要开设活动窗或检修门等，以此作为第二道隔声墙及室内的（玻璃）饰面层。双层通风玻璃幕墙一般采用透明白片玻璃，所展示出的透光性和通透感的外观非常具有特色。

双层通风玻璃幕墙按通风形式的不同，又分为封闭式内通风幕墙和开敞式外通风幕墙两种。

开敞式外通风幕墙的内层为中空玻璃幕墙，可以开窗或开设检修门，外层采用单层玻璃，并在每层上、下均设有可开启和关闭的进出风口。为提高玻璃幕墙的节能效果，一般在夹层内设置遮阳百叶。在夏季，开启外层幕墙的进出风口，利用烟囱效应或机械通风手段进行通风换气，使幕墙之间的热空气及时排走，以减少太阳辐射热的影响，达到隔热降温的目的，从而节约空调能耗。在冬季，关闭外层幕墙的进出风口具有自然保温作用，而且双层玻璃幕墙之间形成一个小阳光温室，提高了建筑内表面的温度，有利于节约采暖能耗。开敞式外通风幕墙是目前应用最广泛的双层通风玻璃幕墙。

封闭式内通风幕墙的内层采用单层玻璃幕墙或单层铝合金门窗，外层通常为封闭的双层中空玻璃幕墙。夹层空间内的空气从地板下的风道进入，上升至楼板下吊顶内的风道排走。这一空气流动循环过程均在室内进行。

由于循环的是室内空气，夹层空间内的空气温度与室内气温接近，这就大大节省了采暖和制冷能耗，这种幕墙在采暖地区更为适宜。由于封闭式内通风玻璃幕墙的空气循环要靠机械系统来完成，故对通风设备要求较高。为提高节能效果，夹层空间内宜设置电动百叶和电动卷帘。

因为双层通风玻璃幕墙能够对通风道进行开窗通风，在一定程度上改善了高层建筑的室内空气质量，可根据需要调节百叶进行遮阳。

双层通风玻璃幕墙的节能效果非常显著。据统计，它比单层玻璃幕墙降低采暖能耗40%～60%。此外，它的隔声效果也很好，大大改善了室内工作环境。相比之下，双层通风玻璃幕墙的造价较昂贵，加工制作也比普通单层玻璃幕墙复杂得多，同时，建筑面积要损失2.5%～3.5%。

二、建筑物底层及楼层地面节能设计

如果建筑物底层与土壤接触的地面热阻过小，地面的传热量就会很大，地表面就容易产生结露和冻脚现象，因此，为减少通过地面的热损失、提高人体的热舒适性，必须分地区按相关标准对底层地面进行节能设计。底面接触室外空气的架空（如过街楼的楼板）或外挑楼板（如外挑的阳台板等），采暖楼梯间的外挑雨棚板、空调外机搁板等由于存在二维（或三维）传热，致使传热量增大，也应按相关标准规定进行节能设计。

分隔采暖（空调）与非采暖（空调）房间（或地下室）的楼板存在空间传热损失。住宅户式采暖（空调）因邻里不用（或暂时无人居住）或间歇采暖运行制式不一致，而楼板的保温性能又很差而导致采暖（或空调）用户的能耗增大，因此也必须按相关标准对楼层地面进行节能设计。

(一) 地面的种类

地面按其是否直接接触土壤分为两类，见表 5-12。

表 5-12　地面的种类

种类	所处位置、状况
地面（直接接触土壤）	周边地面
	非周边地面
地板（不直接接触土壤）	接触室外空气地板
	不采暖地下室上部地板
	存在空间传热的层间地板

(二) 地面的节能设计

1. 地面的保温设计

周边地面是指由外墙内侧算起向内 2.0 m 范围内的地面，其余为非周边地面。在寒冷的冬季，采暖房间地面下土壤的温度一般都低于室内气温，特别是靠近外墙的地面比房间中间部位的温度低 5℃左右，热损失也大得多，如不采取保温措施，则外墙内侧墙面以及室内墙角部位容易出现结露，并在室内墙角附近地面有冻脚现象，并使地面传热损失加大。挤塑聚苯板（XPS）、硬泡聚氨酯板等具有一定的抗压强度，吸水率较小且保温性能稳定，是较好的地面保温材料。

夏热冬冷和夏热冬暖地区的建筑物底层地面，除保温性能满足节能要求外，还应采取一些防潮技术措施，以减轻或消除梅雨季节由于湿热空气产生的地面结露现象。

2. 地板的节能设计

采暖（空调）居住（公共）建筑接触室外空气的地板（如过街楼地板或外挑楼板）、不采暖地下室上部的顶板及存在空间传热的层间楼板等也应采取保温措施，使这些特殊部位的传热系数满足相关节能标准的限值要求。

由于采暖（空调）房间与非采暖（空调）房间存在温差，所以，必然存在通过分隔两种房间楼板的采暖（制冷）能耗。因此，对这类层间楼板也应采取保温隔热措施，以提高建筑物的能源利用效率。保温隔热层的设计厚度应满足相关节能标准对该地区层间楼板的节能要求。

第六章　施工项目管理及创新

第一节　工程项目管理基础

一、工程项目

工程项目是指投资建设领域中的项目，即为某种特定目的而进行投资建设并含有一定建筑或建筑安装工程的项目。例如：建设一定生产能力的流水线；建设一定制造能力的工厂或车间；建设一定长度和等级的公路；建设一定规模的医院、文化娱乐设施；建设一定规模的住宅小区；等等。

二、工程项目具有一般项目的典型特征

（一）唯一性

尽管同类产品或服务有许多相似的工程项目，但由于工程项目建设的时间、地点、条件等会有若干差别，都涉及某些以前没有做过的事情，所以它总是唯一的。例如，尽管建造了成千上万座住宅楼，但每一座都是唯一的。

（二）一次性

每个工程项目都有其确定的终点，所有工程项目的实施都将达到其终点，它不是一种持续不断的工作。从这个意义来讲，它们都是一次性的。当一个工程项目的目标已经实现，或者已经明确知道该工程项目的目标不再需要或不可能实现时，该工程项目即达到了它的终点。一次性并不意味着时间短，实际上许多工程项目都要经历若干年。

（三）项目目标的明确性

工程项目具有明确的目标，用于某种特定的目的。例如，修建一所希望小学以改善当地的教育条件。

（四）实施条件的约束性

工程项目都是在一定的约束条件下实施的，如项目工期、项目产品或服务的质量，人、财、物等资源条件，法律法规，公众习惯，等等。这些约束条件既是工程项目是否成功的衡量标准，也是工程项目的实施依据。

三、工程项目特点

（一）建设周期长

一个工程项目要建成往往需要几年，有的甚至更长。

（二）生产要素的流动性

工程的固定性决定了生产要素的流动性。

（三）工程的固定性

工程项目都含有一定的建筑或建筑安装工程，都必须固定在一定的地点，都必须受项目所在地的资源、气候、地质等条件制约，受到当地政府以及社会文化的干预和影响。工程项目既受其所处环境的影响，同时也会对环境造成不同程度的影响。

（四）不可逆转性

工程项目实施完成后，很难推倒重来，否则将会造成重大的损失，因此工程建设具有不可逆转性。

（五）不确定因素多

工程项目建设过程中涉及面广、不确定性因素较多。随着工程技术复杂化程度的增加和项目规模的日益增大，工程项目中的不确定性因素日益增加，因而复杂程度较高。

（六）整体性强

一个工程项目往往由多个单项工程和单位工程组成，彼此之间紧密相关，必须结合到一起才能发挥工程项目的整体功能。

四、工程项目建设周期及阶段

(一) 工程项目策划和决策阶段

主要工作包括：投资机会研究、初步可行性研究、可行性研究、项目评估及决策。此阶段的主要目标是对工程项目投资的必要性、可能性、可行性，以及为什么要投资、何时投资、如何实施等重大问题进行科学论证和多方案比较。本阶段工作量不大，但却十分重要。投资决策是投资者最为重视的，因为它对工程项目的长远经济效益和战略方向起着决定性的作用。为保证工程项目决策的科学性、客观性，可行性研究和项目评估工作应委托高水平的咨询公司独立进行，可行性研究和项目评估应由不同的咨询公司来完成。

(二) 工程项目准备阶段

主要工作包括：工程项目的初步设计和施工图设计，工程项目征地及建设条件的准备，设备、工程招标及承包商的选定、签订承包合同。本阶段是战略决策的具体化，它在很大程度上决定了工程项目实施的成败及能否高效率地达到预期目标。

(三) 工程项目实施阶段

主要任务是将“蓝图”变成工程项目实体，实现投资决策意图。在这一阶段，通过施工，在规定的范围、工期、费用、质量内按设计要求高效率地实现工程项目目标。本阶段在工程项目建设周期中工作量最大，投入的人力、物力和财力最多，工程项目管理的难度也最大。

(四) 工程项目竣工验收和总结评价阶段

应完成工程项目的联动试车、试生产、竣工验收和总结评价。工程项目试生产正常并经业主验收后，工程项目建设即告结束。但从工程项目管理的角度看，在保修期间，仍要进行工程项目管理。项目后评价是指对已经完成的项目建设目标、执行过程、效益、作用和影响所进行的系统的、客观的分析。它通过对项目实施过程、结果及其影响进行调查研究和全面系统回顾，与项目决策时确定的目标以及技术、经济、环境、社会指标进行对比，找出差别和变化，分析原因，总结经验，吸取教训，得到启示，提出对策建议，通过信息反馈改善投资管理和决策，达到提高投资效益的目的。项目后评价也是此阶段工作的重要内容。根据工程项目复杂程度和实际管理的需要，工程项目阶段划分还可以逐级分解展开。

五、EPC 工程管理的组织架构

EPC 项目管理的组织模式和对成员的素质要求有别于传统的施工企业组织班子。EPC 工程项目一般采用矩阵式的组织结构。根据 EPC 项目合同内容，从公司的各部门抽调相关人员组成项目管理组，以工作组（Work Team）负责工作包（Work Package）的模式运行，由项目经理全面负责工作组的活动，而工作包负责人全面负责组员的活动和安排。管理部门根据公司的法定权利对工作组的工作行使领导、监督、指导和控制功能，确保工作组的活动符合公司、业主和社会的利益。在 EPC 合同执行完毕后，工作组也随之解散。EPC 工程项目对项目经理和工作包负责人的要求有别于传统的施工经理或现场经理。EPC 的项目经理必须具备对项目的全盘掌控能力，即沟通力、协调力和领悟力；必须熟悉工程设计、工程施工管理、工程采购管理、工程综合协调管理，这些综合知识的要求远高于普通的项目管理。工作包负责人的素质要求也远高于具体的施工管理组。国际 EPC 项目的管理组成员不乏 MBA、MPA、PMP 等管理专家，也包括其他技术专家。工作包负责人往往是在专业上的技术专家，同时也是管理协调方面的能手；不仅在技术工作、设计工作、现场建设方面有着多年的工作经验，而且在组织协调能力，与人沟通能力、对新情况的应变能力、对大局的控制和统筹能力方面均应有出色才能。正是高素质、高效率的团队形成对项目经理的全力支持，才保证了项目的正常实施。

六、对策建议

建立和完善项目管理的法律和法规。目前我国建筑市场比较混乱，项目管理极不规范，“无法可依，有法不依，执法不严”的现象极为普遍。为此必须贯彻国家有关的方针政策，建立和完善各类建筑市场管理的法律、法规和制度。做到门类齐全，互相配套，避免交叉重叠、遗漏空缺和互相抵触。同时政府部门也要充分发挥和运用法律、法规的手段，培养和发展我国的建筑市场体系，确保建设项目从前期策划、勘察设计、工程承发包、施工到竣工等全部环节都纳入法制轨道。

加强宣传，统一思想认识。工程总承包推行难度较大，关键是政府管理部门、行业主管部门、业主对工程总承包的认识不够到位。要加大对推行工程总承包的宣传力度，一是向社会宣传报道工程总承包的特点、优势和典型事例，使工程总承包逐步得到社会的认可；二是与有关部门以及企业管理协会等单位开展不同层次的 EPC 总承包研讨会、研讨班，对业主进行培训。

加强企业自身建设，提高企业核心竞争力。组织召开高层次的专题研讨会，对 EPC 总承包的组织模式、运作机制、目标控制等方面进行系统的总结，形成比较成熟、有我国特色的 EPC 管理体系和模式。调整组织结构，建立适合 EPC 管理的组织机构和管理体系。

建立六大控制体系，通过规范项目管理运作提高工程总承包管理水平。要建立并完善进度、质量、造价、安全、合同、信息六大控制目标的管理程序，形成标准化管理。创新企业融资渠道，增加 EPC 实力。EPC 项目管理需要总承包商具有很强的融资、筹资能力。很多大型企业集团拥有较宽的融资渠道，可以通过发行股票、债券、长期借款、信贷等方式获得大量资金。EPC 工程总承包把 Procurement Management 改成 Partnership Management 会更容易加深我国企业对 EPC 工程实际含义的理解。在 EPC 工程总承包的进程中，总承包商需要宏观地体现项目的交付需求、质量、方法和效益，要达到这个目标，我们必须摆脱过去甲方与乙方的工作关系，使之变成伙伴关系。在项目的框架下总承包商负责监控各主要专业领域的分包伙伴，完善工程细节的实际设计和实现方法。如同国外大型工程那样，总承包商的主要工作会慢慢转变成大型项目集成商。各专业领域分包商也慢慢转变成项目的合作伙伴。只有这样才能够让项目的资源和整体利益达到最优组合，创建具有中国特色的 EPC 工程总承包风格，争取国际的认同。

第二节　项目施工及管理创新

建筑工程项目施工管理的创新对建筑施工企业的生存与发展起着越来越重要的作用，项目部作为企业的派出机构，是企业的缩影，代表着企业的形象，体现着企业的实力，是企业在市场的触点，是企业获得经济效益和社会效益的源泉，因此项目施工管理的有效运作是建筑施工企业的生命，唯有创新才能使生命之树常青。建筑工程项目施工管理是建筑施工企业根据经营发展战略和企业内外条件，按照现代企业运行规律，通过生产诸要素的优化配置和动态管理来以实现工程项目的合同目标、工程经济效益和社会效益。建筑施工企业的工程项目施工管理正逐步向着现代管理意义的工程项目施工管理方向发展。在近几年我国市场经济体制逐步走向完善的情况下，建筑工程项目施工管理还面临着很多考验，需要我们在实践中不断创新，努力探索有中国特色的现代建筑工程项目施工管理模式，以更加适应生产力发展、适应市场经济的需要。

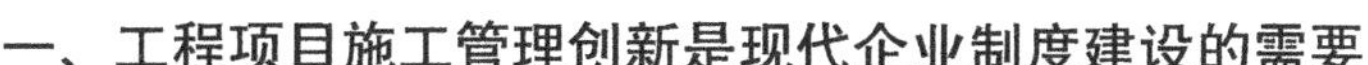

一、工程项目施工管理创新是现代企业制度建设的需要

建筑施工企业在招标承包制下，接受了改革风雨20余年的洗礼，人们的思想观念、经营意识、市场观念、竞争意识逐步形成，并不断加强，清除了长期形成的“等、靠、要”的思想。新的要求促使建筑施工企业建立现代企业制度，不断创新和完善项目施工管理，而施工项目能否全面、顺利实施，解决好项目与企业的关系是关键。项目与企业间责任不明、关系模糊、激励不够、约束不严、不确定因素过多等严重影响着项目施工管理的正常实施，必须通过创新才能使项目施工管理适应现代企业制度建设的要求。时代的巨大变革，迫切要求建筑施工企业加强项目施工的创新。面对新的世纪，如何建立不断适应生产力发展需要，适应市场需要，适应提升企业文化及品牌效应需要的项目施工管理模式，努力走一条“创新、改革、发展”的一体化道路，是建筑施工企业急需面对的一项艰巨而关键的任务，只有不断创新才能使项目施工具有强大的生命力。

二、项目施工管理的创新是建筑市场不断发展和日趋完善的要求

建筑施工企业在工程投标中存在的过度竞争、相互压价、低价中标仍然是普遍现象。合同中不合理的要求、不平等的条款，使业主摆脱责任，承包商地位十分被动，设计和监理不能很好地履行职责，也难以履行职责，职能错位常常不自觉地发生。建筑市场是整个市场经济的一个重要组成部分，建筑市场的逐步完善和国际化必然要求我们的项目施工管理不断创新以适应市场经济运行的规律。

三、项目施工管理的创新

(一) 观念创新

项目施工管理的创新方案，并不是要固定某一种模式，而是要不断寻求符合实际的模式并不断创新完善，要具有建筑施工企业的实际情况和项目施工管理的内在要求，又要根据时代要求和遵循创新原则去提出创新方案。而探索符合市场规律的建筑工程施工管理模式的关键是企业高层管理者的重视，加大人才的培养、引进和凝聚，切实加强创新意识，以创新的思维方式对企业进行管理，即以市场的需求为出发点，要深刻认识项目施工管理创新的紧迫性、重要性、艰巨性和长期性，建筑施工企业应将项目施工管理的创新放在企业发展战略的高度来定位并将创新工作切实落到实处。

(二) 体制创新

对建筑施工企业项目施工管理进行机构创新后，必须对这一机构的体制进行创新，建立起现代企业制度。第一，要确立有限责任制度。企业是项目分公司的投资主体，制定资产经营责任制，做到产权清晰，依法建立新型的产权关系。作为所有者的企业退居到控股公司的位置，用股东的方式来行使自己的职责，同时承担有限责任，用这个办法来界定企业与项目部各自的边界责任。第二，就是要建立企业法人财产制度。使项目部拥有一块边界清楚的财产，用边界清楚的法人财产来承担法人责任。要依据边界清楚的法人财产来确定项目部地位。第三，是形成科学的治理结构，形成来自所有者（对项目部来说，企业就是所有者）的激励和约束，必须充分体现企业控股公司的意志。控股公司的意志是一方面追求最高利润，另一方面尽量回避市场风险。追求最高利润是对控股公司的激励，促使项目部要认真执行合同，切实抓好质量、工期、成本的控制，同时要回避由于合同缺陷、管理不善所带来的风险，使公司形成必要的约束，即来自控股公司的激励和约束。

(三) 机制创新

创新的机制就是要使公司不断增强市场的竞争能力，牢牢占有已有的市场，不断开拓和占有潜在的市场。项目施工管理创新方案确立了组织机构，明确了母、分公司的体制，并相应建立起了现代企业管理制度。创新的方案基本具备了，但这一方案的有效运行还要有创新的机制，方能使这一创新方案具有生命力。企业竞争力具体体现在企业的实力和企业对市场机遇的判断和捕捉能力，而企业的实力来源于项目部的社会效益和经济效益，市场机遇的判断和捕捉能力来源于项目部及时准确的信息和良好的业绩。因此要增强企业实力，实际上就是加强项目部的建设，提高其盈利水平，提高其社会形象，提高其市场敏感性。必须对其建立激励机制，鼓励各类、各层次的人才脱颖而出，为人才创造环境，要给人才适应的土地、阳光和雨露；必须对其建立约束机制，约束项目部必须遵守党和国家的方针、政策，按市场规律合法经营、守法经营，约束项目部的经营者和广大职工遵守党纪、国法和企业的规章制度；必须对其建立风险机制和决策机制，来规范项目部决策层的行为，实行民主、科学的决策程序，回避市场风险。

(四) 技术创新

技术创新的实质，是企业应用创新的知识和新技术、新工艺、新装备、采用新的生产方式和经营管理模式来提高产品的技术含量、附加值和市场竞争力，占据市

场并实现市场价值。技术创新采用从后往前做的模式，即根据市场确定产品，根据产品确定技术和工艺，最后确定所采用的技术是自主开发、合作开发还是引进。项目施工管理只有在强有力的创新技术的支持下才能得以顺利实施，才能保证施工的质量和进度，才能获取最大经济效益；而且只有掌握了相关的核心技术才能占领相应市场，使企业立于不败之地。技术创新还为体制创新、结构创新和机制创新提供支持和保障，是项目施工管理创新的基础。

四、工程施工阶段的投资控制

建设项目施工阶段，是把图纸和原材料、半成品、设备等变为实体的过程，是价值和使用价值实现的阶段。所谓投资控制，即行为主体在建设工程存在各种变化的条件下，按事先拟定的计划，通过采取各种方法、措施，达到目标造价的实现。目标造价为承包合同价或预算加合理的签证价。施工阶段的监理一般是指在建设项目已完成施工图设计，并完成招投标阶段工作和签订工程承包合同以后，监理工程师对工程建设的施工过程进行的监督和控制，是监督承包商按照工程承包合同规定的工期、质量和投资额圆满完成全部设计任务。监理工程师在施工过程中定期进行投资实际值与目标值的比较，通过比较发现并找出实际支出额与投资控制目标值之间的偏差，然后分析产生偏差的原因，并采取切实有效的措施加以控制，以保证投资控制目标的实现。

工程建设的施工阶段涉及面很广，涉及的人员很多，与投资控制有关的工作也很多。众所周知，建设项目的投资主要发生在施工阶段。在这一阶段中，尽管节约投资的可能性已经很小，但浪费投资的可能性却很大，因而仍要对投资控制给予足够的重视。仅靠控制工程款的支付是不够的，应从组织、经济、技术、合同等多方面采取措施，控制投资。在项目管理班子中落实控制投资的人员和职能分工。编制本阶段投资控制工作计划和详细的工作流程图；编制施工使用资金计划，确定、分解投资控制目标；进行工程计量；复核工程付款账单，签发付款证书。在施工过程中进行投资跟踪控制，定期地进行投资实际支出值与计划目标值的比较，发现偏差，分析产生偏差的原因，采取纠偏措施。对工程施工过程中的投资支出做好分析与预测，经常或定期向业主提交项目投资控制及存在的问题的报告；对设计变更进行技术比较，严格控制设计变更；继续寻找通过设计挖潜节约投资的可能性。审核承包商编制的施工组织设计，对主要施工方案进行技术经济分析。做好工程施工记录，保存各种文件图纸，特别是注有实际施工变更情况的图纸，注意积累素材，为正确处理可能发生的索赔提供依据，参与处理索赔事宜。参与合同修改、补充工作，着重考虑它对投资控制的影响。正确编制资金使用计划，合理确定投资控制目标。投资控制的目的是确保投资目标的实现，因此，监理工程师必须编制资金使用计划，合理地确定建设项目投资控制目标值，包括建设项目的总目标值、分目标值、各细部目标值。如果没有明确的投资计划，未能合理地确定建设项目投资控制目标，就无法进行项目投资实际支出值与目标值比较。不能进行比较也就不能找出偏差；不知道偏差程度，就会使控制措施缺乏针对性。在确定投资控制目标时，应有科学的依据。如果投资目标值与人工单价、材料预算价格、设备价格及各项有关费用和各种取费标准不相适应，那么投资控制目标便没有实现的可能，则控制也是徒劳的。监理工程师在监理过程中，编制合理的资金使用计划，作为投资控制的依据和目标是十分必要的。同时，由于人们对客观事实的认识有个过程，也由于人们在一定时间内所占有的经验和知识有限，因此对工程项目的投资控制目标应辩证地对待，既要维护投资控制目标的严肃性，也要允许对脱离实际的既定投资控制目标进行必要的调整。调整并不意味着可以随时改变项目投资控制的目标值，而必须按照有关的规定和程序进行。

大中型建设项目可能由多个单项工程组成。每个单项工程还可能由多个单位工程组成，而每个单位工程又是由许多分部分项工程组成的，因此首先要把总投资分解到单项工程和单位工程。一般来说，将投资目标分解到各单项工程和单位工程是比较容易办到的，因此概、预算均是按单位工程和单项工作编制的。但需要注意的是，按这种方式分解总投资目标、分解工程费的内容繁杂，既有与具体单项工程或单位工程直接有关的费用，也有与整个工程项目建设有关的费用。因此，要想把工程建设其他费用分解到各个单项工程和单位工程，就需要采用适当的方法。最简单的方法就是按单项工程的建筑安装工程费和设备工器具购置费之和的比例分摊，但是这种按比例分摊的办法，其结果可能与实际支出的费用相差甚远。与其这样，倒不如对工程建设其他费用的具体内容进行分析，将其中确实与各单项工程和单位工程有关的费用（如固定资产投资方向调节税）分离出来，按照一定比例分解到相应的工程内容上。其他与整个建设项目有关的费用则不分解到各单项工程和单位工程上。对各单位工程的建筑安装工程费用还需要进一步分解，在施工阶段一般可分解到分部分项工程。在完成投资项目分解工作之后，接下来就要具体分配投资、编制工程分项的投资支出预算，包括材料费、人工费、机械费，同时也包括承包企业的间接费、利润等。

按单价合同签订的招标项目，可根据签订合同，工程量清单上所定的单价确定，其他形式的承包合同可利用招标编制标底时所计算的材料费、人工费、机械使用费及考虑分摊的间接费、利润等确定综合单价的同时，进行核实工程量，准确确定该工程量分项的支出预算。编制资金使用计划时，要在项目总的方面考虑总的预备费，也要在主要的工程分项中安排适当的不可预见费。

在具体编制资金使用计划时，可能发现个别单位工程或工程量表中某项内容的工程量计算出入较大，这是由于根据招标时的工程量估算所做的投资预算失实，此时除对这些个别项目的预算支出相应调整外，还应特别注明系“预计超出子项”，在项目实施过程中尽可能地采取一些措施。建设项目的投资总是分阶段、分期支出的，资金应用是否合理与资金的时间安排有密切关系。为了编制资金使用计划，并据此筹措资金，尽可能减少资金占用和利息支出，有必要将总投资目标按使用时间进行分解，确定分目标值。编制按时间进度的资金使用计划，通常可利用控制项目进度的网络图进一步扩充而得。即建立网络图时，一方面确定完成某项施工活动所花的时间，另一方面也要确定完成这一工作合适的支出预算。在实践中，将工程项目分解为既能方便地表示时间、又能方便地表示支出预算的活动是不容易的。通常如果项目分解程度对时间控制合适的话，则对支出预算分配过细，这会导致不可能对每项活动确定其支出预算，反之亦然。因此在编制网络计划时应妥善处理好这一点，既要考虑时间控制对项目划分的要求，又要考虑确定支出预算对项目划分的要求。

通过对项目进行分解编制网络计划。利用确定的网络计划便可计算各项最早开工以及最迟开工时间，获得项目进度计划的甘特图。在甘特图的基础上便可编制按时间进度的投资支出预算。其表达方式有两种：一种是在总体控制时标网络图上表示，另一种是利用时间—投资累计曲线。可视项目投资大小及施工阶段时间的长短按月、星期或其他时间单位分配投资。建设单位可根据编制的预算支出曲线合理地安排建设资金，同时也可以根据筹措的建设资金来调整预算支出曲线，即调整非关键路线上工序项目的最早或最迟开工时间。一般而言，所有活动都按最迟开始时间开始，对节约建设单位的建设资金贷款利息有利，但同时也降低了项目按期竣工的保证率。监理工程师必须制订合理的资金使用计划，达到既能节约投资、又能控制项目工期的目的。力争将实际的投资支出控制在预算的范围内。综上所述，建设项目实施阶段，是造价管理的重要环节，从施工组织设计到竣工结算，是投资花费的过程，若没有严格的管理措施，将层层突破投资。因此，必须从计划到竣工一层层严格管理，制定防范措施，保证预算目标值在实施阶段得到有效控制，降低工程造价。

第三节　项目施工管理的内容与程序

一、施工项目进度计划

(一) 施工项目进度计划的实施

1. 施工项目进度计划的贯彻

检查各层次的计划，形成严密的计划保证系统。施工项目的所有施工进度计划都是围绕一个总任务而编制的；它们之间的关系是高层次的计划为低层次计划的依据，低层次计划是高层次计划的具体化。在其贯彻执行时应当首先检查是否协调一致，计划目标是否层层分解、互相衔接，组成一个计划实施的保证体系，以施工任务书的方式下达施工队以保证实施。层层签订承包合同或下达施工任务书。施工项目经理、施工队和作业班组之间分别签订承包合同，按计划目标明确规定合同工期、相互承担的经济责任、权限和利益，或者采用下达施工任务书，将作业下达到施工班组，明确具体施工任务、技术措施、质量要求等内容，使施工班组必须保证按作业计划时间完成规定的任务。计划全面交底，发动群众实施计划。施工进度计划的实施是全体工作人员共同的行动，要使有关人员都明确各项计划的目标、任务、实施方案和措施，使管理层和作业层协调一致，将计划变成群众的自觉行动，充分发动群众，发挥群众的干劲和创造精神。在计划实施前要进行计划交底工作，可以根据计划的范围召开全体职工代表大会或各级生产会议进行交底落实。

2. 施工项目进度计划的实施

编制月 (旬) 作业计划。为了实施施工进度计划，将规定的任务结合现场施工条件，如施工场地的情况、劳动力机械等资源条件和施工的实际进度，在施工开始前和过程中不断地编制本月 (旬) 的作业计划，施工计划要更具体、切合实际和可行。在月 (旬) 计划中要明确：本月 (旬) 应完成的任务，提高劳动生产率和节约措施。编制好月 (旬) 作业计划以后，将每项具体任务通过签发施工任务书的方式使其进一步落实。施工任务书是向班组下达任务实行责任承包、全面管理和原始记录的综合性文件，施工班组必须保证指令任务的完成。它是计划和实施的纽带。做好施工进度记录，填好施工进度统计表，在计划任务完成的过程中，各级施工进度计划的执行者都要跟踪做好施工记录，记载计划中的每项工作开始日期、工作进度和完成日期。为施工项目进度检查分析提供信息，因此要求实事求是地记载，并填好有关图表，做好施工中的调度工作。施工中的调度是组织施工中各阶段、环节、专业和工种的互相配合、进度协调的指挥核心。调度工作是使施工进度计划实施顺利进行的

重要手段。其主要任务是掌握计划实施情况，协调各方面关系，采取措施，排除种种矛盾，加强各薄弱环节，实现动态平衡，保证完成作业计划和实现进度目标。调度工作内容主要有：监督作业计划的实施、调整协调各方面的调度关系、监督检查施工准备工作；督促资源供应单位按计划供应劳动力、施工机具、运输车辆、材料构配件等，并对临时出现的问题采取调配措施；按施工平面图管理施工现场，结合实际情况进行必要的调整，保证文明施工；了解气候、水、电、气的情况，采取相应的防范和保证措施；及时发现和处理施工中各种事故和意外事件，调节各薄弱环节，定期召开现场调度会议，贯彻施工项目主管人员的决策，发布调度令。

3. 施工项目进度计划的检查

在施工项目的实施进程中，为了进行进度控制，进度控制人员应经常地、定期地跟踪检查施工实际进度情况，主要是收集施工项目进度材料，进行统计整理和对比分析，确定实际进度与计划进度之间的关系。

(二) 进度计划检查调整

1. 进度计划统计执行情况的检查方法

进度计划执行情况检查的目的是将实际进度与计划进度比较，借以得出实际进度计划要求超前或滞后的结论，判定计划完成程度，并通过预测后期工程进度，对计划能否如期完成做出事先估计。

由于各种干扰因素的作用与影响，经过检查进度计划执行情况，往往总是会发现实际进度偏差的存在，并且通常会表现为计划工作不同程度的进度拖延。

2. 调整方法

一般工程项目进度计划执行过程中如发生实际进度与计划进度不符，则必须修改与调整原定计划，从而使之与变化后的实际情况相适应。确切来讲，是否需要采取相应措施调整计划，则应根据下述两种不同情况进行详尽具体的分析的。

第一，当进度偏差体现为某项工作的实际进度超前。对被影响工作为非关键工作及关键工程两种不同前提条件，当计划执行过程中产生的进度偏差体现为工作的实际进度超前，若超前幅度不大，此时计划不必调整；当超前幅度过大，则此时计划必须调整。

第二，当进度偏差体现为某项工作的实际进度滞后；工程项目进度计划执行过程中如果出现实际工作进度滞后，此种情况下是否调整原定计划，通常视进度偏差和相应工作总时差及自由时差的比较结果最终确定：若出现进度偏差的工作为关键工作，则由于工作进度滞后，必然会引起后续工作最早开工时间的延误和整个计划工期的相应延长，因而必须对原定进度计划采取相应调整措施。

第三，当出现进度偏差的工作为非关键工作，且工作进度滞后天数已超出其总时差时，则由于工作进度延误同样会引起后续工作最早时间的延误和整个计划工期的相应延长，因而必须对原定进度计划采取相应调整措施。

第四，若出现进度偏差的工作为非关键工作，且工作进度滞后天数已超出其自由时差而未超出总时差，则由于工作进度延误只引起后续工作最早开工时间的拖延而对整个计划工期并无影响，因而此时只有在后续工作最早开工时间不宜推后的情况下才考虑对原定进度计划采取相应调整措施。

第五，若出现进度偏差的工作为非关键工作，且工作进度滞后天数未超出其自由时差，则由于工作进度延误对后续工作的最早开工时间的整个计划工期均无影响，因而不对原定计划采取任何调整措施。

二、工程项目安全综合管理

（一）环境控制

建立环境管理体系，实施环境监控。随着经济的高速增长，环境问题已迫切地摆在我们面前，它严重地威胁着人类社会的健康生存和可持续发展，并日益受到全社会的普遍关注。在项目的施工过程中，项目组织也要重视自己的环境表现和环境形象，并以一套系统化的方法规范其环境管理活动，满足法律的要求和自身的环境方针，以求得生存和发展。环境管理体系是整个管理体系的一个组成部分，包括为制定、实施、实现、评审和保持环境方针所需的组织结构、计划活动、职责、惯例、程序、过程和资源。环境管理体系是一个系统，因此需要不断地监测和定期评审，以适应变化着的内外部因素，有效地引导项目组织的环境活动。项目组织内的每一个成员都应承担环境改进的职责。

（二）对影响工程项目质量的环境因素的控制

1. 工程技术环境

工程技术环境包括工程地质、水文地质、气象等，需要对工程技术环境进行调查研究。工程地质方面要摸清建设地区的钻孔布置图、工程地质剖面图及土壤试验报告；水文地质方面要摸清建设地区全年不同季节的地下水位变化、流向及水的化学成分，以及附近河流和洪水情况等；气象方面要了解建设地区的气温、风速、风向、降雨量、冬雨季月份等。

2. 工程管理环境

工程管理环境包括质量管理体系、环境管理体系、安全管理体系、财务管理体

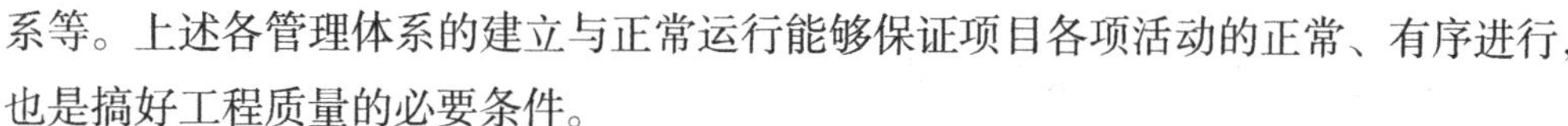

系等。上述各管理体系的建立与正常运行能够保证项目各项活动的正常、有序进行，也是搞好工程质量的必要条件。

3. 劳动环境

劳动环境包括劳动组织、劳动工具、劳动保护与安全施工等。劳动组织的基础是分工和协作，分工得当既有利于提高工人的熟练程度，又便于劳动力的组织与运用；协作最基本的问题是配套，即各工种和不同等级工人之间互相匹配，从而避免停工、窝工，获得最高的劳动生产率。劳动工具的数量、质量、种类应便于操作、使用，有利于提高劳动生产率。劳动保护与安全施工，是指在施工过程中，为改善劳动条件、保证员工的生产安全、保护劳动者的健康而采取的一些管理活动，这项活动有利于发挥员工的积极性和提高劳动生产率。

（三）建筑项目施工安全管理控制

项目安全控制是指项目经理对施工项目安全生产进行计划、组织、指挥、协调和监控的一系列活动，从而保证施工中的人身安全、设备安全、结构安全、财产安全和适宜的施工环境。确保安全目标实现的前提是坚持“安全第一、预防为主”的方针，树立“以人为本、关爱生命”的思想。项目经理部应建立安全管理体系和安全生产责任制，保证项目安全目标的实现。项目经理是项目安全生产的总负责人。事故的发生，是由于人的不安全行为（人的错误推测与错误行为）、物的不安全状态、不良的环境和较差的管理，即事故的4M要素。针对事故构成4M要素，采取有效控制措施，消除潜在的危险因素（物的不安全状态）和使人不发生误判断、误操作（人的不安全行为），把事故隐患消除在萌芽状态，是施工安全动态管理的重要任务之一，是施工项目安全控制的重点。

（四）控制人的不安全行为

不安全行为与人的心理特征相违背，可能引起事故的行为。在生产中出现违章、违纪、冒险蛮干，把事情弄颠倒，没按要求或规定的时间操作，无意识动作及非理智行为等都是不安全行为的表现。大部分工伤事故都是现场作业过程中发生的，施工现场作业是人、物、环境的直接交叉点，在施工过程中人起着主导作用。直接从事施工操作的人，随时随地活动于危险因素的包围之中，随时受到自身行为失误和危险状态的威胁和伤害。人为因素导致的事故占80%以上。人的行为是可控的又是难控的，人员安全管理是安全生产管理的重点、难点。由于人的行为是由心理控制的，因此，要控制人的不安全行为应从调节人的心理状态、激励人的安全行为和加强管理等方面入手。

（五）建筑施工企业的安全管理

建筑业属于高风险行业，其施工企业应该建立起严密、协调、有效、科学的安全管理体系。什么是建筑安全管理体系？建筑安全管理体系是施工企业以保证施工安全为目标，运用系统的概念和方法，把安全管理的各阶段、各环节和各职能部门的安全职能组织起来，形成一个既有明确的任务、职责和权限，又能互相协调、促进的有机整体。根据系统论的基本理论和系统构建的思路，建筑施工企业的安全管理体系理应包括如下内容：一是有明确的安全方针、目标和计划。每个建筑施工企业的安全管理体系必须有明确的安全方针、安全目标、安全计划，才能把各个部门、环节的安全管理工作组织起来，充分发挥各方面的力量，使安全管理体系协调和正常运转。二是建立严格的安全生产责任制。安全管理工作是一项综合性工作，必须明确规定企业职能部门、各级人员在安全管理工作中所承担的职责、任务和权限。做到安全工作事事有人管、层层有人抓、检查有依据、评比有标准，建立一套以安全生产责任制为主要内容的考核奖惩办法和具有安全否决权的评比管理制度。三是设立专职安全管理机构。为了使安全管理体系卓有成效地运转、建筑施工企业各部门的安全职能得到充分的发挥，就应建立一个负责组织、协调、检查、督促工作的综合部门。安全管理机构的设置由建筑施工企业的生产规模、生产技术特点、生产组织形式所决定。工程局、工程处设安全生产委员会，施工队设安全生产领导小组，班组设安全员。四是建立高效而灵敏的安全管理信息系统。要使安全管理体系正常运转，必须建立一个高效、灵敏的企业内部的信息系统，规范各种安全信息的传递方法和程序，在企业内形成畅通无阻的信息网，准确、及时地搜集各种安全卫生信息，并设专人负责处理。五是开展群众性的安全管理活动。安全管理体系应建立在保证建筑安全施工和保护员工劳动安全卫生的基础上，因此，必须在建筑施工生产的各环节经常性地开展各种形式的群众性安全管理宣传教育活动。六是实行安全管理程序化和管理业务标准化。安全管理流程程序化就是对企业生产经营活动中的安全管理工作进行分析，使安全管理工作过程合理化并固定下来，用图表、文字表示出来。安全管理业务标准化就是将企业中行之有效的安全管理措施和办法制定成统一标准，纳入规章制度贯彻执行。建筑施工企业通过实现安全管理流程程序化和标准化，就可使安全管理工作条理化、规范化，避免职责不清、相互脱节、相互推诿等管理过程中常见的弊病。因此，它是安全管理体系的重要内容，也是建立安全管理体系的一项重要的基础工作。七是组织外部协作单位的安全保证活动。建筑施工企业所需的机械设备、安全防护用品等是影响施工安全的重要因素。安全性能良好的机械设备、安全防护用品等，是保证企业安全生产的必要条件。这就关系到外部协作单位对建筑施工企业在安全生产条件和生产技术方面的安全性、可靠性的保证，是建立和健全企业安全管理体系不可缺少的内容。

（六）建立施工企业安全管理体系的途径

建筑施工企业建立安全管理体系，首先应有明确的指导思想，即安全是施工企业发展的永恒的主题。因此，在建立企业安全管理体系的方式、方法上仍需不断完善。必须克服在安全问题上的短期行为、侥幸心理和事故难免的思想；对安全问题要常抓不懈、居安思危、有备无患、坚定信心，坚持“安全第一、预防为主”的方针；依靠企业全体人员的共同努力；企业法人代表负责，亲自抓安全；对施工组织进行安全评价与审核；加强施工事故的预防与不安全因素的控制，加速安全信息的传递；有计划、有步骤地把外协单位所提供的产品、零部件和劳务等的安全需求纳入本企业安全管理体系中；不断健全与完善安全管理体系。建立安全管理体系要从企业的实际情况出发，选择合适的方式。可把整个企业生产经营活动作为一个大系统，再直接着手建立其安全生产的安全管理体系，也可把工程项目作为对象建立项目安全管理体系。建立安全管理体系的目的是要根据安全方针、安全目标、安全计划的规定和安排，使它有效地运转起来，发挥作用，保证安全生产。这就要求全体职工对施工安全具有强烈的事业心和责任心，不断提高技术素质，胜任本岗位的安全操作。这些都是建立建筑施工企业安全管理体系过程中最重要的环节。真正转移到提高劳动者的安全科技文化素质、依靠先进的安全科学技术的轨道上来，同时也要加强组织学习国际上职业安全卫生管理体系的经验和标准，充实企业的安全管理体系。

三、工程项目施工现场管理

（一）现场管理规范场容

施工现场场容规范化应建立在施工平面图设计的科学合理化和物料器具定位管理标准化的基础上。承包人应根据本企业的管理水平，建立和健全施工平面图管理和现场物料器具管理标准，为项目经理部提供场容管理策划的依据。项目经理部必须结合施工条件，按照施工方案和施工进度计划的要求，认真进行施工平面图的规划、设计、布置、使用和管理。施工平面图宜按指定的施工用地范围和布置的内容，分别进行布置和管理。单位工程施工平面图宜根据不同施工阶段的需要，分别设计成阶段性施工平面图，并在阶段性进度目标开始实施前，通过施工协调会议确认后实施。项目经理部应严格按照已审批的施工总平面图或相关的单位工程施工平面图

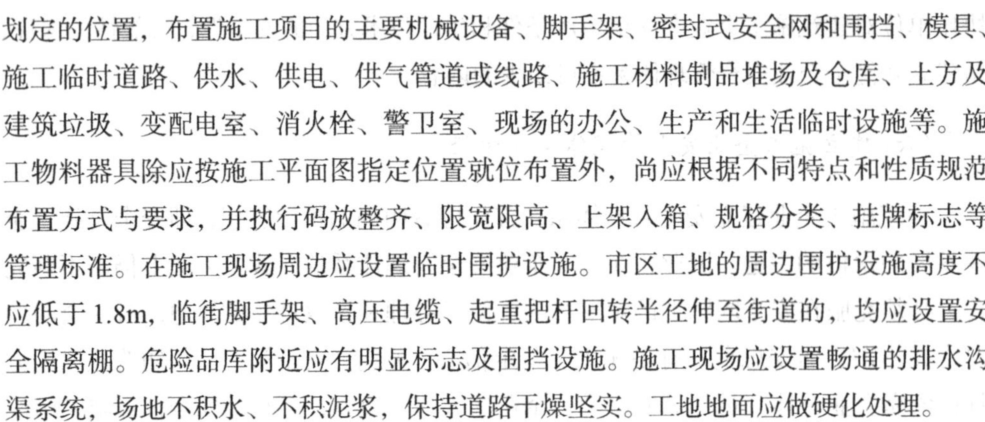

划定的位置，布置施工项目的主要机械设备、脚手架、密封式安全网和围挡、模具、施工临时道路、供水、供电、供气管道或线路、施工材料制品堆场及仓库、土方及建筑垃圾、变配电室、消火栓、警卫室、现场的办公、生产和生活临时设施等。施工物料器具除应按施工平面图指定位置就位布置外，尚应根据不同特点和性质规范布置方式与要求，并执行码放整齐、限宽限高、上架入箱、规格分类、挂牌标志等管理标准。在施工现场周边应设置临时围护设施。市区工地的周边围护设施高度不应低于1.8m，临街脚手架、高压电缆、起重把杆回转半径伸至街道的，均应设置安全隔离棚。危险品库附近应有明显标志及围挡设施。施工现场应设置畅通的排水沟渠系统，场地不积水、不积泥浆，保持道路干燥坚实。工地地面应做硬化处理。

(二) 一般规定

项目经理部应认真搞好施工现场管理，做到文明施工，安全有序，整洁卫生，不扰民，不损害公众利益。现场门头应设置承包人的标志。承包人项目经理部应负责施工现场场容文明形象管理的总体策划和部署；各分包人应在承包人项目经理部的指导和协调下，按照分区划块原则，搞好分包人施工用地区域的场容文明形象管理规划，严格执行，并纳入承包人的现场管理范畴，接受监督、管理与协调。项目经理部应在现场入口的醒目位置，公示下列内容：工程概况牌，包括：工程规模、性质、用途、发包人、设计人、承包人和监理单位的名称、施工起止年月、安全纪律牌、防火须知、安全无重大事故计时牌、安全生产、文明施工等。项目经理部组织架构及主要管理人员名单图。项目经理应把施工现场管理列入经常性的巡视检查内容，安全生产与日常管理有机结合，认真听取邻近单位、社会公众的意见和反映，及时抓好整改。

四、工程项目成本管理

(一) 工程项目成本管理

随着建筑市场的逐步成熟和规范，市场竞争日趋激烈，建筑施工企业要在市场竞争中求生存、谋发展，获得效益的最大化，实现企业又好又快发展，确立成本领先战略，强化项目成本管理，实现成本管理效益化显得尤为迫切和重要。建筑工程成本是指生产建筑产品过程中发生或实际发生的工、料、费投入，它反映企业劳动生产率的高低及材料的节约程度、机械设备的利用情况，以及施工组织、劳动组织、管理水平等施工经营管理活动的全部情况。所以，工程成本指标能反映施工企业的经营活动成果，是评定企业工作质量的一个综合指标。同时能够及早发现施工现场

活动的成本超支或有可能超支，以便有机会采取补救措施，尽量消除超支带来的影响或将影响降至最低，这对工程项目管理是至关重要的。

（二）工程项目成本计划与控制

项目成本管理是在保证满足工程质量、工期等合同要求的前提下，对项目实施过程中所发生的费用，通过计划、组织、控制和协调等活动实现预定的成本目标，并尽可能地降低成本费用的一种科学的管理活动，主要通过技术（如施工方案的制订比选）、经济（如核算）和管理（如施工组织管理、各项规章制度等）活动达到预定目标，实现盈利的目的。成本是项目施工过程中各种耗费的总和。成本管理的内容很广泛，贯穿于项目管理活动的全过程和每个方面，从项目中标签约开始到施工准备、现场施工，直至竣工验收，每个环节都离不开成本管理工作，就成本管理的完整工作过程来说，其内容一般包括成本预测、成本控制、成本核算、成本分析和成本考核等。

第七章 施工项目质量管理

第一节 施工项目质量管理基础与工程质量控制

一、施工项目质量管理概述

(一) 项目管理与工程监理之间的关联

美国的项目管理学会（PMI）项目管理知识体系（PMBOK）是对项目管理专业知识所做的一个总结，它把项目管理划分为九个知识领域，即范围管理、时间管理、成本管理、质量管理、人力资源管理、沟通管理、采购管理、风险管理和综合管理。国际标准化组织（ISO）以 PMBOK 为框架提出了“项目管理质量指南”（ISO10006），成为 ISO9000 族中重要的支持性技术指南。据悉，我国的项目管理知识体系目前也正在制定之中。目前，我国的大型工程建设普遍实行了监理制。通过将美国项目管理学会（PMI）项目管理知识体系（PMBOK）的基本内容与工程监理的主要职责进行关联比较，工程监理是现代项目管理的一种重要的表现形式，工程监理的工作职责中包含着现代项目管理学的基本内涵。我国监理工程师是独立的第三方，业主、承包商和监理所形成的三角形并非等边的，通常的情况是监理必定向业主倾斜，接受业主的委托进行工作。工程监理的主要工作内容是“三控制二管理”，即对工程项目的质量、进度和费用等过程实施控制，同时对项目合同和信息等进行管理。从本书的分析中可以看出，PMBOK 的基本内容与工程监理的工作内容有着紧密的关联。信息系统建设中的工程监理十分注意抓好对系统需求的分析，目的是首先弄清系统该做什么，不做什么；严格为业主把好系统功能模型、信息模型的关口，为系统的进一步实施打好基础。项目范围管理的首要任务是确定并控制哪些工作内容应该包含在项目范畴内，并对其他项目管理过程起指导作用。从项目管理科学来看，项目生命周期的第一阶段始于识别需求、问题或机会，终于需求建议书（RFP）的发布。准备 RFP 的目的就是从业主的角度，全面、详细地论述为了满足需求需要做什么准备，要清晰地定义出项目目标，项目目标必须明确、可行、具体及可以度量，并与有关方面一致。PMBOK 将项目范围管理分成启动、范围计划、范围界定、范围核实、范围变化控制五个阶段。在范围界定过程中，通过将项目目标和工作内容分解为易于管理的几部分或几个细目，以助于确保找出完成项目工作范围所需的所有工作要素。工作细分结构（WBS）可以更加明确项目的工作内容，它不仅定义了工作内容，同时也定义了工作任务之间的关系，明确了工作界面。项目的WBS其实是从事任何工作的人对工作计划、进度、费用、技术状态进行部署和跟踪控制等管理活动的基础。在信息系统建设过程中，人们常用数据流图、功能层次图、业务流程图等表示系统的功能模型，它们是从不同角度对系统功能模型的表达。而WBS则可以理解为是一种以管理为导向的系统功能模型，它有更丰富的内涵和外延。WBS是项目管理的核心工具，项目的计划、进度、成本、技术状态、资源配置、合同等方面的管理都离不开项目的WBS，它的建立必须注意体现项目本身的特点和项目组织管理方式的特色，并注意其整体性、系统性、层次性和可追溯性原则。WBS技术有力地支持了信息系统建设中的项目管理，是项目团队中管理人员必须具备的基本知识。

（二）关于质量管理比较

在信息系统建设中，监理工程师经常把系统质量控制当作头等大事来抓，从ISO9000质量保证体系的高度来控制和规范项目团队中各方的行为。PMBOK在介绍有关项目质量管理的内容中指出，这一部分论述的质量管理的基本方案旨在与国际标准化组织在ISO9000和ISO10006质量体系标准与指南中提出的方案中相一致。因此，项目管理与工程监理在质量管理方面的指导思想是完全一致的，ISO9000与ISO10006相互支持、相得益彰。项目管理的基本内涵与工程监理的工作职责是基本一致的。项目管理还有着自身更为丰富的管理内容，如风险管理、沟通管理、人力资源管理、采购管理和综合管理等方面，这些常常体现了项目的外部环境，它们与监理工作的合同管理、信息管理、协调项目团队等职责有某种程度上的交叉，只是项目管理有着更全面、丰富的知识体系，而实际上，这也正是在接受业主委托的条件下为工程监理工作提供的更加丰富的工作内容。

二、工程质量控制与监理工作

（一）承建方对项目监理咨询的建议

质量好坏是工程项目成败的一大重要指标。对于信息工程项目来讲也是如此，假如实施一个社区服务系统项目，一旦此系统的质量出了问题，就可能会影响使用单位的正常办公和社区公民的正常生活，甚至导致单位的经济损失。监理方如果能够及时对信息工程的质量进行检测和控制，工程失败的概率就会小很多。随着社会信息化进程的加快，项目监理咨询在国内应运而生。但毕竟这是一个新生事物，所以必然存在这样或那样的缺陷。目前，国家关于信息工程监理单位资质考核也还没有一个统一的规章制度，进入门槛比较低，导致信息咨询公司在技术实力、行业熟悉度、项目咨询方法方式等方面存在较大的差异。监理方最好是从工程项目进行招投标的阶段就开始介入，至少也应该从需求分析的第一阶段（高级咨询顾问黄学战先生提出的“三阶段”）开始介入，而不是到需求确认的阶段甚至项目已经开始实施阶段才介入。监理方应该在业主和承建方进行沟通之前根据自己以往需求分析时可能会碰到的问题向业主和承建方讲清楚，协助承建方与客户交流，这样能够更好地帮助用户提出自己的需求，而承建方也能够更好地理解用户的需求。一个项目或多或少都会存在失败的风险，这就要求业主、承建方、监理方相互配合，及时地发现产生风险的各种因素，从而达到对风险事前进行有效的规避，在项目进行过程中也应该根据项目的进展情况和外部因素综合考虑分析风险情况，对风险进行有效的事中控制，以此来增强整个项目组的抗风险能力和免疫力。承建方不希望监理方越权介入或者过多介入，毕竟信息工程项目实施失败责任最大的是承建方。监理方应该给承建方足够的自由度和空间来完成好工程任务。这就要求监理方在介入项目之前要和业主、承建方讨论，界定各自的权利和义务范围并成文，三方进行签字确认。

（二）分公司对项目监理工作的管理

根据工程的特点和具体情况，根据分公司对总监的专长、性格、思想方法、敬业精神等方面的了解，针对监理工程用其所长，精心挑选总监，总监再组班子。总监及项目监理部人员一经确定，基本上就可以粗知该工程监理效果的大概（60%～80%），所以项目部的组建是搞好项目监理的基础性工作。在此需说明，监理人员要相对稳定，流动性不能太大。从总公司调遣过来的监理人员在上岗之前先安排在较成熟的工地适应环境，了解地方相关政策、法规、文件，待掌握了新的知识后再开展具体的工作。监理资料是项目监理的工作记录，从中体现了监理的工作程序、内容与管理水平。通过抓监理资料，促进项目监理工作，能起到纲举目张的效果。监理人员水平有较大差异，不同时期政府对监理行业的管理深度及要求有所不同，分公司应根据实际工作需要及时出台相关文件并组织学习培训，指导项目监理工作。通过这一措施，能迅速提高监理人员的工作能力，使其适应新形势下监理工作的要求。公司不定期对工程项目进行检查，及时发现各项目监理工作中存在的问题，促进项目监理工作水平的提高。组织不定期的总监互检，各总监既是检查者，又是被检查者，起到了互相学习、互相促进的作用。通过巡检与互检，使动态的项目监理工作在公司的控制之中，并可发现共性问题及特殊问题，召开总监研讨会研究解决办法。对于共性问题形成文件，在今后的工程中予以预控；对个性问题通过讨论得到共同提高和解决。定期召开总监会，对各项目现场管理动态、合同履行动态及员工的思想动态及时汇总，对存在的问题进行研讨，集思广益，好的经验进行推广，困难及时向总部反映。项目监理工作完成以后，分公司根据对每个项目监理工作的历次检查、验收情况的记录，对每个项目的监理工作进行综合考评。同时也是对总监工作水平的考评。通过考评，起到激励先进、促进落后的效果，不断地提高项目监理工作的水平。

（三）混合型监理模式建议

工程建设监理是市场经济的产物，是智力密集型的社会化、专业化的技术服务。实践证明，在建设领域，实行工程建设监理制正是实现两个带有全局性的根本转变的有效途径，是搞好工程建设的客观需要。混合型监理模式，即业主或建设单位（以下统称为建设方）与社会监理单位相结合进行监理的模式。建设方可能是官员，也可能是投资者。其具体表现为：

（1）建设方自行组建总监办公室或总监代表处，一般附属于带有行政管理性质的工程建设指挥部，或者只不过是指挥部的一个职能部门，而分管合同段的驻地监理办公室则委托专业性的社会监理单位组建；（2）社会监理单位主要承担或只承担质量监理，进度监理、费用监理和合同管理等由建设方（或主要由建设方）直接控制；（3）建设方办事机构中仍设置较庞大的管理部门，并派出人员直接参与现场监督或监理工作。驻地监理服从各级指挥部和建设方指派的监理机构和人员的管理。

社会监理完全从属于建设方。这种混合型监理模式从根本上讲与工程建设监理的本质内涵不同，监理方不具备 FIDIC 合同条款所规定的独立性、公正性。在很大程度上仍然体现建设方自行管理工程的模式。由于建设方的现场管理人员（指挥部人员）及其所派监理人员大都并非专业监理人员，甚至有些只不过是一般行政人员，往往不能严格按合同文件（含技术规范）办事，因而监理的科学化、规范化就难以做到。这种模式之所以普遍存在，究其根源主要有：（1）建设方对工程建设监理制的认识有偏差。监理方式的采用一般由建设方决定。受计划经济的影响，他们习惯于亲自出马，不愿“大权旁落”，尤其不能将费用、进度监控等权利委托出去；认为社会监理人员毕竟是“外人”，是“雇员”，是技术人员，只能执行领导的决定、指示，不能接受建设方、承包方、监理方“三足鼎立”的局面；认为社会监理不能独立执行监理业务，必须加强监督，因而必须直接参与现场管理。（2）业主项目法人责任制未积极有效地落实。在市场经济体制下，业主应当是独立自主的项目法人，拥有建设管理权力，对工程的功能、质量、进度和投资负责。但许多地方并没有积极推行业主项目法人责任制，或没有给“业主”下放建设管理的全部权利。这样的“业主”当然责任不大，因而，他并非觉得需要将工程项目建设委托社会监理单位实施监理。但为了立项，又不得不遵照有关规定委托监理，于是便采取混合型监理模式。(3) 建设方还不习惯利用高智能密集、专业化的咨询服务，不适应社会分工越来越细的要求。(4) 监理人员综合水平还不高。监理人员应具有扎实的理论基础和丰富的施工管理经验，既有深厚的技术知识，又有相应的经济、法律知识，善于进行合同管理。

在深度和广度上制约了社会监理单位的权利和管理水平的提高，也阻碍了我国工程建设与国际接轨的进程。鉴于目前建设市场正逐步趋向成熟，社会监理已有相当的经验，市场法规也比较配套，为更有力、更全面地推行工程建设监理体制，建议如下。

1. 摆脱行政手段管理工程的模式，放手让监理工作

不再采用计划经济时期沿用的、以政府官员为首的工程指挥部的管理模式，也不设立以政府官员或业主人员为首的总监及相应机构。还监理权于合格的社会监理单位及其派出的机构和人员，使社会监理单位及其工程师充分负起合同规定的责任，享有合同规定的职权。充分利用其独立性和公正性，以合同及有关法规制约承包人和监理工程师，业主也同时受到相应的约束。运用法律、经济手段管理工程，保证合同规定的工期、质量、费用的全面实现。完善招投标制度，全面落实项目法人制度，完善合同文件，提高各方的合同意识、法律意识。

2. 维护合同文件的法律性

建设方要求保质 (或优质)、按期 (或提前) 完成工程，这是正常的，但应当在招标文件中考虑进去，在签合同时就把意图作为正式要求写进合同文件，规定相应制约或奖惩条款，并在施工过程中严格执行，没有必要另行采取行政手段，在合同之外下达各种指令。应当指出，在施工中，在合同之外由建设方单方面另行颁发的惩罚办法是无法律效力的；提出高于合同文件的质量要求或提前工期，未经承包人同意，在法律上也是无效的；即使同意，承包人也有权提出相应的补偿。这样便增加了监理工作的难度，有时还使监理处于非常尴尬的境地。

3. 在选择监理单位时，对监理人员素质的要求宜从高、从严

在签订监理服务协议书时，既要给予监理工程师以充分的权利，也要规定有效的制约措施；在监理服务费上不要扣得太紧，要保证监理人员享有比较优厚的待遇，有较强的检测手段，同时也使监理单位有较好的经济效益，具有向高层次、高水平发展的财力。避免监理人员“滥竽充数”，监理单位“薄利多销”。消除无资格、越级承担监理业务现象。

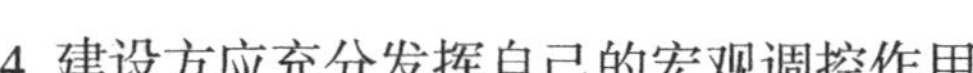

4. 建设方应充分发挥自己的宏观调控作用

工程建设是一个复杂的过程，涉及工程技术、科学管理、施工安全、环境保护、经济法律等一系列问题，因此建设方的项目管理人员对项目建设只能进行宏观调控，保留重大事项的审批权（如重大的工程变更、影响较大的暂停施工、返工、复工、合同变更等），对于日常的监理工作不宜直接介入，只对监理行为进行监督，支持监理工程师的工作。注意工作方法，在遇到工程中的缺陷时不宜不分青红皂白，对监理工程师和承包人“各打五十大板”。要明确承包人对工程质量等负有全部法律和经济的责任。对工程施工的有关指示，一般应通过监理工程师下达，纯属建设方职能的除外。保护监理工程师，只有对监理工程师的错误指示和故意延误，才依照监理协议使其承担责任。当监理工程师的权威性受到影响时，应出面支持其正确决定，使监理工程师真正成为施工现场的核心，而不要人为地制造多中心。

5. 合理地委托监理业务

在目前情况下，可委托资质高的社会监理单位总承担全部监理业务，对于其中某些专业性很强的工作（例如交通工程设施等），可允许其再委托另外的社会监理单位承担（须征得建设方的同意）；也可委托若干个社会监理单位分别承担设计、施工等阶段的监理业务。

（四）监理工程师的责任风险与防范机制

由于监理工程师本身专业技能水平的不同，在同样的工作范围及权限内，不同水平的监理工程师所提供的咨询服务质量会有很大差别。监理工程师的专业技能差别表现在两个方面：一是专业技术水平与工程实践的差别；二是本身工作协调能力的差别。监理工程师的工作能力在很大程度上体现在协调方面，即协调参与工程建设的各方技术力量，使其能力得到最大程度的发挥。同样的工作可能做得很认真，也可能做得较为马虎。工作成效的好坏与自身的主观能动性有关，很难用定量指标去衡量。监理工程师的主观能动性主要来自自我约束以及业主的支持，业主与监理工程师的相互信任与诚意会大大激发监理工程师的主观能动性。监理的服务质量与水平最终是由监理机构的整体服务来体现的，是多专业配合协调的技术服务，其中总监对监理机构内部的领导组织与协调水平至关重要。只有在监理机构内部设立了人员职责分工明确、沟通渠道有效的管理模式，只有整个监理机构有效地运行，监理效果才能体现出来。监理工程师工作的对象和内容客观上决定了监理工程师需要担负非常巨大的责任。因为工程项目投资巨大，和社会公众的切身利益密切相关，一旦发生危害，就会造成巨大的财产损失和人员伤亡等重大事故。

工程质量的好坏和造价的高低以及建设周期的长短都与社会公众利益密切相

关。随着社会的进步和公民法律意识的增强，监理工程师承担的法律责任也在逐步增加。从上述监理工作的特征可以看出，监理工程师承担的责任风险可归纳为：行为责任风险、工作技能风险、技术资源风险、管理风险、社会环境风险。行为责任风险来自三个方面：一是监理工程师超出业主委托的工作范围，从事了自身职责外的工作，并造成了工作上的损失；二是监理工程师未能正确地履行合同中规定的职责，在工作中因失职行为造成损失；三是监理工程师由于主观上的无意行为未能严格履行职责并造成了损失。由于监理工程师在某些方面工作技能的不足，尽管履行了合同中业主委托的职责，实际上并未发现本该发现的问题和隐患。现代工程技术日新月异，新材料、新工艺层出不穷，并不是每一位监理工程师都能及时、准确、全面地掌握所有的相关知识和技能，无法完全避免这一类风险的发生。即使监理工程师在工作中没有行为上的过错，仍然有可能承受一些风险。例如在混凝土浇注的施工过程中，监理工程师按照正常的程序和方法，对施工过程进行了检查和监督，并未发现任何问题，但仍有可能在某些部位因振捣不够而留有缺陷。这些问题在施工过程中可能无法发现，甚至在今后相当长的时间内也无法发现。众所周知，某些工程上质量隐患的暴露需要一定的时间和诱因，利用现有的技术手段和方法并不能保证所有问题都能及时发现。同时，由于人力、财力和技术资源的限制，监理无法对施工过程的所有部位、所有环节的问题都能及时进行全面细致的检查发现，必然需要面对某一方面的风险。明确的管理目标，合理的组织机构，细致的职责分工，有效的约束机制，是监理组织管理的基本保证。如果管理机制不健全，即使有高素质的人才，也会出现这样或那样的问题。我国加入世界贸易组织后，监理工作与国际接轨，通过市场手段来转移监理工作的责任风险势在必行。监理工程师对因自身工作疏忽或过失造成合同对方或其第三方的损失而承担的赔偿责任投保，赔偿损失由保险公司支付，索赔的处理过程由保险公司来负责。这在国际上是一种通行的做法，对保障业主及监理工程师的利益起到了很好的作用。然而就现阶段而言，监理工程师必须对监理责任风险有一个全面清醒的认识，在监理服务中认真负责、积极进取、谨慎工作，以期有效地消除与防范面临的责任风险。

（五）监理企业体制转轨与机制转换

监理企业的体制转轨和机制转换是一个久议未决而又迫切需要解决的重大问题。因为，监理行业的兴衰存亡取决于监理企业是否兴旺发达，目前行业脆弱的原因正是缘于大量的监理企业尚未成为独立的市场竞争主体和法人实体。按照保守的估计，全国约 80% 以上的监理企业依附于政府、协会、高等院校、科研院所、勘察设计等单位，这些监理企业作为其“第三产业”或附属物，其生存发展取决于母体的意志，母体单位以行政管理方式调控监理企业的经营管理，导致监理企业缺乏自主经营、自负盈亏、自我积累和自我发展的能力。如：某地一家监理企业经营规模名列全国前茅，职工总数1000人，年创监理合同收入达8000万元，但他们的经营者却无法自主经营、无权调动职工、无权分配利润，不仅使监理企业经营者和广大员工的积极性受到挫伤，而且造成监理企业始终无法摆脱浅层次、低水平徘徊的尴尬局面。监理企业摆脱困境的根本出路在于改革。监理企业的改革可以分两步走：首先是摆脱母体的羁绊，独立行使民事权力并履行相应的民事责任，成为市场竞争主体和法人实体；其次是积极进行企业的体制转轨和机制转换，加大产权制度改革力度，积极探索建立现代企业制度途径和方式，建立与市场经济发展相适应的企业经营机制。

积极支持企业主管部门与所属监理企业彻底脱钩，按照各自的定位和职能各司其职；政府或企业主管单位作为企业出资人的，要通过出资人代表，按照法定程序对所投资企业实施产权管理，而不是依靠行政权力对企业日常经营活动、对企业经营管理人员的任免进行干预；政府部门要转变传统的管理方式，对不同所有制企业一视同仁；要由微观管理转向宏观调控，直接管理转向间接管理，将管不了管不好的还权于企业或交由其他建筑中介服务机构承办。按照国家所有、分级管理、授权经营、分工监督的原则，实行国有资产行政管理职能与国有资产经营职能的分离。国有资产管理与运营体系可按国有资产管理委员会—国有资产经营机构—国有资本投资的企业的模式进行改革。国有资产管理机构专司国有资产行政管理职能。监理企业母公司经国有资产管理委员会授权，成为国有资产经营主体，并代表政府履行授权范围内的国有资产所有者职能，监督其国有资产投资的监理企业负责国有资产的保值和增值。监理企业要在清产核资、界定产权、明确产权归属的基础上，明确所有资本的出资人和出资人代表，出资人以投入企业的资本为限，承担有限责任，并依股权比例享有所有者的资产受益、重大决策和选择管理者等权利，不得直接干预企业的生产经营活动。监理企业享有出资者投资形成的全部企业法人财产权，依法享有资产占有、支配、使用和处分权，建立健全企业的激励机制和约束机制。加强对国有资产运营和企业财务状况的监督稽查。要努力提高资本营运效率、保证投资者权益不受侵害，保证国有资产保值、增值。

（六）公司法人治理结构是公司制的核心

企业应依法建立决策机构、执行机构和监督机构，明确股东会、董事会、监事会和经理层的职责，形成各负其责、协调运转、有效制衡的法人治理结构。所有者对企业拥有最终控制权。董事会要维护出资人权益，对股东会负责。董事会对公司的发展目标和重大经营活动做出决策，聘任经营者，并对经营者业绩进行考核和评价。监事会对企业财务和董事、经营者行为进行监督。国有控股监理企业的党委负责人可以通过法定程序进入董事会、监事会。董事会和监事会都要有职工代表参加；董事会、监事会、经理层及工会中的党员负责人，可依照党章及有关规定进入党委会；党委书记和董事长可由一人担任，董事长、总经理原则上应分设。逐步建立适应市场经济要求的企业优胜劣汰、经营者能上能下、人员能进能出、收入能增能减、技术不断创新和国有资产保值、增值的机制。建立与现代企业制度相适应的收入分配制度，要在效率优先、兼顾公平的原则指导下，实行董事会、经理层等成员按照各自职责和贡献取得报酬的办法；企业职工工资水平，由企业根据当地社会平均工资和本企业经济效益决定；企业内部实行按劳分配原则，适当拉开差距，允许和鼓励资本、技术等生产要素参与收益分配。监理企业进行体制转轨和机制转换时，应同时考虑企业结构的调整。

企业结构调整包括经营结构和组织结构调整。经营结构调整目的是化解企业在市场经济中的风险，因此必须解决生产经营多元化的问题，从国际发达和发展国家的企业所走过的发展道路来看，单纯经营某一个产品和从事某一个产业是绝无仅有的，因此在从事监理的同时，还必须开拓其他产业和产品，形成企业产品多样化、产业多元化的产业格局。但是，作为一个监理企业必须突出主业，尤其是支柱监理企业资源向其他行业转移应严格限制，以防止因资源的过度转移而削弱监理行业实力。企业组织结构调整核心问题是解决企业内部经营层、管理层和操作层的结构合理化问题。就单体企业而言，内部各层次、各单位之间应严格按照计划机制实行合理有效配置，避免相互之间按照市场规则产生交易行为，否则可能损害企业作为有机体的内在联系。目前监理企业内部各层次存在严重错位，表现在各层次之间、各岗位之间的职能相互混淆。因此首要是解决层次清晰问题，划清职能、明确定位，形成专业组合，技术互补，以发挥企业整体实力和综合优势。

第二节　验收阶段质量控制与索赔

一、施工索赔的作用

工程索赔的健康开展，对于培育和发展建筑市场，促进建筑业的发展，提高工程建设的效益，将起到非常重要的作用。索赔可以促进双方内部管理，保证合同正确、完全履行。索赔的权利是施工合同法律效力的具体体现，索赔的权利可以对施

工合同的违约行为起到制约作用。索赔有利于促进双方加强内部管理，严格履行合同，有助于双方提高管理素质，加强合同管理，维护市场正常秩序。工程索赔的健康开展，能促使双方迅速掌握索赔和处理索赔的方法和技巧，有利于他们熟悉国际惯例，有助于对外开放，有助于对外承包的展开。工程索赔的健康开展，可使双方依据合同和实际情况实事求是地协商调整工程造价和工期，有助于政府转变职能，并使它从烦琐的调整概算和协调双方关系等微观管理工作中解脱出来。工程索赔的健康开展，把原来打入工程报价的一些不可预见费用，改为按实际发生的损失支付，有助于降低工程报价，使工程造价更加合理。

二、施工索赔的分类

工程项目的施工全过程均存在不确定性风险，因此均可能发生索赔，按其不同角度和立场可将索赔大致分类。

（一）按索赔的当事人分类

承包人向发包人索赔。这类索赔发生量最大，一般是关于工程量计算、工程变更、工期、质量和价款的争议。

承包人同分包人之间的索赔。这类情况大多是分包人因变更或支付等事项向承包人索赔，类似于承包人向发包人索赔。

承包人与供应商之间的索赔。大多因为货物交付拖延，质量、数量不符合合同规定，技术指标不合要求，运输损坏，等等。

承包人向保险公司索赔。因承保事项发生而对承包人造成损害时，承包人可据保单规定向保险公司索赔。

发包人向承包人索赔。这类索赔在国内一般称为“反索赔”。一般是承包人承建项目未达到规定质量标准、工程拖期或安全、环境等原因引起。由于在施工合同当事人双方中因业主有支付价款的主动权，所以此类索赔往往以扣款、扣除保留金、罚款等方式或以履约保函、投标保函等形式处理。

（二）按索赔的起因分类

1. 因合同文件引起的索赔

因合同文件引起的索赔。这类索赔是因合同文件的错误引起的。

合同文件的错误是难免的，这些错误有些是无意的，有些是有意设置的。无意错误的后果可能对业主有益，也可能对承包商有益；而有意设置的错误肯定只对自己有益。这类索赔提醒合同管理人员注意审阅合同文件的每个细节，尤其是组成合同文件的各份文件有无矛盾之处。所以西方有经验的索赔专家认为对于合同管理人员最重要的是“决定什么是错误”。

2. 因变更引起的索赔

工程项目在实施时因业主的经济利益而引起的变更现象是常见的，有些变更对工程价款和工期的影响是显而易见的，因此承包商应该适时地提出索赔。

3. 因赶工引起的索赔

赶工是指承包商不得不在单位时间内投入比原计划更多的人力、物力与财力进行施工，以加快施工进度。当赶工是由于业主或工程师要求所致，则产生了承包商向业主的索赔。

4. 因不利的现场情况索赔

对承包商而言，不可预见的不利现场条件是工程施工中最严重的风险，特别是水文地质条件及其他地下条件。我国的施工合同文本明确规定对现场的地下障碍和文物承包人可据此索赔，而 FIDIC 合同条件也详细规定了此类索赔的条件和内容。

5. 有关付款引起的索赔

有关付款引起的索赔，这部分索赔事件常见于业主付款迟误、业主对工程变更增加费用的低估、业主扣款等事项。

6. 有关拖延引起的索赔

有关拖延引起的索赔，这类拖延常见于业主拖延提供技术资料、工程图纸、验收、材料设备供应等。业主的上述拖延给承包商带来的损失最明显的是工程停顿，然后是工程施工进度放缓。前者最容易确定索赔的范围与数额，后者则最易引起纠纷。

7. 有关错误决定引起的索赔

在工程施工中，业主及工程师的许多决定均在现场做出，这种决定有时是在仓促之间做出的，因此，难免与合同规定会有出入，承包商因此可以向业主提出索赔。当然这种索赔的难点在于保留业主或工程师的决定的证据。即使他们的决定是口头的，也要事后予以书面认证，以备不虞。

（三）按索赔的依据分类

1. 依据合同的索赔

依据合同的索赔，此类索赔的依据可从合同文件中找到，大多数索赔属于此类。

2. 非依据合同的索赔

非依据合同的索赔，索赔的依据难于直接从合同条款中找到，但从整体合同文件或有关法规中能找到依据。此类索赔一般表现为违约赔偿或履约保函的损失等。

3. 道义索赔

道义索赔，此类索赔富有人情味，从合同或法规中找不到索赔的依据，但业主因承包商的努力工作和密切合作的精神而感动，同时承包商认为自己有索赔的道义基础，这时道义索赔往往成功。聪明的业主往往不会拒绝承包商的道义索赔要求，尤其是业主需要在市场上树立某种人文道德形象或需继续与承包商合作时。

三、施工索赔程序

第二版示范文本规定：发包人未能按合同约定履行各项义务或发生错误以及应由发包人承担责任的其他情况，造成工期延误和（或）承包人不能及时得到合同价款及承包人的其他经济损失，承包人可按下列程序以书面形式向发包人索赔。

(1) 索赔事件发生后28天内，向工程师发出索赔意向书；(2) 发生索赔意向书后28天内，向工程师提出延长工期和（或）补偿经济损失的索赔报告及有关资料；(3) 工程师在收到承包人送交的索赔报告和有关资料后，于28天内给予答复，或要求承包人进一步补充索赔理由和证据；(4) 工程师在收到承包人送交的索赔报告和有关资料后28天内未予答复或未对承包人作进一步要求，视为该项索赔已经认可；(5) 当该索赔事件持续进行时，承包人应当阶段性向工程师发出索赔意向，在索赔事件终了后28天内，向工程师送交索赔报告的有关资料和最终索赔报告。索赔答复程序与(3)(4)规定相同。承包人未能按合同约定履行自己的各项义务或发生错误，给发包人造成经济损失，发包人也可按上述程序和时限向承包人提出索赔。

四、索赔证据

在提出索赔要求时，必须提供索赔证据。

（一）索赔证据必须具备真实性

索赔证据必须是在实际实施合同过程中的，完全反映实际情况，能经得住对方推敲。由于在合同实施过程中业主和承包商都在进行合同管理，收集有关资料，所以双方应有内容相同的证据。证据不真实、虚假的证据是违反法律和职业道德的。

（二）索赔证据必须具有全面性

索赔方所提供的证据应能说明事件的全过程。索赔报告中所涉及的问题都有相应的证据，不能零乱和支离破碎。否则对方可退回索赔报告，要求重新补充证据，这样会拖延索赔的解决，对索赔方不利。

(三) 索赔证据必须符合特定条件

索赔证据必须是索赔事件发生时的书面文件。一切口头承诺、口头协议均无效。更改合同的协议必须由业主、承包商双方签署，或以会议纪要的形式确定，且为决定性的决议。一切商讨性、意向性的意见或建议均不应算作有效的索赔证据。施工合同履行过程中的重大事件、特殊情况的记录应由业主或工程师签署认可。

(四) 索赔证据必须具备及时性

索赔证据是施工过程中的记录或对施工合同履行过程中有关活动的认可，通常，后补的索赔证据很难被对方认可。

五、索赔的依据

以下文件、法规、资料均可作为索赔的依据。

(1) 招标文件、施工合同文本及附件，其他各种签约 (如备忘录、修正案等)，经认可的工程实施计划、各种工程图纸、技术规范等。这些索赔的依据可在索赔报告中直接引用。(2) 双方的往来信件。(3) 各种会谈纪要。在施工合同履行过程中，业主、工程师和承包商定期或不定期的会谈所做出的决议或决定，是施工合同的补充，应作为施工合同的组成部分，但会谈纪要只有经过各方签署后才可作为索赔的依据。(4) 施工进度计划和具体的施工进度安排。施工进度计划和具体的施工进度安排是工程变更索赔的重要证据。(5) 施工现场的有关文件。如施工记录、施工备忘录、施工日报、工长或检查员的工作日记、工程师填写的施工记录等。(6) 工程照片。照片可以清楚、直观地反映工程具体情况，照片上应注明日期。(7) 气象资料，工程检查验收报告和各种技术鉴定报告。(8) 工程中送 (停) 电、送 (停) 水、道路开通和封闭的记录和证明。(9) 官方的物价指数、工资指数。各种会计核算资料。(10) 建筑材料的采购、订货、运输、进场、使用方面的凭据，国家有关法律、法令、政策文件。

六、工程师对索赔文件的处理

索赔文件送达工程师后，工程师应根据索赔额的大小以及对其权限进行判断。若在工程师的权限范围之内，则工程师可自行处理；若超出工程师的权限范围则应呈发包人处理。《建设工程施工合同》示范文本规定：工程师接到索赔通知后 28 天内给予批准，或要求承包人进一步补充索赔理由和证据；工程师在 28 天内未予答复，应视为该项索赔已经认可。因此，工程师应充分考虑这种时限要求，尽快审议研究索赔文件。有时，为了赢得足够的时间，工程师可先行对索赔文件提出质疑，

待承包人答复后再行处理。工程师往往会从以下方面对索赔报告提出质疑。

（1）索赔事件不属于发包人的责任；（2）发包人和承包人共同负有责任，要求承包人划分责任，并证明双方的责任大小；（3）索赔事实依据不足；（4）合同中的免责条款已免除了发包人的责任；（5）承包人以前已放弃了索赔要求；（6）索赔事件属于不可抗力事件；（7）索赔事件发生后，承包人未能采取有效措施减小损失；（8）损失计算被不适当地夸大。

工程师对上述八个方面提出质疑时，也要出示部分证据，以证明质疑的合理合法性。

第三节 工程质量管理措施与目标

一、工程质量管理

工程质量管理是指为保证和提高工程质量，运用一整套质量管理体系、手段和方法所进行的系统管理活动。广义的工程质量管理，泛指建设全过程的质量管理。其管理的范围贯穿于工程建设的决策、勘察、设计、施工的全过程。一般意义的质量管理，指的是工程施工阶段的管理。它从系统理论出发，把工程质量形成的过程作为整体，全世界许多国家对工程质量的要求，均以正确的设计文件为依据，结合专业技术、经营管理和数理统计，建立一整套施工质量保证体系，才能投入生产和交付使用，用最经济的手段，合乎质量标准、科学的方法，对影响工程质量的各种因素进行综合治理，建成符合标准、用户满意的工程项目。工程项目建设，工程质量管理，要求把质量问题消灭在它的形成过程中，工程质量好与坏，以预防为主，手续完整。并以全过程多环节致力于质量的提高。这就是要把工程质量管理的重点由以事后检查把关为主变为预防、改正为主，组织施工要制定科学的施工组织设计，从管结果变为管因素，把影响质量的诸因素查找出来，发动全员、全过程、多部门参加，依靠科学理论、程序、方法，参加施工人员均不应发生重大伤亡事故，使工程建设全过程都处于受控制状态。

二、工程质量管理的措施

工程质量管理关键是在保证设计质量的前提下，降低成本，以实现计划规定的指标，加强施工过程的质量控制，节约材料和能源。建立施工质量保证体系由三个基本部分组成。

(一) 施工准备阶段的质量管理

施工准备阶段的质量管理主要包括：图纸的审查，施工组织设计的编制，材料和预制构件、半成品的检验，施工机械设备的检修，等等。

(二) 施工过程中的质量管理

施工过程是控制质量的主要阶段，这一阶段的质量管理工作主要有：做好施工的技术交底，监督按照设计图纸和规范、规程施工；进行施工质量检查和验收；质量活动分析和实现文明施工。

(三) 工程投产使用阶段的质量管理

这一过程是检验工程实际质量的过程，是工程质量的归宿点。投产使用阶段的质量管理有两项：一是及时回访。对已完工程进行调查，将发现的质量缺陷及时反馈，不停地运转，为日后改进施工质量管理提供信息。二是实行保修制度。建立质量保证体系后，依次还有更小的管理循环，还应使其按科学方法运转，而每个环节的各部分又都有各自的 PDCA 循环，才能达到保证和提高建设工程质量的目的。

工程质量保证体系运转的基本方式是按照计划—实施—检查—处理（PDCA）的管理循环周而复始地运转。它把建设工程形成的多环节的质量管理有机地联系起来，构成一个大循环，才能达到保证和提高建设工程质量的目的。而每个环节的各部分又都有各自的 PDCA 循环，依次还有更小的管理循环，直至落实到班组、个人，从而形成一个大环套小环的综合循环体系，为日后改进施工质量管理提供信息。不停地运转，每运转一次，便对已完工程进行调查，质量便提高一步。管理循环不停运转，质量水平也就随之不断提高。

三、工程质量管理的目标和意义

目标是使工程建设质量达到全优。在中国，称之为全优工程。即质量好、工期短、消耗低、经济效益高、施工文明和符合安全标准。施工过程是控制质量的主要阶段，全优工程的具体检查评定标准包括以下六个方面。

(1) 达到国家颁发的施工验收规范的规定和质量检验评定标准的质量优良标准。(2) 必须按期和提前竣工，交工符合国家规定。材料和预制构件、半成品的检验，凡甲乙双方签订合同者，以合同规定的单位工程竣工日期为准；未签订合同的工程，主要包括：图纸的审查，以地区主管部门有关建筑安装工程工期定额为准。(3) 工效必须达到全国统一劳动定额，材料和能源要有节约，降低成本要实现计划规定的指标。(4) 严格执行安全操作规程，使工程建设全过程都处于受控制状态。参加施工人员均不应发生重大伤亡事故。(5) 坚持文明施工，保持现场整洁，把影响质量的诸因素查找出来，做到工完场清。组织施工要制定科学的施工组织设计，施工现场应达到场容管理规定要求。(6) 各项经济技术资料齐全，手续完整。工程质量的好与坏，是一个根本性的问题。工程项目建设，投资大，建成及使用时期长，只有合乎质量标准，才能投入生产和交付使用，发挥投资效益，结合专业技术、经营管理和数理统计，满足社会需要。

四、监理工程师对建筑钢筋分项工程的质量控制

钢筋分项工程是结构安全的主要分项工程，因此对整个工程来说钢筋分项工程是重中之重。作为工程现场的监理工程师，钢筋分项工程的质量则是监理工作的重点之一。钢筋作为“双控”的材料，钢筋进场时，应按现行国家标准规定取试件做力学性能检验，其质量必须符合有关标准规定，因此钢筋原材料进场检查验收应注意：钢筋进场时，作为监理工程师，应该将钢筋出厂质保资料与钢筋炉批号铁牌相对照，看是否相符。注意每一捆钢筋均要有铁牌，还要注意出厂质保资料上的数量是否大于进场数量，否则应不予进场，从而杜绝假冒钢筋进场且用上工程。钢筋进场后，应按同一牌号、同一规格、同一炉号、每批重量不大于 60 t 取一组。也允许由同一冶炼方法、同一浇铸方法的不同炉罐号组合混合批，但各炉罐号碳含量之差不大于 0.02%、锰含量之差不大于 0.15%、每批重量不大于 60 t 取样一组。从而比较合理地对进场钢筋进行试验，使合格的钢筋用在工程上。现场监理工程师往往不重视对钢筋加工过程的控制，而是等到钢筋现场安装完成后，方对钢筋加工的质量进行验收，因此往往出现由于钢筋加工不符合要求而导致返工，这样不但造成浪费而且影响进度，对工期非常不利。因此作为专业监理工程师，应经常深入钢筋加工现场了解钢筋加工质量，并注意检查以下内容。

(一) 钢筋的弯钩和弯折应符合下列规定

第一，Ⅰ级钢筋末端应做 180° 弯钩，其弯弧内直径不应小于钢筋直径的 2.5 倍，弯钩的弯后平直部分长度不应小于钢筋直径的 3 倍。

第二，当设计要求末端做 135° 弯钩时，Ⅱ级和Ⅲ级钢筋的弯弧内直径不应小于钢筋直径的 4 倍，弯钩的弯后平直部分长度应符合设计要求。

第三，钢筋做不大于 90° 的弯折时，弯折处的弯弧内直径不应小于钢筋直径的 5 倍。

(二) 箍筋加工的控制

第一，箍筋的末端应做弯钩，除了注意检查弯钩的弯弧内直径外，要注意弯钩的弯后平直部分长度应符合设计要求，如设计无具体要求，一般结构不宜小于 5 d；对有抗震设防要求的，不应小于 10 d（d 为箍筋直径）。

第二，对有抗震设防要求的结构，箍筋弯钩的弯折角度应为 135°。

第三，当钢筋调直采用冷拉方法时，应严格控制冷拉率，对 HPB235 级钢筋的冷拉率不宜大于 4%; HRB335 级、HRB400 级和 RRH400 级钢筋的冷拉率不宜大于 1%。

第四，在钢筋加工过程中，如果发现钢筋脆断或力学性能显著不正常等现象时，专业监理工程师应特别关注，并对该批钢筋进行化学成分检验或其他专项检验。

(三) 对钢筋连接的控制

钢筋连接方式主要有绑扎搭接、焊接、机械连接三种方式。绑扎搭接要注意相邻搭接接头连接距离 L=1.3L。焊接、机械连接首先当然是检查操作工是否持证上岗，这是保证质量的首要条件。钢筋焊接方面钢筋焊接形式有很多种，主要有：电阻点焊、闪光对焊、电弧焊、电渣压力焊、气压焊、预埋件埋弧压力焊。正式焊接之前，参与该项施焊的焊工应进行现场条件下的试焊，并经试验合格后，方可正式生产。试验结果应符合质量检验与验收要求。该条款为强制性条文，因此作为监理工程师应督促施工单位严格执行，尽量避免返工而造成浪费和影响工期。设计焊接接头位置时应注意：钢筋的接头宜设置在受力较小处。同一纵向受力钢筋不宜设置两个或两个以上接头。接头末端至钢筋弯起点的距离不应小于钢筋直径的 10 倍。在同一构件内的接头要互相错开。同一连接区段内，纵向受力钢筋的接头面积百分率应符合设计要求。当设计无具体要求时，应符合下列规定：受拉区不宜大于 50%；接头不宜设置在有抗震设防要求的框架梁端、柱端的箍筋加密区；直接承受动力荷载的结构件中，不宜采用焊接接头。焊接接头的位置设置非常重要，否则安装完成后在验收时才发现问题，将会造成人力、物力的浪费，并且影响工期。

(四) 焊接操作的控制

督促操作人员严格按各种不同类型的操作规程操作。下面介绍钢筋点弧焊、电渣压力焊、闪光对焊施工过程中应注意的几点问题：电弧焊包括帮条焊、搭接焊、剖口焊、窄间隙焊和熔槽帮条焊五种接头形式，焊接时，应注意：

第一，根据钢筋牌号、直径、接头形式和焊接位置正确选择焊条、焊接工艺和焊接参数，特别是焊条的选用；

第二，焊接时，不得烧伤主筋；

第三，焊接地线与钢筋应接触紧密；

第四，焊接过程中应及时清渣，焊缝表面光滑，焊缝余高应平缓过渡，弧坑应填满；

第五，检查焊接高度是否达到设计要求；

第六，检查焊接件是否有夹渣、气泡等缺陷，如果缺陷严重，应取样试验，合格后方可安装并要求改善焊接工艺，消除不良现象。

电渣压力焊应注意：

第一，电渣压力焊只是适用于现浇混凝土结构中竖向或斜向（倾斜度在4∶1范围内）钢筋的连接，不得在竖向焊接后横置于梁、板等构件中做水平钢筋用。出现这种情况可能是由于某些部位的柱或剪力墙进行电渣压力焊后，因设计变更，需更换钢筋，现场工人将该焊接加钢筋改用作梁、板筋造成，作为监理工程师应特别注意。

第二，根据所焊钢筋直径选定焊机容量，调整好电流量。

第三，焊接过程中，应根据有关电渣压力焊焊接参数控制电流、焊接电压和通电时间，这是焊接成败的关键。

第四，检查四周焊包凸出钢筋表面的高度不得小于4 mm，否则返工。

第五，督促焊工在焊接过程中应进行自检，当发现偏心、弯折、烧伤等焊接缺陷时，应查找原因和采取措施，及时消除。

（五）焊接接头的质量

检验与验收钢筋焊接接头应按检验批进行质量检验与验收，质量检验时，应包括外观检查和力学性能检验。现场监理工程师往往比较重视力学性能检验而忽视了外观检查工作，应重视外观检查。力学性能检验应在接头外观检查合格后，在现场随机抽取试件进行试验，试验合格后方可同意安装。钢筋安装完成后，尚应认真检查同一连接区段内，纵向受力钢筋的接头面百分率是否符合要求，这是焊接最容易出现问题的地方，应重点检查。

（六）接头的施工现场

检验与验收钢筋连接开始前及施工过程中，应对每批进场钢筋进行接头工艺检验。必须根据有关规范要求按验收批在现场随机截取三个接头试件做抗拉强度试验（在监理人员见证下，随机取样），试验合格后，方可同意安装。对于抽检不合格的接头验收批，应由建设单位会同设计单位等有关方研究后提出处理方案。钢筋安装是钢筋分项工程质量控制的重点。钢筋安装时，受力钢筋的品种、级别、规格和数量必须符合设计要求，作为现场监理工程师也是必须重点检查的方面，钢筋安装最容易出现的问题有：

钢筋直径、数量和长度错误。梁支座负筋漏放；剪力墙暗柱漏放拉钩；梁支座负钢筋上排不足1/3；二排不足1/4。钢筋锚固长度不够，框架梁锚入柱长度不够；应特别注意屋面框架梁和边柱的锚固构造，而有些工程设置转换层处的框支梁锚入柱内的构造也应在检查中重视。悬挑部分的钢筋不到位，悬挑部分的钢筋安装则是钢筋检查的重点，在悬挑梁的检查中经常发现悬挑梁上排和下排钢筋不到边；第二排钢筋不足0.75；悬挑梁面筋锚固长度不够；设计要求有鸭筋，也应注意检查；而悬挑板钢筋也应保证足够的高度。钢筋保护层厚度不符合要求。钢筋保护层厚度不符合要求，这可能影响到结构构件的承载力和耐久性。作为监理工程师，验收时应注意检查。梁、底板钢筋必须垫放厚度符合要求且足够数量的钢筋垫块。施工现场经常发现工人将梁的垫块用作板筋的垫块，而将板筋的垫块用作梁的垫块，并且垫块强度不够，容易被钢筋压碎，甚至不放置垫块等现象，作为监理工程师应注意检查。另外，板的负筋虽然验收时安装到位，但在混凝土浇筑时被踩下，造成负筋保护层过厚，负筋不能发挥最大的作用，引起板裂，这其中的原因有部分是负筋支撑架数量不足造成的（当然混凝土施工时工人不注意踩乱，有没有钢筋工跟班修整也是造成上述问题的原因，因此要求钢筋工也要跟班修整），应注意检查负筋支撑的数量。

五、主体结构工程质量控制

（一）钢筋混凝土工程的检查

1. 模板工程

（1）施工前应编制详细的施工方案；（2）施工过程中检查：施工方案是否可行，模板的强度、刚度、稳定性、支承面积、防水、防冻、平整度、几何尺寸、拼缝、隔离剂及涂刷、平面位置及垂直度、预埋件及预留孔洞等是否符合设计和规范要求，并控制好拆模时混凝土的强度和拆模顺序。重要结构构件模板支拆，还应检查拆膜方案的计算方法。

2. 钢筋工程

钢筋分项工程质量控制包括钢筋进场检验、钢筋加工、钢筋连接、钢筋安装等一系列检验。施工过程重点检查：原材料进场合格证和复试报告、成型加工质量、钢筋连接试验报告及操作者合格证，钢筋安装质量，预埋件的规格、数量、位置及锚固长度，箍筋间距、数量及其弯钩角度和平直长度。验收合格并按有关规定填写

“钢筋隐蔽工程检查记录”后，方可浇筑混凝土。

3. 混凝土工程

（1）检查混凝土主要组成材料的合格证及复试报告、配合比、搅拌质量、坍落度、冬施浇筑的入模温度、现场混凝土试块、现场混凝土浇筑工艺及方法、养护方法及时间、后浇带的留置和处理等是否符合设计和规范要求；（2）混凝土的实体检测：检测混凝土的强度、钢筋保护层厚度等，检测方法主要有破损法检测和非破损法检测（仪器检测）两类。

4. 钢筋混凝土构件安装工程

施工中质量控制重点检查：构件的合格证或强度及型号、位置、标高、构件中心线位置、吊点、临时加固措施、起吊方式及角度、垂直度、接头焊接及接缝，灌浆用细石混凝土原材料合格证及复试报告、配合比、坍落度、现场留置试块强度，灌浆的密实度等是否符合设计和规范要求。

5. 预应力钢筋混凝土工程

应检查预应力筋张拉机具设备及仪表，预应力筋，预应力筋锚具、夹具和连接器，预留孔道，预应力筋张拉与放张，灌浆及封锚等是否符合要求。

（二）砌体工程的检查

第一，主要对砌体材料的品种、规格、型号、级别、数量、几何尺寸、外观状况及产品的合格证、性能检测报告等进行检查，对块材、水泥、钢筋、外加剂等应检查产品的进场复验报告。

第二，主要检查砌筑砂浆的配合比、计量、搅拌质量（包括稠度、保水性等）、试块（包括制作、数量、养护和试块强度等）等。

第三，主要检查砌体的砌筑方法、皮数杆、灰缝（包括：宽度、瞎缝、假缝、透明缝、通缝等）、砂浆强度、砂浆保满度、砂浆黏结状况、留槎、接槎、洞口、马牙槎、脚手眼标高、轴线位置、平整度、垂直度、封顶及砌体中钢筋品种、规格、数量、位置、几何尺寸、接头等。

第四，对于混凝土小型空心砌块、轻骨料混凝土小型空心砌块、蒸压加气混凝土砌块等，检查产品龄期，超过28d的方可使用。

（三）钢结构工程的检查与检验

第一，主要检查钢材、钢铸件、焊接材料、连接用紧固标准件、焊接球、螺栓球、封板锥头、套筒和涂装材料等的品种、规格、型号、级别、数量、几何尺寸、外观状况及产品质量的合格证明文件、中文标志和检验报告等。进口钢材、混批钢材、重要钢结构主要是受力构件钢材和焊接材料、高强螺栓等尚应检查复验报告。

第二，钢结构焊接工程中主要检查焊工合格证及其认可范围、有效期，焊接材料质量证明书、烘焙记录、存放状况、与母材的匹配情况，焊缝尺寸、缺陷、热处理记录、工艺试验报告等。

第三，紧固件连接工程中主要检查紧固件和连接钢材的品种、规格、型号、级别、尺寸、外观及匹配情况，普通螺栓的拧紧顺序、拧紧情况、外露丝扣，高强度螺栓连接摩擦面抗滑移系数试验报告和复验报告、扭矩扳手标定记录、紧固顺序、转角或扭矩、螺栓外露丝扣等。

第四，主要检查钢零件及钢部件的钢材切割面或剪切面的平面度、割纹和缺口的深度、边缘缺棱、型钢端部垂直度、构件几何尺寸偏差、矫正工艺和温度、弯曲加工及其间隙、刨边允许偏差和粗糙度、螺栓孔质量、管和球的加工质量等。

第五，主要检查钢结构零件及部件的制作质量、地脚螺栓及预留孔情况、安装平面轴线位置、标高、垂直度、平面弯曲、单元拼接长度与整体长度、支座中心偏移与高差、钢结构安装完成后环境影响造成的自然变形、节点平面紧贴的情况、垫铁的位置及数量等。

六、防水工程质量控制

(一) 屋面防水工程检查与检验

1. 卷材防水工程

卷材防水工程主要检查所用卷材及其配套材料的出厂合格证、质量检验报告和现场抽样复验报告、卷材与配套材料的相容性、分包队伍的施工资质、作业人员的上岗证、基层状况、卷材铺贴方向及顺序、附加层、搭接长度及搭接缝位置、泛水的高度、女儿墙压顶的坡向及坡度、玛脂试验报告单、细部构造处理、排气孔设置、防水保护层、缺陷情况、隐蔽工程验收记录等。施工完成后检验屋面卷材防水层的整体施工质量效果。

2. 涂膜防水工程

涂膜防水工程主要检查所用防水涂料和胎体增强材料的出厂合格证、质量检验报告和现场抽样复验报告、分包队伍的施工资质、作业人员的上岗证、基层状况、胎体增强材料铺设的方向及顺序、涂膜层数和厚度、附加层、搭接长度及搭接缝位置、泛水的高度、女儿墙压顶的坡向及坡度、细部构造处理、排气孔设置、防水保护层、缺陷情况、隐蔽工程验收记录等是否符合设计和规范要求。施工完成后检验屋面涂膜防水层的整体施工质量效果。

(二) 地下防水工程检查与检验

防水混凝土结构工程主要检查防水混凝土原材料的出厂合格证、质量检验报告、现场抽样试验报告、配合比、计量、坍落度、模板及支撑、混凝土的浇筑和养护、施工缝或后浇带及预埋件(套管)的处理、止水带(条)等的预埋、试块的制作和养护、防水混凝土的抗压强度和抗渗性能试验报告、隐蔽工程验收记录、质量缺陷情况和处理记录等。

七、建筑幕墙工程质量控制

(一) 建筑幕墙工程主要的物理性能检测

三性试验：建筑幕墙的风压变形性能、气密性能、水密性能的检测报告(规范要求工程竣工验收时提供)。

“三性试验”的时间，应在幕墙工程构件大批量制作、安装前完成。

“三性试验”检测试件的材质、构造、安装施工方法应与实际工程相同。

幕墙性能检测中，允许在改进安装工艺、修补缺陷后，对安装缺陷使某项性能未达到规定要求时重新检测。

检测报告中应叙述改进的内容，幕墙工程施工时应按改进后的安装工艺实施；由于设计或材料缺陷导致幕墙检测性能未达到规定值域时，应停止检测。修改设计或更换材料后，重新制作试件，另行检测。

(二) 主要材料现场检验及性能复验

注意主要材料、半成品、成品、建筑构配件、器具和设备的现场验收的抽取方法和比例；注意金属与石材幕墙构件、铝合金型材、钢材、玻璃、密封胶等主要材料现场检验及性能复验。

第四节　施工阶段质量控制

一、技术交底

按照工程重要程度，单位工程开工前，应由企业或项目技术负责人组织全面的技术交底。工程复杂、工期长的工程可按基础、结构、装修几个阶段分别组织技术交底。各分项工程施工前，应由项目技术负责人向参加该项目施工的所有班组和配合工种进行交底。交底内容包括图纸交底、施工组织设计交底、分项工程技术交底和安全交底等。通过交底明确对轴线、尺寸、标高、预留孔洞、预埋件、材料规格及配合比等要求，明确工序搭接、工种配合、施工方法、进度等施工安排，明确质量、安全、节约措施。交底的形式除书面、口头外，必要时还可采用样板、示范操作等。

二、测量控制

对于给定的原始基准点、基准线和参考标高等的测量控制点应做好复核工作，经审核批准后，才能据此进行准确的测量放线。准确地测定与保护好场地平面控制网和主轴线的桩位，是整个场地内建筑物、构筑物定位的依据，是保证整个施工测量精度和顺利进行施工的基础。因此，在复测施工测量控制网时，应抽检建筑方格网。控制高程的水准网点以及标桩埋设位置等。

(一) 建筑定位测量复核

第一，建筑定位就是把房屋外廓的轴线交点标定在地面上，然后根据这些交点测设房屋的细部。

第二，基础施工测量复核：包括基础开挖前，对所放灰线的复核，以及当基槽挖到一定深度后，在槽壁上所设的水平桩的复核。

第三，皮数杆检测：当基础与墙体用砖砌筑时，为控制基及墙体标高，要设置皮数杆。因此，对皮数杆的设置要检测。

第四，楼层轴线检测：在多层建筑墙身砌筑过程中，为保证建筑物轴线位置正确，在每层楼板中心线均测设长线1～2条、短线2～3条。轴线经校核合格后，方可开始该层的施工。

第五，楼层间高层传递检测：多层建筑施工中，要由下层楼板向上层传递标高，以便使楼板、门窗、室内装修等工程的标高符合设计要求。标高经校核合格后，方可施工。

(二) 工业建筑的测量复核

第一，工业厂房控制网测量由于工业厂房规模较大，设备复杂，因此要求厂房内部各柱列轴线及设备基础轴线之间的相互位置应具有较高的精度。有些厂房在现场还要进行预制构件安装，为保证各构件之间的相互位置符合设计要求，必须对厂房主轴线、矩形控制网柱列轴线进行复核。

第二，柱基施工测量：包括基础定位、基坑放线与抄平、基础模板定位等。

第三，柱子安装测量：为保证柱子的平面位置和高程安装符合要求，应对杯口中心投点和杯底标高进行检查，还应进行柱长检查与杯底调整。柱子插入杯口后，要进行竖直校正。

第四，吊车梁安装测量，主要是保证吊车梁中心位置和梁面标高满足设计要求。因此，在吊车梁安装前应检查吊车梁中心线位置、梁面标高及牛腿顶面标高是否正确。

第五，设备基础与预埋螺栓检测：设备基础施工程序有两种：一种是在厂房柱基和厂房部分建成后才进行设备基础施工；另一种是厂房柱基与设备基础同时施工。如按前一种程序施工，应在厂房墙体施工前布设一个内控制网，作为设备基础施工和设备安装放线的依据。

如按后一种程序施工，则将设备基础主要中心线的端点测设在厂房控制网上。当设备基础支模板或预埋地脚螺栓时，局部架设木线板或铜线板，以测设螺栓组中心线。由于大型设备基础中心线较多，为防止产生错误，在定位前应绘制中心线测设图，并将全部中心线及地脚螺栓组中心线统一编号标注于图上。为使地脚螺栓的位置及标高符合设计要求，必须绘制地脚螺栓图，并附地脚螺栓标高表，注明螺栓号码、数量、螺栓标高和混凝土面标高。上述各项工作，在施工前必须进行检测。高层建筑侧重复核高层建筑的场地控制测量、基础以上的平面与高程控制与一般民用建筑测量相同，应特别重视建筑物垂直度及施工过程中沉降变形的检测。对高层建筑垂直度的偏差必须严格控制，不得超过规定的要求。高层建筑施工中，需要定期进行沉降变形观测，以便及时发现问题，采取措施，确保建筑物安全使用。

三、材料控制

对供货方质量保证能力进行评定原则包括：材料供应的表现状况，如材料质量、交货期等；供货方质量管理体系对于按要求如期提供产品的保证能力；供货方的顾客满意程度；供货方交付材料之后的服务和支持能力；其他如价格、履约能力等。建立材料管理制度，减少材料损失、变质对材料的采购、加工、运输、贮存建立管理制度，可加快材料的周转，减少材料占用量，避免材料损失、变质，按质、按量、按期满足工程项目的需要，进入施工现场的原材料、半成品、构配件要按型号、品种分区堆放，予以标识；对有防湿、防潮要求的材料，要有防雨防潮措施，并有标识。对容易损坏的材料、设备，要做好防护；对有保质期要求的材料，要定期检查，以防过期，并做好标志，标志应具有可追溯性，即应标明其规格、产地、日期、批号、加工过程、安装交付后的分布和场所。用于工程的主要材料要加强材料检查验收。进场时应有出厂合格证和材质化验单；凡标志不清或认为质量有问题的材料，需要进行追踪检验，以确保质量；凡未经检验和已经验证为不合格的原材料、半成品、构配件和工程设备不能投入使用。发包人所提供的原材料、半成品、构配件和设备用于工程时，项目组织应对其做出专门的标志，接收时进行验证，贮存或使用时给予保护和维护，并得到正确的使用。

上述材料经验证不合格，不得用于工程。发包人有责任提供合格的原材料、半成品、构配件和设备。材料质量抽样和检验方法应按规定的部位、数量及采选的操作要求进行。材料质量的检验项目分为一般试验项目和其他试验项目，一般项目即通常进行的试验项目，其他试验项目是根据需要而进行的试验项目。材料质量检验方法有书面检验、外观检验、理化检验和无损检验等。

四、机械设备控制

施工项目上所使用的机械设备应根据项目特点及工程量，按必要性、可能性和经济性的原则确定其使用形式。机械设备的使用形式包括：自行采购、租赁、机械施工承包和调配等。

(一) 自行采购

根据项目及施工工艺特点和技术发展趋势，确有必要时才自行购置机械设备。应使所购置机械设备在项目上达到较高的机械利用率和经济效果，否则采用其他使用形式。

(二) 租赁

某些大型、专用的特殊机械设备，如果项目自行采购在经济上不合理时，可从机械设备供应站(租赁站)，以租赁方式承租使用。

(三) 机械施工承包

某些操作复杂、工程量较大或要求人与机械密切配合的机械，如大型网架安装、高层钢结构吊装，可由专业机械化施工公司承包。

(四) 调配

一些常用机械，可由项目所在企业调配使用。究竟采用何种使用形式，应通过技术经济分析来确定。使用机械设备，正确地进行操作，是保证项目施工质量的重要环节。

应贯彻人机固定原则，实行定机、定人、定岗位责任的“三定”制度。要合理划分施工段，组织好机械设备的流水施工。当一个项目有多个单位工程时，应使机械在单位工程之间流水作业，减少进出场时间和装卸费用。搞好机械设备的综合利用，尽量做到一机多用，充分发挥其效率。要使现场环境、施工平面布置适合机械作业要求，为机械设备的施工创造良好条件。为了保持机械设备的良好技术状态，提高设备运转的可靠性和生产的安全性，减少零件的磨损，延长使用寿命，降低消耗、提高机械施工的经济效益，应做好机械设备的保养。保养分为例行保养和强制保养。例行保养的主要是：保持机械设备的清洁、检查运转情况、防止设备腐蚀、按技术要求润滑等。强制保养是按照一定周期和内容分级进行保养。对机械设备的维修可以保证机械的使用效率，延长使用寿命。机械设备修理是对机械设备的自然损耗进行修复。排除机械运行的故障，对损坏的零部件进行更换、修复。

五、计量控制

施工中的计量工作，包括施工生产时的投料计量、施工生产过程中的监测计量和对项目、产品或过程的测试、检验、分析计量等。计量工作的主要任务是统一计量单位制度，组织量值传递，保证量值的统一。这些工作有利于控制施工生产工艺过程、促进施工生产技术的发展、提高工程项目的质量。因此，计量是保证工程项目质量的重要手段和方法，亦是施工项目开展质量管理的一项重要基础工作。

六、工序控制

工序亦称“作业”。工序是产品制造过程的基本环节，也是组织生产过程的基本单位。一道工序，是指一个（或一组）工人在一个工作地对一个（或几个）劳动对象（工程、产品、构配件）所完成的一切连续活动的总和。工序质量是指工序过程的质量。对于现场工人来说，工作质量通常表现为工序质量，一般来说，工序质量是指工序的成果符合设计、工艺（技术标准）要求的程序。人、机器、原材料、方法、环境五种因素对工程质量有不同程度的直接影响。在施工过程中，测得的工序特性数据是有波动的，产生波动的原因有两种，因此，波动也分为两类。一类是操作人员在相同的技术条件下，按照工艺标准去做，可是不同的产品却存在波动。这种波动在目前的技术条件下还不能控制，在科学上是由无数类似的原因引起的，所以称为偶然因素，如构件允许范围内的尺寸误差、季节气候的变化、机具的正常磨损等。另一类是在施工过程中发生了异常现象，如不遵守工艺标准，违反操作规程、机械、设备发生故障，仪器、仪表失灵等，这类因素称为异常因素。这类因素经有关人员共同努力，在技术上是可以避免的。工序管理就是去分析和发现影响施工中每道工序质量的这两类因素中影响质量的异常因素，并采取相应的技术和管理措施，使这些因素被控制在允许的范围内，从而保证每道工序的质量。工序管理的实质是工序质量控制，即使工序处于稳定受控状态。工序质量控制是为把工序质量的波动限制在要求的界限内所进行的质量控制活动。工序质量控制的最终目的是要保证稳定地生产合格产品。具体地说，工序质量控制是使工序质量的波动处于允许的范围之内，一旦超出允许范围，立即对影响工序质量波动的因素进行分析，针对问题，采取必要的组织、技术措施，对工序进行有效的控制，使之保证在允许范围内。工序质量控制的实质是对工序因素的控制，特别是对主导因素的控制。所以，工序质量控制的核心是管理因素，而不是管理结果。

七、特殊过程控制

特殊过程是指该施工过程或工序施工质量不易或不能通过其后的检验和试验而得到充分的验证，或者万一发生质量事故则难以挽救的施工对象。特殊过程是施工质量控制的重点，设置质量控制点就是要根据工程项目的特点，抓住影响工序施工质量的主要因素。

八、质量控制点设置原则

第一，对工程质量形成过程的各个工序进行全面分析，凡对工程的适用性、安全性、可靠性、经济性有直接影响的关键部位均设立控制点，如高层建筑垂直度、预应力张拉、楼面标高控制等。

第二，对下道工序有较大影响的上道工序设立控制点，如砖墙黏结率、墙体混凝土浇捣等。

第三，对质量不稳定、经常容易出现不良产品的工序设立控制点，如阳台地坪、门窗装饰等。

第四，对用户反馈和过去有过返工的不良工序设立控制点，如屋面、油毡铺设等。

第八章　建筑工程项目资源与进度管理

第一节　建筑工程项目资源管理

一、项目资源管理概述

（一）建筑工程项目资源管理的概念

1. 资源

资源，也称为生产要素，是指创造出产品所需要的各种因素，即形成生产力的各种要素。建筑工程项目的资源通常是指投入施工项目的人力资源、材料、机械设备、技术和资金等各要素，是完成施工任务的重要手段，也是建筑工程项目得以实现的重要保证。

(1) 人力资源

人力资源是指在一定时间空间条件下，劳动力数量和质量的总和。劳动力泛指能够从事生产活动的体力和脑力劳动者，是施工活动的主体，是构成生产力的主要因素，也是最活跃的因素，具有主观能动性。

人力资源掌握生产技术，运用劳动手段作用于劳动对象，从而形成生产力。

(2) 材料

材料是指在生产过程中将劳动加于其上的物质资料，具体包括原材料、设备和周转材料等，通过对其进行“改造”形成各种产品。

(3) 机械设备

机械设备是指在生产过程中用以改变或影响劳动对象的一切物质因素，包括机械、设备工具和仪器等。

(4) 技术

技术是指人类在改造自然、改造社会的生产和科学实践中积累的知识、技能、经验及体现它们的劳动资料，包括操作技能、劳动手段、劳动者素质、生产工艺、试验检验、管理程序和方法等。

科学技术是构成生产力的第一要素。科学技术的水平，决定和反映了生产力的水平。科学技术被劳动者所掌握，并且融入劳动对象和劳动手段中，便能形成与科技水平相当的生产力水平。

(5) 资金

在商品生产条件下，进行生产活动，发挥生产力的作用，对劳动对象进行改造，还必须有资金。资金是一定货币和物资的价值总和，是一种流通手段。投入生产的劳动对象、劳动手段和劳动力，只有支付一定的资金才能得到，也只有得到一定的资金，生产者才能将产品销售给用户，并以此维持再生产活动或扩大再生产活动。

2. 建筑工程项目资源管理

建筑工程项目资源管理，是按照建筑工程项目的一次性特点和自身规律，对项目实施过程中所需要的各种资源进行优化配置，实施动态控制，有效利用，以降低资源消耗的系统管理方法。

(二) 建筑工程项目资源管理的内容

建筑工程项目资源管理包括人力资源管理、材料管理、机械设备管理、技术管理和资金管理。

1. 人力资源管理

人力资源管理是指为了实现建筑工程项目的既定目标，采用计划、组织、指挥、监督、协调、控制等有效措施和手段，充分开发和利用项目中人力资源所进行的一系列活动的总称。

2. 材料管理

材料管理是指项目经理部为顺利完成工程项目施工任务而进行的材料计划、订货采购、运输、库存保管、供应加工、使用、回收等一系列组织和管理工作。

材料管理的重点在现场，项目经理部应建立完善的规章制度，厉行节约和减少损耗，力求降低工程成本。

3. 机械设备管理

机械设备管理是指项目经理部根据所承担的具体工作任务，优化选择和配备施工机械，并且合理使用，保养和维修等各项管理工作。机械设备管理包括选择、使用、保养、维修、改造、更新等诸多环节。

机械设备管理的关键是提高机械设备的使用效率和完好率，实行责任制，严格按照操作规程使用机械设备，并对其及时保养和维修。

4. 技术管理

技术管理是指项目经理部运用系统的观点、理论和方法对项目的技术要素与技术活动过程进行计划、组织、监督、控制、协调的全过程管理。

技术要素包括技术人才、技术装备、技术规程、技术资料等；技术活动过程是指技术计划、技术运用、技术评价等。技术作用的发挥，除取决于技术本身的水平外，在很大程度上还依赖于技术管理水平。没有完善的技术管理，先进的技术是难以发挥作用的。

5. 资金管理

资金，从流动过程来讲，首先是投入，即筹集到的资金投入工程项目上；其次是使用，也就是支出。资金管理，也就是财务管理，指项目经理部根据工程项目施工过程中资金流动的规律，编制资金计划，筹集资金，投入资金，资金使用，资金核算与分析等管理工作。进行项目资金管理的目的是保证收入、节约支出、防范风险和提高经济效益。

(三) 建筑工程项目资源管理的意义

建筑工程项目资源管理的最根本意义是通过市场调研，对资源进行合理配置，并在项目管理过程中加强管理，力求以较小的投入，取得较好的经济效益，具体体现在以下几点。

1. 进行资源优化配置

即适时、适量、比例适当、位置适宜地配备或投入资源，以满足工程需要。

2. 进行资源的优化组合

使投入工程项目的各种资源搭配适当，在项目中发挥协调作用，有效地形成生产力，适时、合格地生产出产品（工程）。

3. 进行资源的动态管理

即按照项目的内在规律，有效地计划、组织、协调、控制各种资源，使之在项目中合理流动，在动态中寻求平衡。动态管理的目的和前提是优化配置与组合，动态管理是优化配置和组合的手段与保证。

4. 进行资源的合理使用

在建筑工程项目运行中，合理、节约地使用资源，以降低工程项目成本。

(四) 建筑工程项目资源管理的主要环节

1. 编制资源配置计划

编制资源配置计划的目的，是根据业主需要和合同要求，对各种资源投入量、投入时间、投入步骤做出合理安排，以满足施工项目实施的需要。计划是优化配置和组合的手段。

2. 资源供应

为保证资源的供应，应根据资源配置计划，安排专人负责组织资源的来源，进行优化选择，并投入施工项目，使计划得以实现，保证项目的需要。

3. 节约使用资源

根据各种资源的特性，进行科学配置和组合，协调投入，合理使用，不断纠正偏差，以达到节约资源、降低成本的目的。

4. 对资源使用情况进行核算

通过对资源的投入、使用与产出的情况进行核算，了解资源的投入、使用是否恰当，最终实现节约资源的目的。

5. 进行资源使用效果的分析

一方面对管理效果进行总结，找出经验和问题，评价管理活动；另一方面又为管理提供储备和反馈信息，以指导以后（或下一循环）的管理工作。

二、项目人力资源管理

（一）人力资源优化配置

人力资源优化配置的目的是保证施工项目进度计划的实现，提高劳动力使用效率，降低工程成本。

1. 人力资源配置的要求

（1）数量合适

根据工程量的多少和合理的劳动定额，结合施工工艺和工作面的情况确定劳动者的数量，使劳动者在工作时间内满负荷工作。

（2）结构合理

劳动力在组织中的知识结构、技能结构、年龄结构、体能结构、工种结构等方面，应与所承担的生产任务相适应，以满足施工和管理的需要。

（3）素质匹配

素质匹配是指：劳动者的素质结构与物质形态的技术结构相匹配；劳动者的技能素质与所操作的设备、工艺技术的要求相适应；劳动者的文化程度、业务知识、劳动技能、熟练程度和身体素质等与所承担的生产和管理工作相适应。

2. 人力资源配置的方法

人力资源的高效率使用，关键在于制订合理的人力资源使用计划。企业管理部门应审核项目经理部的进度计划和人力资源需求计划，并做好下列工作。

第一，在人力资源需求计划的基础上编制工种需求计划，防止漏配，必要时根据实际情况对人力资源计划进行调整。

第二，人力资源配置应贯彻节约原则，尽量使用自有资源，若现在的劳动力不能满足要求，项目经理部应向企业申请加配，或在企业授权范围内进行招募，或把任务转包出去；如现有人员或新招收人员在专业技术或素质上不能满足要求，应提前进行培训，再上岗作业。

第三，人力资源配置应有弹性，让班组有超额完成指标的可能，激发工人的劳动积极性。

第四，尽量使项目中配备的人力资源在组织上保持稳定，防止频繁变动。

第五，为保证作业需要，工种组合、能力搭配应适当。

第六，应使人力资源均衡配置以便于管理，达到节约的目的。

3. 劳动力的组织形式

企业内部的劳务承包队，是按作业分工组成的，根据签订的劳务合同可以承包项目经理部所辖的一部分或全部工程的劳务作业任务。其职责是接受企业管理层的派遣，承包工程，进行内部核算，并负责职工培训、思想工作、生活服务、支付工人劳动报酬等。

(1) 专业班组

即按施工工艺由同一工种（专业）的工人组成的班组。专业班组只完成其专业范围内的施工过程。这种组织形式有利于提高专业施工水平，提高劳动熟练程度和劳动效率，但各工种之间协作配合难度较大。

(2) 混合班组

即按产品专业化的要求由相互联系的多工种工人组成的综合性班组。工人在一个集体中可以打破工种界限，混合作业，有利于协作配合，但不利于专业技能及操作水平的提高。

(3) 大包队

大包队实际上是扩大了的专业班组或混合班组，适用于一个单位工程或分部工程的综合作业承包，队内还可以划分专业班组。优点是可以进行综合承包，独立施工能力强，有利于协作配合，简化了项目经理部的管理工作。

(二) 劳务分包合同

项目所使用的人力资源无论是来自企业内部还是外部，均应通过劳务分包合同进行管理。

劳务分包合同是委托和承接劳动任务的法律依据，是签约双方履行义务、享受权利及解决争议的依据，也是工程顺利实施的保障。劳务分包合同的内容应包括工程名称、工作内容及范围，提供劳务人员的数量、合同工期、合同价款及确定原则，合同价款的结算和支付，安全施工，重大伤亡及其他安全事故处理，工程质量、验收与保修，工期延误，文明施工，材料机具供应，文物保护，发包人、承包人的权利和义务，违约责任等。

劳务合同通常有两种形式：一是按施工预算中的清工承包；二是按施工预算或投标价承包。一般根据工程任务的特点与性质选择合同形式。

（三）人力资源动态管理

人力资源的动态管理是指根据项目生产任务和施工条件的变化对人力需求和使用进行跟踪平衡、协调，以解决劳务失衡、劳务与生产脱节的动态过程，其目的是实现人力动态的优化组合。

1. 人力资源动态管理的原则

第一，以建筑工程项目的进度计划和劳务合同为依据；

第二，始终以劳动力市场为依托，允许人力在市场内充分合理地流动；

第三，以企业内部劳务的动态平衡和日常调度为手段；

第四，以达到人力资源的优化组合和充分调动作业人员的积极性为目的。

2. 项目经理部在人力资源动态管理中的责任

为了提高劳动生产率，充分有效地发挥和利用人力资源，项目经理部应做好以下工作。

第一，项目经理部应根据工程项目人力需求计划向企业劳务管理部门申请派遣劳务人员，并签订劳务合同。

第二，为了保证作业班组有计划地进行作业，项目经理部应按规定及时向班组下达施工任务单或承包任务书。

第三，在项目施工过程中不断进行劳动力的平衡、调整，解决施工要求与劳动力数量、工种、技术能力、相互配合间存在的矛盾。项目经理部可根据需要及时进行人力的补充或减员。

第四，按合同支付劳务报酬。解除劳务合同后，将人员遣归劳务市场。

3. 企业劳务管理部门在人力资源动态管理中的职责

企业劳务管理部门对劳动力进行集中管理，在动态管理中起着主导作用，应做好以下工作。

第一，根据施工任务的需要和变化，从社会劳务市场中招募和遣返劳动力。

第二，根据项目经理部提出的劳动力需要量计划与项目经理部签订劳务合同，按合同向作业队下达任务，派遣队伍。

第三，对劳动力进行企业范围内的平衡、调度和统一管理。当某一施工项目中的承包任务完成后，收回作业人员，重新进行平衡、派遣。

第四，负责企业劳务人员的工资、奖金管理，实行按劳分配，兑现奖罚。

(四) 人力资源的教育培训

作为建筑工程项目管理活动中至关重要的一个环节，人力资源培训与考核起到了及时为项目输送合适的人才、在项目管理在过程中不断提高员工素质和适应力、全力推动项目进展等作用。在组织竞争与发展中，努力使人力资源增值，从长远来说是一项战略任务，而培训开发是人力资源增值的重要途径。

1. 合理的培训制度

(1) 计划合理

根据以往培训的经验，初步拟定各类培训的时间周期，认真细致地分析培训需求，初步安排不同层次员工的培训时间、培训内容和培训方式。

(2) 注重实施

在培训过程当中，做好各个环节的记录，实现培训全过程的动态管理。与参加培训的员工保持良好的沟通，根据培训意见反馈情况，对出现的问题和建议与培训师进行沟通，及时纠偏。

(3) 跟踪培训效果

培训结束后，对培训质量、培训费用、培训效果进行科学的评价。其中，培训效果是评价的重点，主要应包括是否公平分配了企业员工的受训机会、通过培训是否提高了员工满意度、是否节约了时间和成本、受训员工是否对培训项目满意等。

2. 层次分明的培训

建筑工程项目人员一般有三个层次，即高层管理者、中层协调者和基层执行者，其职责和工作任务各不相同，对其素质的要求自然也是不同的。因此，在培训过程中，对于三个层次人员的培训内容、方式均要有所侧重。如对进场劳务人员首先要进行入场教育和安全教育，使其具备必要的安全生产知识，熟悉有关安全生产规章制度和操作规程，掌握本岗位的安全操作技能，然后不断进行技术培训，提高其施工操作熟练程度。

3. 合适的培训时机

培训的时机是有讲究的。在建筑工程项目管理中，鉴于施工季节性强的特点，不能强制要求现场技术人员在施工的最佳时机离开现场进行培训，否则，不仅会影响生产，培训的效果也会大打折扣。因此，合适的培训时机，会带来更好的培训效果。

（五）人力资源的绩效评价与激励

人力资源的绩效评价既要考虑人力的工作业绩，还要考虑其工作过程、行为方式和客观环境条件，并且应与激励机制相结合。

1. 绩效评价的含义

绩效评价是指按照一定标准，应用具体的评价方法，检查和评定人力个体或群体的工作过程、工作行为、工作结果，以反映其工作成绩，并将评价结果反馈给个体或群体的过程。

绩效评价一般分为三个层次：组织整体的、项目团队或项目小组的、员工个体的绩效评价。其中，个体的绩效评价是项目人力资源管理的基本内容。

2. 绩效评价的作用

现代项目人力资源管理是系统性管理，即从人力资源的获得、选择与招聘，到使用中的培训与提高、激励与报酬、考核与评价等全方位、专门的管理体系，其中绩效评价尤其重要。绩效评价为人力资源管理提供各方面反馈信息，作用如下。

第一，绩效评价可使管理者重新制订或修订培训计划，纠正可识别的工作失误。

第二，确定员工的报酬。现代项目管理要求员工的报酬遵守公平与效率的原则，因此，必须对每位员工的劳动成果进行评定和计量，按劳分配。合理的报酬不仅是对员工劳动成果的认可，而且可以产生激励作用，在组织内部形成竞争的氛围。

第三，通过绩效评价，可以掌握员工的工作信息，如工作成就、工作态度、知识和技能的运用程度等，从而决定员工的留退、升降、调配。

第四，通过绩效评价，有助于管理者对员工实施激励机制，如薪酬奖励、授予荣誉、培训提高等。

为了充分发挥绩效评价的作用，在绩效评价方法、评价过程、评价影响等方面，必须遵循公开公平、客观公正、多渠道、多方位、多层次的评价原则。

3. 员工激励

员工激励是做好项目管理工作的重要手段，管理者必须深入了解员工个体或群体的各种需要，正确选择激励手段，制定合理的奖惩制度，恰当地采取奖惩和激励措施。激励能提高员工的工作效率，有助于项目整体目标的实现，提高员工的素质。

激励方式有多种多样，如物质激励与荣誉激励、参与激励与制度激励、目标激励与环境激励、榜样激励与情感激励等。

三、项目材料管理

(一) 建筑工程项目材料的分类

在一般建筑工程项目中，用到的材料品种繁多，材料费用占工程造价的比例较大，而加强材料管理是提高经济效益的最主要途径。材料管理应抓住重点，分清主次，分别进行管理控制。

1. 按材料的作用分类

按材料在建筑工程中所起的作用，可分为主要材料、辅助材料和其他材料。这种分类方法便于制定材料的消耗定额，从而进行成本控制。

2. 按材料的自然属性分类

按材料的自然属性，可分为金属材料和非金属材料。这种分类方法便于根据材料的物理、化学性能进行采购、运输和保管。

3. 按材料的管理方法分类

ABC 分类法是按材料价值在工程中所占比例来划分的。这种分类方法便于找出材料管理的重点对象，针对不同对象采取不同的管理措施，以便取得良好的经济效益。

ABC 分类法是把成本占材料总成本 75% ~ 80%，而数量占材料总数量 10% ~ 15% 的材料列为 A 类材料；成本占材料总成本 10% ~ 15%，而数量占材料总数量 20% ~ 25% 的材料列为 B 类材料；成本占材料总成本 5% ~ 10%，而数量占材料总数量 65% ~ 70% 的材料列为 C 类材料。

A 类材料为重点管理对象，如钢材、水泥、木材、砂子、石子等。由于其占用资金较多，要严格控制订货量，尽量减少库存，把这类材料控制好，能对节约资金起到重要的作用。

B 类材料为次要管理对象，对 B 类材料也不能忽视，应认真管理，定期检查，控制其库存，按经济批量订购，按储备定额储备。

C 类材料为一般管理对象，可采取简化方法管理，稍加控制即可。

(二) 建筑工程项目材料管理的任务

建筑工程项目材料管理的主要任务，可归纳为保证供应、降低消耗、加速周转、节约费用四个方面，具体内容如下。

1. 保证供应

材料管理的首要任务是根据施工生产的要求，按时、按质、按量供应生产所需的各种材料。经常保持供需平衡，既不会因为短缺导致停工待料，也不会因为超储积压造成浪费和资金周转失灵。

2. 降低消耗

合理地、节约地使用各种材料，提高它们的利用率。为此，要制定合理的材料消耗定额，严格地按定额计划平衡供应，考核材料消耗情况，在保证供应时监督材料的合理使用、节约使用。

3. 加速周转

缩短材料的流通时间，加速材料周转，这也意味着加快资金的周转。为此，要统筹安排供应计划，搞好供需衔接；要合理选择运输方式和运输工具，尽量就近组织供应，力争直达直拨供应，减少二次搬运；要合理设库和科学地确定库存储备量，保证及时供应，加快周转。

4. 节约费用

全面地实行经济核算，不断降低材料管理费用，以最少的资金占用、最低的材料成本，完成最多的生产任务。为此，在材料供应管理工作中，必须明确经济责任，加强经济核算，提高经济效益。

（三）建筑工程项目材料的供应

1. 企业管理层的材料采购供应

建筑工程项目材料管理的目的是贯彻节约原则，降低工程成本。材料管理的关键环节在于材料的采购供应。工程项目所需要的主要材料和大宗材料，应由企业管理层负责采购，并按计划供应给项目经理部，企业管理层的采购与供应直接影响着项目经理部工程项目目标的实现。

企业物流管理部门对工程项目所需的主要材料、大宗材料实行统一计划、统一采购、统一供应、统一调度和统一核算，并对使用效果进行评估，从而实现工程项目的材料管理目标。企业管理层材料管理的主要任务如下。

第一，综合各项目经理部材料需用量计划，编制材料采购和供应计划，确定并考核施工项目的材料管理目标；

第二，建立稳定的供货渠道和资源供应基地，在广泛收集信息的基础上，发展多种形式的横向联合，建立长期、稳定、多渠道可供选择的货源，组织好采购招标工作，以便获取优质低价的物质资源，为提高工程质量、降低工程成本打下牢固的物质基础；

第三，制定本企业的材料管理制度，包括材料目标管理制度，材料供应和使用制度，并进行有效的控制、监督和考核。

2. 项目经理部的材料采购

为了满足施工项目的特殊需要，调动项目管理层的积极性，企业应授权项目经理部必要的材料采购权，负责采购授权范围内所需的材料，以利于弥补相互间的不足，保证供应。随着市场经济的不断完善，建筑材料市场必将不断扩大，项目经理部的材料采购权也会越来越大。此外，对于企业管理层的采购供应，项目管理层也可拥有一定的建议权。

3. 企业应建立内部材料市场

为了提高经济效益，促进资源节约，培养节约意识，降低成本，提高竞争力，企业应在专业分工的基础上，把商品市场的契约关系、交换方式、价格调节、竞争机制等引入企业，建立企业内部的材料市场，满足施工项目的材料需求。

(四) 建筑工程项目材料的现场管理

1. 材料的管理责任

项目经理是现场材料管理的全面领导者和责任者；项目经理部材料员是现场材料管理的直接责任人；班组料具员在主管材料员业务指导下，协助班组长并监督本班组合理领料、用料、退料。

2. 材料的进场验收

材料进场验收能够划清企业内部和外部经济责任，防止因进料中的差错事故和供货单位、运输单位的责任事故给企业造成不应有的损失。

(1) 进场验收要求

材料进场验收必须做到认真、及时、准确、公正、合理；严格检查进场材料的有害物质含量检测报告，按规范应复验的必须复验，无检测报告或复验不合格的应予以退货；严禁使用有害物质含量不符合国家规定的建筑材料。

(2) 进场验收

材料进场前应根据施工现场平面图进行存料场地及设施的准备，保持进场道路畅通，以便运输车辆进出。验收的内容包括单据验收、数量验收和质量验收。

3. 材料的储存与保管

材料的储存，应根据材料的性能和仓库条件，按照材料保管规程，采用科学的方法进行保管和保养，以减少材料保管损耗，保持材料原有使用价值。进场的材料应建立台账，要日清、月结、定期盘点、账实相符。

4. 材料的发放和领用

材料领发标志着料具从生产储备转入生产消耗，必须严格执行领发手续，明确领发责任。控制材料的领发，监督材料的耗用，是实现工程节约、防止超耗的重要保证。

凡有定额的工程用料，都应凭定额领料单实行限额领料。限额领料是指在施工阶段对施工人员所使用物资的消耗量控制在一定的消耗范围内，是企业内开展定额供应、提高材料的使用效果和提高企业经济效益、降低材料成本的基础和手段。如有超限额的用料，用料前应办理手续，填写超限额领料单，注明超耗原因，经项目经理部材料管理人员审批后实施。

（五）材料的使用监督

对材料的使用进行监督是为了保证材料在使用过程中能合理地消耗，充分发挥其最大效用。监督的内容包括：是否认真执行领发手续，是否严格执行配合比，是否按材料计划合理用料，是否做到随领随用、工完料净、工完料退、场退地清、谁用谁清，是否按规定进行用料交底和工序交接，是否做到按平面图堆料，是否按要求保护材料等。检查是监督的手段，检查时要做好记录，对存在的问题应及时分析处理。

四、项目机械设备管理

（一）机械设备管理的内容

机械设备管理的具体工作内容包括：机械设备的选择及配套、维修和保养、检查和修理、制定管理制度、提高操作人员技术水平、有计划地做好机械设备的改造和更新。

（二）建筑工程项目机械设备的来源

建筑工程项目所需用的机械设备通常由以下方式获得。

1. 企业自有

建筑企业根据本身的性质、任务类型、施工工艺特点和技术发展趋势购置部分企业常年大量使用的机械设备，达到较高的机械利用率和经济效果。项目经理部可调配或租赁企业自有的机械设备。

2. 租赁方式

某些大型、专用的特殊机械设备，建筑企业不适宜自行装备时，可以采取租赁方式获得设备使用权。租用施工机械设备时，必须注意核实以下内容：出租企业的营业执照、租赁资质、机械设备安装资质、安全使用许可证、设备安全技术定期检定证明、机械操作人员作业证等。

3. 机械施工承包

某些操作复杂、工程量较大或要求人与机械密切配合的工程，如大型土方、大型网架安装、高层钢结构吊装等，可由专业机械化施工公司承包。

4. 企业新购

根据施工情况需要自行购买的施工机械设备、大型机械及特殊设备，应进行充分调研，制定出可行性研究报告，上报企业管理层和专业管理部门审批。

施工中所需的机械设备具体采用哪种方式获得，应通过技术经济分析确定。

（三）建筑工程项目机械设备的合理使用

要使施工机械正常运转，在使用过程中经常保持完好的技术状况，就要尽量避免机件的过早磨损及消除可能产生的事故隐患，延长机械的使用寿命，提高机械的生产效率。合理使用机械设备必须做好以下工作。

1. 人机固定

实行机械使用、保养责任制，指定专人使用、保养，实行专人专机，以便操作人员更好地熟悉机械性能和运转情况，更好地操作设备，非本机人员严禁上机操作。

2. 实行操作证制度

对所有机械操作人员及修理人员都要进行上岗培训，建立培训档案，让他们既掌握实际操作技术又懂得基本的机械理论知识和机械构造，经考核合格后持证上岗。

3. 遵守合理使用规定

严格遵守合理的使用规定，防止机件早期磨损，延长机械使用寿命和修理周期。

4. 实行单机或机组核算

将机械设备的维护、机械成本与利润挂钩进行考核，根据考核成绩实行奖惩，这是提高机械设备管理水平的重要举措。

5. 合理组织机械设备施工

加强维修管理，提高单机效率和机械设备的完好率，合理组织机械调配，搞好施工计划工作。

6. 做好机械设备的综合利用

施工现场使用的机械设备尽量做到一机多用，充分利用台班时间，提高机械设备利用率，如垂直运输机械，也可在回转范围内做水平运输、装卸等。

7. 机械设备安全作业

在机械作业前项目经理部应向操作人员进行安全操作交底，使操作人员清楚地了解施工要求、场地环境、气候等安全生产要素。项目经理部应按机械设备的安全操作规程安排工作和进行指挥，不得要求操作人员违章作业，也不得强令机械设备

“带病操作”，更不得指挥和允许操作人员野蛮施工。

8. 为机械设备的施工创造良好条件

现场环境、施工平面布置应满足机械设备作业要求，道路交通应畅通、无障碍，夜间施工要安排好照明。

(四) 建筑工程项目机械设备的保养与维修

为保证机械设备经常处于良好的技术状态，必须强化对机械设备的维护保养工作。机械设备的保养与维修应贯彻“养修并重、预防为主”的原则，做到定期保养，强制进行，正确处理使用、保养和修理的关系，不允许只用不养、只修不养。

1. 机械设备的保养

机械设备的保养应坚持推广以“清洁、润滑、调整、紧固、防腐”为主要内容的“十字”作业法，实行例行保养和定期保养制，严格按使用说明书规定的周期及检查保养项目进行。

(1) 例行(日常)保养

例行保养属于正常使用管理工作，不占用机械设备的运转时间。例行保养是在机械运行的前后及过程中进行的清洁和检查，主要检查要害、易损零部件(如机械安全装置)的情况、冷却液、润滑剂、燃油量、仪表指示等。例行保养由操作人员自行完成，并认真填写机械例行保养记录。

(2) 强制保养

所谓强制保养，是按一定的周期和内容分级进行，需占用机械设备运转时间而停工进行的保养。机械设备运转到了规定的时限，不管其技术状态好坏，任务轻重，都必须按照规定作业范围和要求进行检查和维护保养，不得借故拖延。

企业要开展现代化管理教育，使各级领导和广大设备使用工作者认识到：机械设备的完好率和使用寿命，在很大程度上取决于保养工作的好坏。如果忽视机械技术保养，只顾眼前的需要和便利，直到机械设备不能运转时才停用，则必然会导致设备的早期磨损、寿命缩短，各种材料消耗增加，甚至危及生产安全。不按照规定保养设备是粗野的使用、愚昧的管理，与现代化企业的科学管理是背道而驰的。

2. 机械设备的维修

机械设备修理是对机械设备的自然损耗进行修复，排除机械运行的故障，对损坏的零部件进行更换、修复。对机械设备的维修可以保证机械设备的使用效率，延长使用寿命。机械设备修理分为大修理、中修理和小修理。

(1) 大修理

大修理是对机械设备进行全面的解体检查修理，保证各零部件质量和配合要

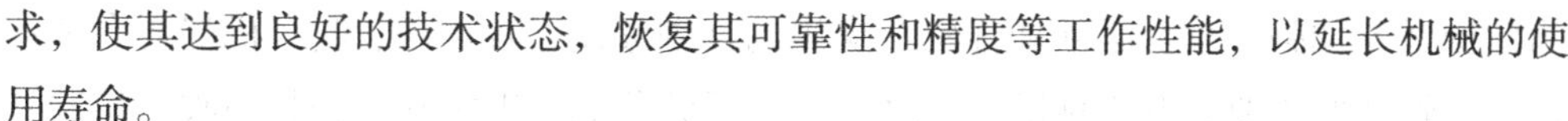

求，使其达到良好的技术状态，恢复其可靠性和精度等工作性能，以延长机械的使用寿命。

(2) 中修理

中修理是更换与修复设备的主要零部件和数量较多的其他磨损件，并校正机械设备的基准，恢复设备的精度、性能和效率，以延长机械设备的大修理间隔。

(3) 小修理

小修理一般是指临时安排的修理，目的是消除操作人员无力排除的突然故障、个别零件损坏或一般事故性损坏等问题，一般都和保养相结合，不列入修理计划，而大修、中修需列入修理计划，并按计划的预检修制度执行。

五、项目资金管理

(一) 项目资金管理的目的

1. 保证收入

生产的正常进行，项目经理部资金的来源，包括公司拨付资金、向发包人收取工程进度款和预付备料款，以及通过公司获取的银行贷款等都需要一定的资金来保证。

由于工程项目生产周期长，采用的是承发包合同形式，工程款一般按月度结算收取，因此，要抓好月度价款结算，组织好日常工程价款收入，管好资金入口。国际通用的 FIDIC 条款采用中期付款结算月度施工完成量，施工单位每月按规定日期报送监理工程师，并会同监理工程师到现场核实工程进度，经发包方审批后，即可办理工程款拨付。

我国工程造价多数采用暂定量或合同价款加增减账结算，抓好工程预算结算，以尽快确定工程价款总收入，是施工单位工程款收入的保证。开工以后，随工、料、机的消耗，生产资金陆续投入，必须随工程施工进展抓紧抓好落实已完成工程的工程量确认、变更、索赔、奖励等工作，及时向建设单位办理工程进度款的支付。在施工过程中，特别是工程收尾阶段，注意抓好消除工程质量缺陷，保证工程款足额拨付。同时还要注意做好工程保修，以利于 5% 的工程尾款（质量保证金）在保修期满后及时回收。

2. 节约支出

施工中直接或间接的生产费用支出耗费的资金数额很大，须精心计划，节约使用，保证项目经理部有资金支付能力，主要是抓好工、料、机的投入，需要注意的是，其中有的工、料、机投入可负债延期支付，但终究是要用某未来期收入偿付的，

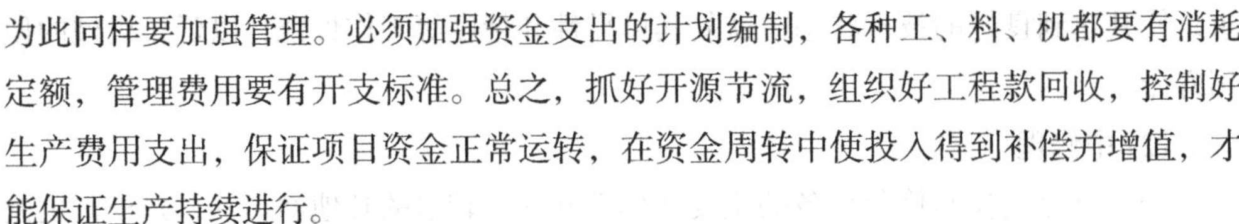

为此同样要加强管理。必须加强资金支出的计划编制，各种工、料、机都要有消耗定额，管理费用要有开支标准。总之，抓好开源节流，组织好工程款回收，控制好生产费用支出，保证项目资金正常运转，在资金周转中使投入得到补偿并增值，才能保证生产持续进行。

3. 防范资金风险

项目经理部对项目资金的收入和支出要做到合理的预测，对各种影响因素进行正确评估，最大限度地避免资金的收入和支出风险。工程款拖欠，施工方垫付工程款造成许多施工企业效益滑坡，甚至出现经营危机。

注意发包方资金到位情况，签好施工合同，明确工程款支付办法和发包方供料范围。在发包方资金不足的情况下，尽量要求发包方供三材（钢材、木材、商品混凝土）和门窗等加工订货，防止发包方把属于甲方供料、甲方分包范围的转给承包方支付。关注发包方资金动态，在已经发生垫资施工的情况下，要适当掌握施工进度，以利于回收资金。如果发现工程垫资超出原计划控制幅度，要考虑调整施工方案，压缩规模，甚至暂缓施工，同时积极与开发商协商，保住开发项目，以利于收回垫资。

4. 提高经济效益

项目经理部在项目完成后做出资金运用状况分析，确定项目经济效益。项目效益好坏，相当程度上取决于能否管好用好资金。资金的节约可以降低财务费用，减少银行贷款利息支出，因此，必须合理使用资金。在支付工、料、机生产费用上，考虑货币的时间因素，签好有关付款协议，货比三家，压低价格。承揽任务，履行合同的最终目的是取得利润，只有通过“销售”产品收回工程价款，取得盈利，成本得到补偿，资金得到增值，企业再生产才能顺利进行。一旦发生呆、坏账，应收工程款只停留在财务账面上，利润就不实了。为此，抓资金管理，就投入生产循环往复不断发展来讲，既是起点也是终点。

（二）编制项目资金收支计划

项目经理部根据施工合同、承包造价、施工进度计划、施工项目成本计划、物资供应计划等编制项目的年、季、月度资金收支计划，上报企业财务部门审批后实施。通过项目资金计划管理实现收入有规定，支出有计划，追加按程序。为使项目资金运营处于受控状态，计划范围内一切开支要有审批，主要工料的大宗开支要有合同。

1. 项目资金收支计划的内容

项目资金计划包括收入方和支出方两部分。收入方包括项目本期工程款等收入，向公司内部银行借款以及月初项目的银行存款；支出方包括项目本期支付的各项工料费用，上缴利税基金及上级管理费，归还公司内部银行借款，以及月末项目银行存款。

工程前期投入一般要大于产出，这主要是现场临时建筑、临时设施、部分材料及生产工具的购置，对分包单位的预付款等支出较多。另外，还可能存在发包方拖欠工程款，使得项目存在较大债务的情况。在安排资金时要考虑分包人、材料供应人的垫付能力，在双方协商基础上安排付款。在资金收入上要与发包方协调，督促其履行合同，按期拨款。

2. 年、季、月度资金收支计划的编制

年度资金收支计划的编制，要根据施工合同工程款支付的条款和年度生产计划安排，预测年内可能达到的资金收入，再参照施工方案，安排工、料、机费用等资金分阶段投入，做好收入和支出在时间上的平衡。编制时，关键是摸清工程款到位情况，测算筹集资金的额度，安排资金分期支付，平衡资金，确定年度资金管理工作总体安排，这对保证工程项目顺利施工，保证充分的经济支付能力，稳定队伍，提高职工生活，顺利完成各项税费基金的上缴是十分重要的。

月、季度资金收支计划的编制，是年度资金收支计划的落实与调整。要结合生产计划的变化，安排好月、季度资金收支，重点是月度资金收支计划。以收定支，量入为出，根据施工月度作业计划，计算主要工、料、机费用及分项收入，结合材料月末库存，由项目经理部各用款部门分别编制材料、人工、机械、管理费用及分包费支出等分项用款计划，经平衡确定后报企业审批实施。月末最后5日内提出执行情况分析报告。

（三）项目资金的使用管理

1. 内部银行

内部银行，即企业内部各核算单位的结算中心，按照商业银行运行机制，为各核算单位开立专用账号，核算各单位货币资金收支，把企业的一切资金收支和内部单位的存款业务，都纳入内部银行。内部银行本着对存款单位负责，谁账户的款谁用，不许透支、存款有息、借款付息、违章罚款的原则，实行金融市场化管理。

内部银行同时行使企业财务管理职能，进行项目资金的收支预测，统一对外收支与结算，统一对外办理贷款筹集资金和内部单位的资金借款，并负责组织好企业内部各单位利税和费用上缴等工作，发挥企业内部的资金调控管理职能。内部银行具有市场化管理和企业财务管理调控两项职能，既体现了项目经理部在资金管理上的责、权、利，又能在公司财务部门调控管理下统一运行，充分发挥项目经理部资金管理的积极性。

2. 财务台账

鉴于市场经济条件下多数商品及劳务交易，事项发生期和资金支付期不在同一报告期，债务问题在所难免，而会计账又不便于对各工程繁多的债权债务逐一开设账户，做出记录。因此，为控制资金，项目经理部需要设立财务台账，做会计核算的补充记录，进行债权债务的明细核算。

应据材料供应渠道，按组织内部材料部门供应和项目经理自行采购的不同供料方式建立材料供货往来账户，按材料的类别或供货单位逐一设立，对所有材料包括场外钢筋等加工料，均反映应付贷款（贷方）和已付购货款（借方）。抓好项目经理部的材料收、发、存管理是基础，材料一进场就按规定验收入库，当期按应付贷款进行会计处理，在资金支付时冲减应付购贷款。此项工作由项目材料部门负责提供依据，交财务部门编制会计凭证，其副页发给材料员登记台账。

应据劳务供应渠道，按组织自有工人劳务队、外部市场劳务队和市场劳务分包公司，建立劳务作业往来账户，按劳务分包公司名称逐一设立，反映应付劳务费和已付劳务费的情况。抓好劳务分包的定额管理是基础，要按报告期对已完分包部分工程进行结算，包括索赔增减账的结算，实行平方米包干的也要将报告期已完平方米包干的项目进行结算，对未完劳务可报下个报告期一并结算。此项工作由项目劳资部门负责提供依据，由定额员交财务部门编制会计凭证，其副页发给定额员登记台账。

不属于以上工料生产费用的资金投入范围的分包工程、机械租赁作业、商品混凝土，分别建立分包工程、产品作业、供应等往来账户，应按合同单位逐一设立，反映应付款和已付款。要按报告期或已完分部分项工程对上述合同单位生产完成量进行分期结算。此项工作由项目生产计划统计部门负责办理提供依据，由统计员交财务部门编制会计凭证，其副页发给统计员登记台账。

项目经理部的台账可以由财务人员登账，也可在财务人员指导下由项目经理部登账，总之要便于工作。明细台账要定期和财务账核对，做到账账相符，还要和仓库保管员的收发存实物账及其他业务结算账核对，做到账实相符，做到财务总体控制住，以利于发挥财务的资金管理作用。

3. 项目资金的使用管理

首要的是建立健全项目经理负责的项目资金管理责任制。做到统一管理、归口负责、业务交圈对口、明确职责与权限。

项目资金的使用管理应本着促进生产、节省投入、量入为出、适度负债的原则，要兼顾国家、企业、员工三者的利益；要依法办事，按规定支付各种费用，尤其要保证员工工资按时发放，保证劳务费按劳务合同结算和支付。

项目资金的管理实际上反映了项目管理的水平。从施工方案的选择、进度安排到工程的建造，要采用先进的施工技术、科学的管理方法提高生产效率，保证工程质量，降低各种消耗，努力做到以较少的资金投入，创造较大的经济价值。

管理方式讲求手段，要合理控制材料资金占用，项目经理部要核定材料资金占用额，包括主要材料、周转材料、生产工具等。例如，对周转材料可依租赁价按月计价计算支出，然后对劳务队占用与使用按预算核定收入数目，节约有奖，反之要扣除一定比例的劳务费。

抓报量、抓结算，随时办理增减账索赔，根据生产随时做好分部工程和整个工程的预算结算，及时收回工程价款，减少应收账款占用。抓好月度中期付款结算及时报量，减少未完施工占用。

第二节　建筑工程项目进度管理

一、建筑工程项目进度管理概述

（一）项目进度管理

1. 项目进度管理的基本概念

（1）进度的概念

进度是指项目活动在时间上的排列，强调的是一种工作进展以及对工作的协调和控制，所以常有“加快进度”、“赶进度”、“拖了进度”等称谓。对于进度，通常还常以其中的一项内容——“工期”来代称，讲工期就是讲进度。只要是项目，就有一个进度问题。

（2）进行项目进度管理的必要性

项目管理集中反映在成本、质量和进度三个方面，这反映了项目管理的实质，这三个方面通常被称为项目管理的“三要素”。进度是三要素之一，它与成本、质量两要素有着辩证的有机联系。对进度的要求是以严密的进度计划及合同条款的约束，使项目能够尽快竣工。

实践表明，质量、工期和成本是相互影响的。一般来说，在工期和成本之间，项目进展速度越快，完成的工作量越多，则单位工程量的成本就越低。但突击性的作业，往往也增加成本。在工期与质量之间，一般工期越紧，如采取快速突击、加快进度的方法，项目质量就较难保证。项目进度的合理安排，对保证项目的工期、质量和成本有直接的影响，是全面实施“三要素”的关键环节。科学而符合合同条款要求的进度，有利于控制项目成本和质量。仓促赶工或任意拖拉，往往伴随着费用的失控，也容易影响工程质量。

(3) 项目进度管理概念

项目进度管理又被称为项目时间管理，是指在项目进展的过程中，为了确保项目能够在规定的时间内实现项目的目标，对项目活动进度及日程安排所进行的管理过程。

(4) 项目进度管理的重要性

据专家分析，对于一个大的信息系统开发咨询公司，有25%的大项目被取消，60%的项目远远超过成本预算，70%的项目存在质量问题是很正常的事情，只有很少一部分项目确实按时完成并达到了项目的全部要求。而正确的项目计划、适当的进度安排和有效的项目控制可以避免上述这些问题。

2. 项目进度管理的基本内容

项目进度管理包括两大部分内容：一个是项目进度计划的编制，要拟定在规定的时间内合理且经济的进度计划；另一个是项目进度计划的控制，是指在执行该计划的过程中，检查实际进度是否按计划要求进行。若出现偏差，要及时找出原因，采取必要的补救措施或调整、修改原计划，直至项目完成。

(1) 项目进度管理过程

①活动定义

确定为完成各种项目可交付成果必须进行的各项具体活动。

②活动排序

确定各活动之间的依赖关系，并形成文档。

③活动资源估算

估算完成每项确定时间的活动所需要的资源种类和数量。

④活动时间估算

估算完成每项活动所需要的单位工作时间。

⑤进度计划编制

分析活动顺序、活动时间、资源需求和时间限制，以编制项目进度计划。

⑥进度计划控制

运用进度控制方法，对项目实际进度进行监控，对项目进度计划进行调整。

项目进度管理过程的工作是在项目管理团队确定初步计划后进行的。有些项目特别是一些小项目，活动排序、活动资源估算、活动时间估算和进度计划编制这些

过程紧密联系，可视为一个过程，可由一个人在较短时间内完成。

(2) 项目进度计划编制

项目进度计划编制是通过项目的活动定义、活动排序、活动时间估算，在综合考虑项目资源和其他制约因素的前提下，确定各项目活动的起始和完成日期、具体实施方案和措施，进而制订整个项目的进度计划，其主要目的是：合理安排项目时间，从而保证项目目标的完成；为项目实施过程中的进度控制提供依据；为各资源的配置提供依据；为有关各方时间的协调配合提供依据。

(3) 项目进度计划控制

项目进度计划控制是指项目进度计划制订以后，在项目实施过程中，对实施进展情况进行检查、对比、分析、调整，以保证项目进度计划总目标得以实现的活动。按照不同管理层次对进度控制的要求项目进度，控制分为三类。

①项目总进度控制

项目总进度控制，即项目经理等高层管理部门对项目中各里程碑时间的进度控制。

②项目主进度控制

项目主进度控制，主要是项目部门对项目中每一主要事件的进度控制，在多级项目中，这些事件可能是各个分项目，通过控制项目主进度使其按计划进行，就能保证总进度计划如期完成。

③项目详细进度控制

项目详细进度控制，主要是各作业部门对各具体作业进度计划的控制，这是进度控制的基础。只有详细进度得到较强的控制才能保证主进度按计划进行，最终保证项目总进度，使项目目标得以顺利实现。

(二) 建筑工程项目进度管理

1. 建筑工程项目进度管理概念

建筑工程项目进度管理是指根据进度目标的要求，对建筑工程项目各阶段的工作内容、工作程序、持续时间和衔接关系编制计划，将该计划付诸实施。在实施的过程中，经常检查实际工作是否按计划要求进行，对出现的偏差分析原因，采取补救措施或调整、修改原计划直至工程竣工、交付使用。进度管理的最终目的是确保项目工期目标的实现。

建筑工程项目进度管理是建筑工程项目管理的一项核心管理职能。由于建筑项目是在开放的环境中进行的，置身于特殊的法律环境下，并且生产过程中的人员、工具与设备具有流动性，产品的单件性等都决定了进度管理的复杂性及动态性，必须加强项目实施过程中的跟踪控制、进度控制与质量控制、投资控制是工程项目建设中并列的三大目标之一。它们之间有着密切的相互依赖和制约关系。通常，进度加快，需要增加投资，但工程项目能提前投入使用就可以提高投资效益；进度加快有可能影响工程质量，而质量控制严格则有可能影响进度，但如因质量的严格控制而不致返工，又会加快进度。因此，项目管理者在实施进度管理工作中，要对三个目标全面、系统地加以考虑，正确处理进度、质量和投资的关系，提高工程建设的综合效益。特别是对一些投资较大的工程，在采取进度控制措施时，要特别注意其对成本和质量的影响。

2. 建筑工程项目进度管理的方法和措施

建筑工程项目进度管理的方法主要有规划、控制和协调。规划是指确定施工项目总进度控制目标和分进度控制目标，并编制其进度计划；控制是指在施工项目实施的全过程中，比较施工实际进度与施工计划进度，出现偏差及时采取措施进行调整；协调是指协调与施工进度有关的单位、部门和施工工作队之间的进度关系。

建筑工程项目进度管理采取的主要措施有组织措施、技术措施、合同措施和经济措施。

(1) 组织措施

组织措施主要包括建立施工项目进度实施和控制的组织系统，制定进度控制工作制度，检查时间、方法，召开协调会议，落实各层次进度控制人员、具体任务和工作职责；确定施工项目进度目标，建立施工项目进度控制目标体系。

(2) 技术措施

采取技术措施时应尽可能地采用先进施工技术、方法和新材料、新工艺、新技术，保证实现进度目标。落实施工方案，在发生问题时，及时调整工作之间的逻辑关系，加快施工进度。

(3) 合同措施

采取合同措施时以合同形式保证工期进度的实现，即保持总进度控制目标与合同总工期一致；分包合同的工期与总包合同的工期相一致；供货、供电、运输、构件加工等合同规定的提供服务时间与有关的进度控制目标一致。

(4) 经济措施

经济措施是指落实进度目标的保证资金，签订并实施关于工期和进度的经济承包责任制，建立并实施关于工期和进度的奖惩制度。

3. 建筑工程项目进度管理的内容

(1) 项目进度计划

建筑工程项目进度计划包括项目的前期、设计、施工和使用前的准备等内容。项目进度计划的主要内容就是制订各级项目进度计划，包括进行总控制的项目总进

度计划、进行中间控制的项目分阶段进度计划和进行详细控制的各子项进度计划，并对这些进度计划进行优化，以达到对这些项目进度计划的有效控制。

(2) 项目进度实施

建筑工程项目进度实施就是在资金、技术、合同、管理信息等方面进度保证落实相关措施的前提下，使项目进度按照计划实施。在施工过程中存在各种干扰因素，其会使项目进度的实施结果偏离进度计划，项目进度实施的任务就是预测这些干扰因素，对其风险程度进行分析并采取预控措施，以保证实际进度与计划进度相吻合。

(3) 项目进度检查

建筑工程项目进度检查的目的是了解和掌握建筑工程项目进度计划在实施过程中的变化趋势和偏差程度。项目进度检查的主要内容有跟踪检查、数据采集和偏差分析。

(4) 项目进度调整

建筑工程项目进度调整是整个项目进度控制中最困难、最关键的内容，其包括以下几个方面内容。

①偏差分析

分析影响进度的各种因素和产生偏差的前因后果。

②动态调整

寻求进度调整的约束条件和可行方案。

③优化控制

调控的目标是使工程项目的进度和费用变化最小，从而达到或接近进度计划的优化控制目标。

(三) 建筑工程项目进度管理的基本原理

1. 动态控制原理

动态控制是指对建设工程项目在实施过程中，在时间和空间上的主客观变化而进行项目管理的基本方法论。由于项目在实施过程中主客观条件的变化是绝对的，不变则是相对的；在项目进展过程中平衡是暂时的，不平衡则是永恒的，因此在项目的实施过程中必须随着情况的变化进行项目目标的动态控制。

建筑工程进度控制是一个不断变化的动态过程。在项目开始阶段，实际进度按照计划进度的规划进行运动，但由于外界因素的影响，实际进度的执行往往会与计划进度出现偏差，出现超前或滞后的现象。这时应通过分析偏差产生的原因，采取相应的改进措施，调整原来的计划，使二者在新的起点上重合，并发挥组织管理作用，使实际进度继续按照计划进行。在一段时间后，实际进度和计划进度又会出现新的偏差。因此，建筑工程进度控制出现了一个动态的调整过程。

2. 系统原理

系统原理是现代管理科学的一个最基本原理。它是指人们在从事管理工作时，运用系统的观点、理论和方法对管理活动进行充分的系统分析，以达到管理的优化目标，即从系统论的角度来认识和处理企业管理中出现的问题。

系统是普遍存在的，它既可以应用于自然和社会事件，又可应用于大小单位组织的人际关系之中。因此，通常可以把任何一个管理对象都看成特定的系统。组织管理者要实现管理的有效性，就必须对管理进行充分的系统分析，把握管理的每个要素及要素间的联系，实现系统化的管理。

建筑工程项目是一个大系统，其进度控制也是一个大系统，在进度控制中，计划进度的编制受到许多因素的影响，不能只考虑某一个因素或几个因素。进度控制组织和进度实施组织也具有系统性，因此，工程进度控制具有系统性，应该综合考虑各种因素的影响。

3. 信息反馈原理

通俗地说，信息反馈就是指由控制系统把信息输送出去，又把其作用结果返送回来，并对信息的再输出发生影响，起到控制的作用，以达到预定的目的。

信息反馈是建筑工程进度控制的重要环节。施工的实际进度通过信息反馈给基层进度控制工作人员，在分工的职责范围内，信息经过加工逐级反馈给上级主管部门，最后到达主控制室。主控制室整理统计各方面的信息，经过比较分析做出决策，调整进度计划。进度控制不断调整的过程实际上就是信息不断反馈的过程。

4. 弹性原理

所谓弹性原理，是指管理必须具有很强的适应性和灵活性，用于适应系统外部环境和内部条件千变万化的形势，实现灵活管理。

建筑工程进度计划工期长、影响因素多，因此，进度计划的编制就会留出余地，使计划进度具有弹性。进行进度控制时应利用这些弹性，缩短有关工作的时间，或改变工作之间的搭接关系，使计划进度和实际进度相吻合。

5. 封闭循环原理

项目的进度计划控制的全过程是计划、实施、检查、比较分析、确定调整措施、再计划。从编制项目施工进度计划开始，经过实施过程中的跟踪检查，收集有关实际进度的信息，比较和分析实际进度与施工计划进度之间的偏差，找出产生原因和解决办法，确定调整措施，再修改原进度计划，形成一个封闭的循环系统。

6. 网络计划技术原理

网络计划技术是指用于工程项目的计划与控制的一项管理技术，依其起源有关键路径法（CPM）与计划评审法（PERT）之分。通过网络分析研究工程费用与工期的相互关系，并找出在编制计划及计划执行过程中的关键路线，这种方法被称为关键路线法（CPM）；另一种注重对各项工作安排的评价和审查的方法被称为计划评审法（PERT）。CPM 主要应用于以往在类似工程中已取得一定经验的承包工程，计划评审法更多应用于研究与开发项目。

网络计划技术原理是建筑工程进度控制的计划管理和分析计算的理论基础。在进度控制中，要利用网络计划技术原理编制进度计划，根据实际进度信息，比较和分析进度计划，又要利用网络计划的工期优化、工期与成本优化和资源优化的理论调整计划。

二、建筑工程项目进度影响因素

(一) 影响建筑工程项目进度的因素

1. 自然环境因素

由于工程建设项目具有庞大、复杂、周期长、相关单位多等特点，而且建筑工程施工进程会受到地理位置、地形条件、气候、水文及周边环境的影响，一旦在实际施工过程中这些不利因素中的某一类因素出现，都将对施工进程造成一定的影响。当施工的地理位置处于山区交通不发达或者条件恶劣的地质条件下时，由于施工工作面较小，施工场地较为狭窄，建筑材料无法及时供应，或者运输建筑材料时需要花费大量时间，再加上野外环境中工作人员的考验，一些有毒有害的蚊虫等都将对员工造成一定的伤害，从而对施工进程造成一定的影响。

天气不仅影响施工进程，而且有时候天气过于恶劣，会对施工路面、场地和已经施工完成的部分建筑物以及相关施工设备造成严重破坏，这将进一步制约施工的进行。反之，如果建筑工程施工的地域处于平坦地形，且交通便利，便于设备和建筑材料的运输，且环境气候宜人，则有利于对施工进程的控制。

2. 建筑工程材料、设备因素

材料、构配件、机具、设备供应环节的差错；品种、规格、质量、数量、时间不能满足工程的需要；特殊材料及新材料的不合理使用；施工设备不配套，造型不当，安装失误、有故障等，都会影响施工进度。

比如，建筑材料供应不及时，就会出现缺料停工的现象，而工人的工资还需正常计费，这无疑是对企业的重创，不仅没有带来利润而且消耗了人力资源。此外，在资金到位、所有材料一应俱全的时候，还需要注意材料的质量，确保材料质量达标，如果材料存在质量问题，在施工过程中将会出现塌方、返工，影响施工质量，最终延误工期进程。

3. 施工技术因素

施工技术是影响施工进程的直接因素，尤其是对一些大型的建筑项目或者新型的建筑而言更是如此。即便是对于一些道路或者房屋建筑类的施工项目中蕴含的施工技术也是大有讲究的，科学、合理的施工技法明显能够加快施工进程。

由于建筑项目不同，因此建筑企业在选择施工方案的时候也有所不同。首先施工人员与技术人员要正确、全面地分析、了解项目的特点和实际施工情况，实地考察施工环境；其次设计好施工图纸，施工图纸要求简单明了，在需要标注的地方一定要勾画出来，以免图纸会审工作中出现理解偏差，选择合适的施工技术保障在规定的时期内完成工程；最后在具体施工的过程中，由于业主对需求功能的变更，原设计将不一定符合施工要求，因此要及时调整、优化施工方案和施工技术。

4. 项目管理人员因素

在整个建筑工程的施工中，排除外界环境的影响，人作为主体影响着整个工程的工期，其建筑项目主要管理人员的能力与知识和经验直接影响整个工程的进度。在实际的施工过程中，由于项目管理人员没有实践活动的经验基础，或者是没有真才实学，缺乏施工知识和技术，无法对一些复杂的影响工程进度的因素做好把控。再或者是项目管理人员不能正确地认识工程技术的重要性，没有认真投入项目建设中去，人为主观地降低了项目建设技术、质量标准，没有意识到施工中潜在的危险，且对风险的预备处理不足，将对整个工程施工进程造成严重的影响。

此外，由于项目管理人员的管理不到位，工厂现场的施工工序和建筑材料的堆放不够科学合理，造成对施工人员施工动作的影响，对后期的建筑质量造成了一定的冲击。对于施工人力资源和设备的搭配不够合理，浪费了较多的人力资源，致使施工中出现纰漏等都将直接或间接地对施工进程造成一定的影响。最主要的一点就是如果项目管理人员在建筑施工前几个月内，对地方建设行政部门审批工作不够及时，也会影响施工工期，这种因素下对施工的影响，可以说是人为主观对工程项目的态度不端正直接造成的，一旦出现这种问题，企业则需要认真考虑是否重新指定相关项目负责人，防止对施工进程造成延误。

5. 其他因素

(1) 建设单位因素

如建设单位即业主因为使用要求改变而进行设计变更，应提供的施工场地条件不能及时提供或所提供的场地不能满足工程正常需要，不能及时向施工承包单位或材料供应商付款等都会影响施工进度。

（2）勘察设计因素

如勘察资料不准确，特别是地质资料错误或遗漏，设计内容不完善，规范应用不恰当，设计有缺陷或错误等。还有设计对施工的可能性未考虑或考虑不周，施工图纸供应不及时、不配套，出现重大差错等都会影响施工进度。

6. 资金因素

工程项目的顺利进行必须有雄厚的资金作为保障，由于其涉及多方利益，因此往往成为最受关注的因素。按其计入成本的方法划分，一般分为直接费用、间接费用两部分。

（1）直接费用

直接费用是指直接为生产产品而发生的各项费用，包括直接材料费、直接人工费和其他直接支出。工程项目中的直接费用是指施工过程中直接耗费构成的支出。

（2）间接费用

间接费用是指企业的各项目经理部为施工准备、组织和管理施工生产所发生的全部施工间接支出。

此外，如有关方拖欠资金、资金不到位、资金短缺、汇率浮动和通货膨胀等也都会影响建筑工程的进度。

（二）建筑工程施工进度管理的具体措施

1. 对项目组织进行控制

在进行施工组织人员的组建过程中，要尽量选取施工经验丰富的人，为了能够实现工期目标，在签署合同后，要求项目管理人员及时到施工工地进行实地考察，制定实施性施工组织设计，还要与施工当地的政府和民众建立密切联系，确保获得当地民众的支持，从而为建筑工程的施工创造有力的外界环境条件，确保施工顺利进行。在建筑工程项目施工前，要结合现场施工条件，制定具体的建筑施工方案，确保在施工中实现施工的标准化，能够在施工中严格按照规定的管理标准来合理安排工序。

（1）选择一名优秀合格的项目经理

在建筑工程施工中选择一名优秀合格的项目经理，对于工程项目工程进度的提升具有十分积极的影响。在实际的建筑工程项目中会面临众多复杂的状况难以解决，如果选择一名优秀合格的项目经理，由于项目经理自身掌握着扎实的理论知识和过硬的专业技能，能够结合实际的建筑工程项目施工情况，最大限度地利用现有资源提升施工工程的施工效率。因此，在选择项目经理的时候，要注重考察项目经理的管理能力、执行能力、专业技能、人际交往能力等，只有这样才能实现工程的合理妥善管理，对于缩短建筑工程施工工期有着巨大的帮助。

(2) 选择优秀合格的监理

要想对建筑施工工程工期进行合理控制，除了对施工单位采取相关措施外，还必须发挥工程监理的作用，协调各个承包单位之间的关系，实现良好的合作关系，缩短施工工期。而对于那些难以进行协调控制的环节和关系，则要在总的建筑工程施工进度安排计划中预留充分的时间进行调节。对于一名工程的业主和由业主聘请的监理工程师来说，要努力尽到自身的义务，尽力在规定的工期内完成施工任务。

2. 对施工物资进行控制

为了确保建筑工程施工进度符合要求，必须对施工过程中每个环节中的材料、配件、构件等进行严格的控制。在施工过程中，要对所有的物资进行严格的质量检验工作。在制订整个工程进度计划后，施工单位要根据实际情况制订最合理的采购计划，在采购材料过程中要重视材料的供货时间、供货地点、运输时间等，确保施工物资能够符合建筑工程施工过程中的需求。

3. 对施工机械设备进行控制

施工机械设备对建筑工程施工进度影响非常大，要避免因施工机械设备故障影响进度。在建筑施工中应用最广的塔吊对于整个工程项目的施工进度起着决定性作用，所以要重视塔吊问题。在塔吊的安装过程中就要确保塔吊的稳定性安装，然后必须经过专门的质量安全机构进行检查，检查合格后才能投入施工建设工作中，避免后续出现问题。然后，操作塔吊的工作人员必须具有上岗证的专业人员，在施工场地中所有建筑机械设备都要通过专门的部门检查和证明，所有的设备操作人员都要符合专业要求，并且要实施岗位责任制。

此外，塔吊位置设置应科学合理，想方设法物尽其用。

4. 对施工技术和施工工序进行控制

在施工开展前要对施工工程的图纸进行审核，确保施工单位明确施工图纸中的每个细节，如果不懂或者有疑问，要及时和设计单位进行联系，然后确保对图纸的全面理解。在对图纸全面理解过后，要对项目总进度计划和各个分项目计划做出宏观调控，对关键的施工环节编制严格合理的施工工序，确保施工进度符合要求。

三、建筑工程项目进度优化控制

(一) 项目进度控制

1. 项目进度控制的过程

项目进度控制是项目进度管理的重要内容和重要过程之一，但项目进度计划只是根据相关技术对项目的每项活动进行估算，并做出项目每项活动进度的安排。然而，在编制项目进度计划时事先难以预料的问题很多，因此，在项目进度计划执行过程中往往会发生程度不等的偏差，这就要求项目经理和项目管理人员对计划做出调整、变更，消除偏差，以使项目按合同日期完成。

项目进度计划控制就是对项目进度计划实施与项目进度计划变更所进行的控制工作。具体来说，进度计划控制就是在项目正式开始实施后，要时刻对项目及其每项活动的进度进行监督，及时、定期地将项目实际进度与项目计划进度进行比较，掌握和度量项目的实际进度与计划进度的差距，一旦出现偏差，就必须采取措施纠正偏差，以维持项目进度的正常进行。

根据项目管理的层次，项目进度计划控制可以分为项目总进度控制，即项目经理等高层管理部门对项目中各里程碑事件的进度控制；项目主进度控制，主要是项目部门对项目中每一主要事件的进度控制；项目详细进度控制，主要是各具体作业部门对各具体活动的进度控制，这是进度控制的基础，只有详细进度得到较强的控制才能保证主进度按计划进行，最终保证项目总进度，使项目按时实现。因此，项目进度控制要首先定位于项目的每项活动中。

2. 项目进度控制的目标

项目进度控制总目标是依据项目总进度计划确定的，然后对项目进度控制总目标进行层层分解，形成实施进度控制、相互制约的目标体系。

项目进度目标是从总的方面对项目建设提出的工期要求。但在项目活动中，是通过对最基础的分项工程的进度控制保证各单项工程或阶段工程进度控制目标的完成，进而实现项目进度控制总目标的，因而，需要将总进度目标进行一系列从总体到细部、从高层次到基础层次的层层分解，一直分解到可以直接调度控制的分项工程或作业过程为止。在分解中，每一层次的进度控制目标都限定了下一级层次的进度控制目标，而较低层次的进度控制目标又是较高一级层次进度控制目标得以实现的保证，于是就形成了一个自上而下层层约束、由下而上级级保证，上下一致的多层次的进度控制目标体系。例如，可以按项目实施阶段、项目所包含的子项目、项目实施单位以及时间设立分目标。为了便于对项目进度的控制与协调，可以从不同角度建立与施工进度控制目标体系相联系配套的进度控制目标。

（二）施工进度计划管理

1. 工程项目施工进度计划的任务

施工进度计划是建筑工程施工的组织方案，是指导施工准备和组织施工的技术、经济文件。编制施工进度计划必须在充分研究工程的客观情况和施工特点的基础上结合施工企业的技术力量、装备水平，从人力、机械、资金、材料和施工方法五个基本要素进行统筹规划，合理安排，充分利用有限的空间与时间，采用先进的施工技术，选择经济合理的施工方案，建立正常的生产秩序，用最少的资源和资金取得质量高、成本低、工期短、效益好、用户满意的建筑产品。

2. 工程项目施工进度计划的作用

工程项目施工进度计划是施工组织设计的重要组成部分，是施工组织设计的核心内容。编制施工进度计划是在施工方案已确定的基础上，在规定的工期内，对构成工程的各组成部分（如各单项工程、各单位工程、各分部分项工程）在时间上给予科学的安排，这种安排是按照各项工作在工艺上和组织上的先后顺序，确定其衔接、搭接和平行的关系，计算出每项工作的持续时间，确定其开始时间和完成时间。根据各项工作的工程量和持续时间确定每项工作的日（月）工作强度，从而确定完成每项工作所需要的资源数量（工人数、机械数以及主要材料的数量）。

施工进度计划还表示各个时段所需各种资源的数量以及各种资源强度在整个工期内的变化，从而进行资源优化，以达到资源的合理安排和有效利用。根据优化后的进度计划确定各种临时设施的数量，并提出所需各种资源数量的计划表。在施工期间，施工进度计划是指导和控制各项工作进展的指导性文件。

3. 工程项目进度计划的种类

根据施工进度计划的作用和各设计阶段对施工组织设计的要求，将施工进度计划分为以下几种类型。

(1) 施工总进度计划

施工总进度计划是整个建设项目的进度计划，是对各单项工程或单位工程的进度进行优化安排，在规定建设工期内，确定各单项工程或单位工程的施工顺序，开始和完成时间，计算主要资源数量，用以控制各单项工程或单位工程的进度。

施工总进度计划与主体工程施工设计、施工总平面布置相互联系、相互影响。当业主提出一个控制性的进度时，施工组织设计据此选择施工方案，组织技术供应和场地布置。相反，施工总进度计划又受到主体施工方案和施工总平面布置的限制，施工总进度计划的编制必须与施工场地布置相协调，在施工总进度计划中选定的施工强度应与施工方法中选用的施工机械的能力相适应。

在安排大型项目的总进度计划时，应使后期投资多，以提高投资利用系数。

(2) 单项工程施工进度计划

单项工程施工进度计划以单项工程为对象，在施工图设计阶段的施工组织设计中进行编制，用于直接组织单项工程施工。它根据施工总进度计划中规定的各单项工程或单位工程的施工期限，安排各单位工程或各分部分项工程的施工顺序、开竣

工日期，并根据单项工程施工进度计划修正施工总进度计划。

(3) 单位工程施工进度计划

单位工程施工进度计划是以单位工程为对象，一般由承包商进行编制，可分为标前和标后施工进度计划。在标前（中标前）的施工组织设计中所编制的施工进度计划是投标书的主要内容，作为投标用；在标后（中标后）的施工组织设计中所编制的施工进度计划，在施工中用于指导施工。单位工程施工进度计划是实施性的进度计划，根据各单位工程的施工期限和选定的施工方法安排各分部分项工程的施工顺序和开竣工日期。

(4) 分部分项工程施工作业计划

对于工程规模大、技术复杂和施工难度大的工程项目，在编制单位工程施工进度计划之后，常常需要编制某些主要分项工程或特殊工程的施工作业计划，它是直接指导现场施工和编制月、旬作业计划的依据。

(5) 各阶段，各年、季、月的施工进度计划

各阶段的施工进度计划，是承包商根据所承包的项目在建设各阶段所确定的进度目标而编制的，用以指导阶段内的施工活动。

为了更好地控制施工进度计划的实施，应将进度计划中确定的进度目标和工程内容按时序进行分解，即按年、季、月（旬）编制作业计划和施工任务书，并编制年、季、月（旬）所需各种资源的计划表，用于指导各项作业的实施。

4. 施工进度计划编制的原则

(1) 施工过程的连续性

施工过程的连续性是指施工过程中的各阶段、各项工作的进行，在时间上应是紧密衔接的，不应发生不合理的中断，保证时间有效地被利用。保持施工过程的连续性应从工艺和组织上设法避免施工队发生不必要的等待和窝工，以达到提高劳动生产率、缩短工期、节约流动资金的目的。

(2) 施工过程的协调性

施工过程的协调性是指施工过程中各阶段、各项工作之间在施工能力或施工强度上要保持一定的比例关系。各施工环节劳动力的数量及生产率、施工机械的数量及生产率、主导机械之间或主导机械与辅助机械之间的配合都必须互相协调，不能发生脱节和比例失调的现象。例如，混凝土工程中混凝土的生产、运输和浇筑三个环节之间的关系，混凝土的生产能力应满足混凝土浇筑强度的要求，混凝土的运输能力应与混凝土生产能力相协调，使之不发生混凝土拌和设备等待汽车，或汽车排队等待装车的现象。

(3) 施工过程的均衡性

施工过程的均衡性是指施工过程中各项工作按照计划要求，在一定的时间内完成相等或等量递增（或递减）的工程量，使在一定的时间内，各种资源的消耗保持相对的稳定，不发生时紧时松、忽高忽低的现象。在整个工期内使各种资源都得到均衡的使用，这是一种期望。绝对的均衡其实是难以做到的，但通过优化手段安排进度，可以求得资源消耗达到趋于均衡的状态。均衡施工能够充分利用劳动力和施工机械，并达到经济性的要求。

(4) 施工过程的经济性

施工过程的经济性是指以尽可能小的劳动消耗取得尽可能大的施工成果，在不影响工程质量和进度的前提下，尽力降低成本。在工程项目施工进度的安排上，做到施工过程的连续性、协调性和均衡性，即可达到施工过程的经济性。

5. 编制施工进度计划必须考虑的因素

编制施工进度计划必须考虑的因素如下：工期的长短；占地和开工日期；现场条件和施工准备工作；施工方法和施工机械；施工组织与管理人员的素质；合同与风险承担。

(1) 工期的长短

对编制施工进度计划最有意义的是相对工期，即相对于施工企业能力的工期。相对工期长即工期充裕，施工进度计划就比较容易编制，施工进度控制也就比较容易，反之则难。除总工期外，还应考虑局部工期充裕与否，施工中可能遇到哪些“卡脖子”问题，有何备用方案等问题。

(2) 占地和开工日期

由于占地问题影响施工进度的例子很多。有时候，业主在形式上完成了对施工用地的占有，但在承包商进场时或在施工过程中还会因占地问题遇到当地居民的阻挠。其中有些是由于拆迁赔偿问题没有彻底解决，但更多的是当地居民的无理取闹。这需要加强有关的立法和执法工作。对占地问题，业主方应尽量做好拆迁赔偿工作，使当地居民满意，同时应使用法律手段制止不法居民的无理取闹。例如，某船闸在开工时遇到居民的无理取闹，业主依靠法律手段由公安部门采取强制措施制止，保证了工程顺利开工。最根本的办法是加强法制教育，提高群众的法制意识。

(3) 现场条件和施工准备工作

现场条件包括连接现场与交通线的道路条件、供电供水条件、当地工业条件、机械维修条件、水文气象条件、地质条件、水质条件以及劳动力资源条件等。其中当地工业条件主要是建筑材料的供应能力，例如，水泥、钢筋的供应条件以及生活必需品和日用品的供应条件；劳动力资源条件主要是当地劳动力的价格、民工的素质及生活习惯等；水质条件主要是现场有无充足的、满足混凝土拌和要求的水源。有时候地表水的水质不符合要求，就要打深井取水或进行水质处理，这对工期有一定的影响；气象条件主要是当地雨季的长短、年最高气温、最低气温、无霜期的长短等；供电和交通条件对工期的影响也是很大的，对一些大型工程往往要单独建立专用交通线和供电线路，而小型工程则要完全依赖当地的交通和供电条件。

业主方施工准备工作主要有施工用地的占有、资金准备、图纸准备以及材料供应的准备；承包商方施工准备工作则为人员、设备和材料进场，场内施工道路、临时车站、临时码头建设，场内供电线路架设，通信设施、水源及其他临时设施准备。

对于现场条件不好或施工准备工作难度较大的工程，在编制施工进度计划时一定要留有充分的余地。

(4) 施工方法和施工机械

一般来说，采用先进的施工方法和先进的施工机械设备时施工进度会快一些。但是当施工单位开始采用这些新方法施工时，往往不会提高多少施工速度，有时甚至还不如老方法来得快，这是因为施工单位对新的施工方法有一个适应和熟练的过程。所以，从施工进度控制的角度看，不宜在同一个工程同时采用过多的新技术（相对施工单位来讲是新的技术）。

如果在一项工程中必须同时采用多项新技术时，那么最好的办法就是请研制这些新技术的科研单位人员到现场指导，进行新技术应用的试验和推广，这样不仅为这些科研成果的完善提供了现场试验的条件，也为提高施工质量、加快施工进度创造了良好条件，更重要的是使施工单位很快地掌握了这些新技术，大大提高了市场竞争力。

(5) 施工组织与管理人员的素质

良好的施工组织管理应既能有效地制止施工人员的一切不良行为，又能充分调动所有施工人员的积极性，有利于不同部门、不同工作之间的协调。

对管理人员最基本的要求就是要有全局观念，即管理人员在处理问题时要符合整个系统的利益要求，在施工进度控制中就是施工总工期的要求。在西部地区某堆石坝施工中，施工单位管理人员在内部管理的某些问题上处理不当，导致工人怠工，从而影响工程进度。这时业主单位（当地政府主管部门）果断地采取经济措施，调动工人的积极性，从而在汛期到来之前将坝体填筑到汛期挡水高程。还有一点要强调的是，作为施工管理人员，特别是施工单位的上层管理人员，无论何时都要将施工质量放在首要地位。因为质量不合格的工程量是无效的工程量，质量不合格的工程是要进行返工或推倒重做的。所以工程质量事故必然会在不同程度上影响施工进度。

(6) 合同与风险承担

这里的合同是指合同对工期要求的描述和对拖延工期处罚的约定。从业主方面讲，拖延工期的罚款数量应与报期引起的经济损失相一致，同时在招标时，工期要求应与标底价相协调。这里所说的风险，是指可能影响施工进度的潜在因素以及合同工期实现的可能性大小。

(三) 建筑工程进度优化管理

1. 建筑工程项目进度优化管理的意义

知道整个项目的持续时间时，可以更好地计算管理成本 (预备)，包括管理、监督和运行成本；可以使用施工进度计算或肯定地检查投标估算，以投标价格提交投标表，从而向客户展示如何构建该项目。正确构建的施工进度计划可以通过不同的活动来实现，这个过程可以缩短或延长整个项目的持续时间。通过适当的资源调度，可以改变活动的顺序，并延长或缩短持续时间，使资源的配置更加优化，这有助于降低资源需求并保持资源的连续性。

进度表显示团队的目标以及何时必须满足这些目标。此外，它还显示了团队必须遵循的路线——提供了一系列任务指导项目经理和主管需要从事哪些活动，哪些是他们应该计划的活动。如果没有这一计划，施工单位可能不知道何时应当实现预定目标。施工进度计划提供了在项目工地上需要建筑材料的日期，可以用来监测分包商和供应商的进度。更为重要的是，进度表提供了施工进度是否按进度进行的反馈以及项目是否能按时完成。当发现施工进度下降时，可以采取行动来提高施工效率。

2. 工程项目的成本与质量进度的优化

工程项目控制三大目标即工程项目质量、成本、进度，这三者之间相互影响、相互依赖。在满足规定成本、质量要求的同时，使工程施工工期缩短也是项目进度控制的理想状态。在工程项目的实际管理中，工程项目管理人员要根据施工合同中要求的工期和要求的质量完成项目，与此同时，工程项目管理人员也要控制项目的成本。

为保证建筑工程项目在高质量、低成本的同时，又能够提高工程项目进度的完成时间，这就需要工程管理人员能够有效地协调工程项目质量、成本和进度，尽可能达到工程项目的质量、成本的要求，完成工程项目的进度。但是，在工程项目进度估算过程中会受到部分外来因素影响，造成与工程合同承诺不一致的特殊情况，就会导致项目进度难以依照计划进度完成。

所以，在实际的工程项目管理中，管理人员要结合实际情况与项目工程定量、定向的工程进度，对项目成本与工程质量约束下的工程工期进行理性的研究与分析，进而对有问题的工程进度及时采取有效措施进行调整，以便实现工程项目的工程质量和项目成本中进度计划的优化。

3. 工程项目进度资源的总体优化

在建筑工程项目进度实现过程中和施工所耗用的资源看，只有尽可能节约资源和合理地对资源进行配置，才能实现建设项目工程总体的优化。因此，必须对工程项目中所涉及的工程资源、工程设备以及工人进行总体优化。在建筑工程项目的进度中，只有对相关资源进行合理投入与配置，在一定的期限内限制资源的消耗，才能获得最大的经济效益与社会效益。

所以，工程施工人员就需要在项目进行过程中坚持几点原则：第一，用最少的货币来衡量工程总耗用量；第二，合理有效地安排建筑工程项目需要的各种资源与各种结构；第三，要做到尽量节约以及合理替代枯竭型和稀缺型资源；第四，在建筑工程项目的施工过程中，尽量在施工过程中均衡资源投入。

为了使上述要求均得到实现，建筑施工管理人员必须做好以下几点要求：一是要严格遵循工程项目管理人员制定的关于项目进度计划的规定，提前对工程项目的劳动计划进度合理做出规划；二是要提前对工程项目中所需用的工程材料及与之相关的资源进行预期估计，从而达到优化和完善采购计划的目的，避免出现资源材料浪费的情况；三是要根据工程项目的预计工期、工程量大小、工程质量、项目成本，以及各项条件所需要的完备设备，从而合理地去选择工程中所需设备的购买以及租赁的方式。

第九章　建筑工程项目风险管理

第一节　建筑工程项目风险管理概述

风险管理是指人们对潜在的意外损失进行辨识、评估，并根据具体情况采取相应的措施进行处理，即在主观上尽可能做到有备无患，或在客观上无法避免时亦能寻求切实可行的补救措施，从而减少意外损失或化解风险为我所用。

建筑工程项目风险管理是指参与工程项目的各方，包括发包方、承包方和勘察、设计、监理单位等在工程项目的筹划、设计、施工建造以及竣工后投入使用等各阶段所采取的辨识、评估、处理项目风险的措施和方法。

一、风险的概念

(一) 风险的定义

项目风险是一种不确定的事件或条件，一旦发生，就会对一个或多个项目目标造成积极或消极的影响，如范围、进度、成本或质量。

风险既是机会又是威胁。人们从事经济社会活动，既有可能获得预期的利益，也有可能蒙受意想不到的损失或损害。正是风险蕴含的机会吸引人们从事包括项目在内的各种活动；而风险蕴含的威胁，则唤醒人们的警觉，设法回避、减轻、转移或分散风险。机会和威胁是项目活动的一对孪生兄弟，是项目管理人员必须正确处理的一对矛盾。承认项目有风险，就是承认项目既蕴含机会又蕴含威胁。本章的内容，除非特别强调，所指风险大多指风险蕴含的威胁。

(二) 风险源与风险事件

1. 风险源

给项目带来机会，造成损失或损害、人员伤亡的风险因素，就是风险源。风险源是风险事件发生的潜在原因，是造成损失或损害的内在或外部原因。如果消除了所有风险源，损失或损害就不会发生。对于建筑施工项目，不合格的材料、漏洞百

出的合同条件、松散的管理、不完全的设计文件、变化无常的建材市场都是风险源。

2. 转化条件和触发条件

风险是潜在的，只有具备一定条件时，才有可能发生风险事件，在这里，一定的条件称为转化条件。即使具备转化条件，风险也不一定演变成风险事件。只有具备另外一些条件时，风险事件才会真的发生，这后面的条件称为触发条件。了解风险由潜在转变为现实的转化条件、触发条件及其过程，对于控制风险来说非常重要。控制风险，实际上就是控制风险事件的转化条件和触发条件。当风险事件只能造成损失和损害时，应设法消除转化条件和触发条件；当风险事件可以带来机会时，则应努力创造转化条件和触发条件，促使其实现。

3. 风险事件

活动或事件的主体未曾预料到，或虽然预料到其发生，却未预料到其后果的事件称为风险事件。要避免损失或损害，就要把握导致风险事件发生的风险源和转化其触发条件，减少风险事件的发生。

（三）风险的分类

可以从不同的角度，根据不同的标准对风险进行分类。

1. 按风险来源划分

风险根据其产生的根源可分为政治风险、经济风险、金融风险、管理风险、自然风险和社会风险等。

（1）政治风险。政治风险是指政治方面的各种事件和原因导致项目蒙受意外损失。

（2）经济风险。经济风险是指在经济领域潜在或出现的各种可导致项目经营损失的事件。

（3）金融风险。金融风险是指在财政金融方面，内在的或主客观因素而导致的各种风险。

（4）管理风险。管理风险通常是指人们在经营过程中，因不能适应客观形势的变化或因主观判断失误或对已发生的事件处理欠妥而产生的威胁。

（5）自然风险。自然风险是指因自然环境如气候、地理位置等构成的障碍或不利条件。

（6）社会风险。社会风险包括企业所处的社会背景、秩序、宗教信仰、风俗习惯及人际关系等形成的影响企业经营的各种束缚或不便。

2. 按风险后果划分

风险按其后果可分为纯粹风险和投机风险。

(1) 纯粹风险。不能带来机会、没有获得利益可能的风险，称为纯粹风险。纯粹风险只有两种可能的后果：造成损失和不造成损失。纯粹风险造成的损失是绝对的损失。建筑施工项目蒙受损失，全社会也会跟着受损失。例如，某建筑施工项目发生火灾所造成的损失不但是这个建筑施工项目的损失，也是全社会的损失，没有人从中获得好处。纯粹风险总是与威胁、损失和不幸相联系。

(2) 投机风险。极可能带来机会、获得利益，又隐含威胁、造成损失的风险，称为投机风险。投机风险有三种可能的后果：造成损失、不造成损失和获得利益。对于投机风险，如果建筑施工项目蒙受了损失，则全社会不一定也跟着受损失；相反，其他人有可能因此而获得利益。例如，私人投资的房地产开发项目如果失败，投资者就要蒙受损失，而发放贷款的银行却可将抵押的土地和房屋收回，等待时机，高价卖出，不但可收回贷款，而且有可能获得高额利润，当然也可能面临亏损。

纯粹风险和投机风险在一定条件下可以相互转化。项目管理人员必须避免投机风险转化为纯粹风险。

3. 按风险是否可控划分

风险按其是否可控，可分为可控风险和不可控风险。可控风险是指可以预测，并可采取措施进行控制的风险；反之，则为不可控风险。风险是否可控，取决于能否消除风险的不确定性以及活动主体的管理水平。要消除风险的不确定性，就必须掌握有关的数据、资料等信息。随着科学技术的发展与信息的不断增加以及管理水平的提高，有些不可控风险可以变成可控风险。

4. 按风险影响范围划分

风险按影响范围，可分为局部风险和总体风险。局部风险影响小，总体风险影响大，项目管理人员要特别注意总体风险。例如，项目所有活动都有拖延的风险，而处在关键线路上的活动一旦延误，就要推迟整个项目的完成时间，形成总体风险。

5. 按风险的预测性划分

按照风险的预测性，风险可以分为已知风险、可预测风险和不可测风险。已知风险就是在认真、严格地分析项目及其计划之后能够明确哪些是经常发生的，而且其后果亦可预见的风险。可预测风险就是根据经验，可以预见其发生，但不可预见其后果的风险。不可测风险是指有可能发生，但其发生的可能性即使是最有经验的人亦不能预见的风险。

6. 按风险后果的承担者划分

项目风险，若按其后果的承担者来划分，则有项目业主风险、政府风险、承包方风险、投资方风险、设计单位风险、监理单位风险、供应商风险、担保方风险和保险公司风险等。这样划分有助于合理分配风险，提高项目的风险承受能力。

二、建筑工程项目风险的特点

建筑工程项目风险具有风险多样性、存在范围广、影响面大等特点。

(1) 风险多样性。在一个工程项目中存在许多种类的风险，如政治风险、经济风险、法律风险、自然风险、合同风险、合作者风险等。这些风险之间有着复杂的内在联系。

(2) 风险存在范围广。风险在整个项目生命期中都存在。例如，在目标设计中可能存在构思的错误，重要边界条件的遗漏，目标优化的错误；可行性研究中可能有方案的失误，调查不完全，市场分析错误；技术设计中存在专业不协调，地质不确定，图纸和规范错误；施工中有物价上涨，实施方案不完备，资金缺乏，气候条件变化；运行中有市场变化，产品不受欢迎，运行达不到设计能力，操作失误等。

(3) 风险影响面大。在建筑工程中，风险影响常常不是局部的，而是全局的。例如，反常的气候条件造成工程的停滞，会影响整个后期计划，影响后期所有参加者的工作，不仅会造成工期的延长，而且会造成费用的增加，以及对工程质量的危害。即使局部的风险，其影响也会随着项目的发展逐渐扩大。例如，一个活动受到风险干扰，可能影响与它相关的许多活动，所以在项目中，风险影响随时间推移有扩大的趋势。

(4) 风险具有一定的规律性。建筑工程项目的环境变化、项目的实施有一定的规律性，所以风险的发生和影响也有一定的规律性，是可以进行预测的。重要的是人们要有风险意识，重视风险，对风险进行有效的控制。

三、建筑工程项目风险管理过程

项目风险管理过程应包括项目实施全过程的风险识别、风险评估、风险响应和风险控制。

(1) 风险识别。确定可能影响项目风险的种类，即可能有哪些风险发生，并将这些风险的特性整理成文档，决定如何采取和计划一个项目的风险管理活动。

(2) 风险评估。对项目风险发生的条件、概率及风险事件对项目的影响进行分析，并评估它们对项目目标的影响，按它们对项目目标的影响顺序排列。

(3) 风险响应。即编制风险应对计划，制定一些程序和技术手段，用来提高实现项目目标的概率和减少风险的威胁。

(4) 风险控制。在项目的整个生命期阶段进行风险预警，在发生风险的情况下，实施降低风险计划，保证对策措施的应用性和有效性，监控残余风险，识别新风险，更新风险计划，以及评估这些工作的有效性等。

项目实施全过程的风险识别、风险评估、风险响应和风险控制，既是风险管理的内容，也是风险管理的程序和主要环节。

四、建筑工程项目全过程的风险管理

风险管理必须落实于工程项目的全过程，并有机地与各项管理工作融为一体。

(1) 在项目目标设计阶段，就应开展风险确定工作，对影响项目目标的重大风险进行预测，寻找目标实现的风险和可能的困难。风险管理强调事前的识别、评估和预防措施。

(2) 在可行性研究中，对风险的分析必须细化，进一步预测风险发生的可能性和规律性，同时，必须研究各风险状况对项目目标的影响程度，即项目的敏感性分析，应在各种策划中着重考虑这种敏感性分析的结果。

(3) 在设计和计划过程中，随着技术水平的提高和建筑设计的深入，实施方案也逐步细化，项目的结构分析逐渐清晰。这时风险分析不仅要针对风险的种类，而且必须细化落实到各项目结构单元直到最低层次的工作包上。要考虑对风险的防范措施，制订风险管理计划，其包括：风险准备金的计划、备选技术方案、应急措施等。在招标文件 (合同文件) 中应明确规定工程实施中风险的分组。

(4) 在工程实施中加强风险的控制。通过风险监控系统，能及早地发现风险，及早做出反应；当风险发生时，采取有效措施保证工程正常实施，保证施工和管理秩序，及时修改方案、调整计划，以恢复正常的施工状态，减少损失。

(5) 项目结束，应对整个项目的风险、风险管理进行评估，以作为今后进行同类项目的经验和教训，这样就形成了一个前后连贯的管理过程。

第二节　建筑工程项目风险识别

风险识别是指确定项目实施过程中各种可能的风险事件，并将它们作为管理对象，不能有遗漏和疏忽。全面风险管理强调事先分析与评估，迫使人们想在前，看到未来和为此做准备，把风险干扰减至最小。

通过风险因素识别确定项目的风险范围，即有哪些风险存在，将这些风险因素逐一列出，以作为全面风险管理的对象。

风险因素识别是基于人们对项目系统风险的基本认识基础上的，通常首先罗列对整个工程建设有影响的风险，然后再注意对本组织有重大影响的风险。罗列风险

因素通常要从多角度、多方面进行，形成对项目系统风险的多方位透视。风险因素分析可以采用结构化分析方法，即由总体到细节、由宏观到微观分析，层层分解。

一、建筑工程项目风险因素类别

风险因素是指促使和增加损失发生的频率或严重程度的任何事件。风险因素范围广、内容多，总的来说，其可以分为有形风险因素和无形风险因素两类。

（一）有形风险因素

有形风险因素是指导致损失发生的物质方面的因素。如财产所在地域、建筑结构和用途等。例如，北京的建筑施工企业到外地或国外承包工程项目与在北京地区承包工程项目相比，前者发生风险的频率和损失可能更大一些；又如，两个建筑工程项目，一个是高层建筑，结构复杂，另一个是多层建筑，结构简单，则高层建筑就比多层建筑发生安全事故的可能性大。但如果高层建筑采取了有效的安全技术措施，多层建筑施工管理水平低，缺少必要的安全技术措施，相比之下，高层建筑发生安全事故的可能性就比多层建筑的小了。

（二）无形风险因素

无形风险因素是指非物质形态因素影响损失发生的可能性和程度。这种风险因素包括道德风险因素和行为风险因素两种。

1. 道德风险因素

道德风险因素通常是指人有不良企图、不诚实以致采用欺诈行为故意促使风险事故发生，或扩大已发生的风险事故所造成的损失的因素。例如，招标活动中故意划分标段，将工程发包给不符合资质的施工企业；低资质施工企业骗取需高资质企业才能承包的项目；或发包方采用压标和陪标方式以低价发包等。

2. 行为风险因素

行为风险因素是指由于人们在行为上的粗心大意和漠不关心而引发的风险事故的机会和扩大损失程度的因素。如投标中现场勘察不认真，未能发现施工现场存在的问题而给施工企业带来的损失，未认真审核施工图纸和设计文件给投标报价、项目实施带来的损失，均属此类风险因素。

二、建筑工程项目风险识别程序

识别项目风险应遵循以下程序。

（1）收集与项目风险有关的信息。风险管理需要大量信息，要对项目的系统环境有深入的了解，并要进行预测。不熟悉实际情况，不掌握相关数据，不可能进行有效的风险管理。风险识别是要确定具体项目的风险，必须掌握该项目和项目环境的特征数据，例如，与本项目相关的数据资料、设计与施工文件，以了解该项目系统的复杂性、规模、工艺的成熟程度。

(2) 确定风险因素。通过调查、研究、座谈、查阅资料等手段分析工程、工程环境、其他各类微观和宏观环境、已建类似工程等，列出风险因素一览表。在此基础上通过甄别、选择、确认，把重要的风险因素筛选出来加以确认，列出正式风险清单。

(3) 编制项目风险识别报告。编制项目风险识别报告，是在风险清单的基础上，补充文字说明，作为风险管理的基础。风险识别报告通常包括已识别风险、潜在的项目风险、项目风险的征兆。

三、建筑工程项目风险因素分析

风险因素分析是确定一个项目的风险范围，即有哪些风险存在，将这些风险因素逐一列出，以作为工程项目风险管理的对象。风险因素分析是基于人们对项目系统风险的基本认识基础上的，通常首先罗列对整个工程建设有影响的风险，然后再注意对自己有重大影响的风险。罗列风险因素通常要从多角度、多方面进行，形成对项目系统风险的多方位透视。风险因素通常可以从以下几个角度进行分析。

(一) 按项目系统要素进行分析

1. 项目环境要素风险

项目环境系统结构的建立和环境调查对风险分析是有很大帮助的，最常见的风险因素为以下几点。

(1) 政治风险。例如，政局的不稳定性，战争状态、动乱、政变的可能性，国家的对外关系，政府信用和政府廉洁程度，政策及政策的稳定性，经济的开放程度或排外性，国有化的可能性，国内的民族矛盾，保护主义倾向等。

(2) 经济风险。国家经济政策的变化、产业结构的调整、银根紧缩、项目产品的市场变化；项目的工程承包市场、材料供应市场、劳动力市场的变动，工资的提高，物价上涨，通货膨胀速度加快，原材料进口价格和外汇汇率的变化等。

(3) 法律风险。法律不健全，有法不依、执法不严，相关法律内容的变化，法律对项目的干预；人们对相关法律未能全面、正确理解，工程中可能有触犯法律的行为等。

(4) 社会风险。包括宗教信仰的影响和冲击、社会治安的稳定性、社会的禁忌、劳动者的文化素质、社会风气等。

(5) 自然条件。如地震、风暴，特殊的未预测到的地质条件，如泥石流、河塘、垃圾场、流沙、泉眼等，反常的恶劣的雨雪天气、冰冻天气，恶劣的现场条件，周边存在对项目的干扰源，工程项目的建设可能造成对自然环境的破坏，不良的运输条件可能造成供应的中断。

2. 项目系统结构风险

它是以项目结构图上的项目单元作为对象确定的风险因素，即各个层次的项目单元，直到工作包在实施以及运行过程中可能遇到的技术问题，人工、材料、机械、费用消耗的增加，在实施过程中可能的各种障碍、异常情况。

3. 项目行为主体产生的风险

它是从项目组织角度进行分析的，主要有以下几种情况。

(1) 业主和投资者：①业主的支付能力差，企业的经营状况恶化，资信不好，企业倒闭，投资者撤走资金，或改变投资方向，改变项目目标。②业主不能完成他的合同责任，如不及时供应他负责的设备、材料，不及时交付场地，不及时支付工程款。③业主违约、苛求、刁难、随便改变主意，但又不赔偿，做出错误的行为，发出错误的指令，非程序地干预工程。

(2) 承包商 (分包商、供应商)：①技术能力和管理能力不足，没有适合的技术专家和项目经理，不能积极地履行合同，由于管理和技术方面的失误，工程中断。②没有得力的措施保证进度、安全和质量。③财务状况恶化，无力采购和支付工资，企业处于破产境地。④工作人员罢工、抗议或软抵抗。⑤错误理解业主意图和招标文件，方案错误，报价失误，计划失误。⑥设计单位设计错误，工程技术系统之间不协调，设计文件不完备，不能及时交付图纸，或无力完成设计工作。

(3) 项目管理者：①项目管理者的管理能力、组织能力、工作热情和积极性、职业道德、公正性差。②管理者的管理风格、文化偏见可能会导致他不正确地执行合同，在工程中苛刻要求。③在工程中起草错误的招标文件、合同条件，下达错误的指令。

4. 其他方面

例如，中介人的资信、可靠性差；政府机关工作人员、城市公共供应部门 (如水、电等部门) 的干预、苛求和个人需求；项目周边或涉及的居民或单位的干预、抗议或苛刻的要求等。

(二) 按风险对目标的影响分析

由于项目管理上层系统的情况和问题存在不确定性，目标的建立是基于对当时情况和将来的预测上，所以会有许多风险。这是按照项目目标系统的结构进行分析的，是风险作用的结果。从这个角度看，常见的风险因素简要介绍如下。

(1) 工期风险。即造成局部的（工程活动、分项工程）或整个工程的工期延长，不能及时投入使用。

(2) 费用风险。包括财务风险、成本超支、投资追加、报价风险、收入减少、投资回收期延长或无法收回、回报率降低。

(3) 质量风险。包括材料、工艺、工程不能通过验收，工程试生产不合格，经过评价，工程质量未达标准。

(4) 生产能力风险。项目建成后达不到设计生产能力，可能是由于设计、设备问题，或生产用原材料、能源、水、电供应问题。

(5) 市场风险。工程建成后产品未达到预期的市场份额，销售不足，没有销路，没有竞争力。

(6) 信誉风险。即造成对企业形象、职业责任、企业信誉的损害。

(7) 法律责任。即可能被起诉或承担相应法律的或合同的处罚。

(三) 按管理的过程分析

按管理的过程进行风险分析包括极其复杂的内容，常常是分析责任的依据，具体情况简要介绍如下。

(1) 高层战略风险，如指导方针、战略思想可能有错误而造成项目目标设计错误。

(2) 环境调查和预测的风险。

(3) 决策风险，如错误的选择，错误的投标决策、报价等。

(4) 项目策划风险。

(5) 计划风险，包括对目标（任务书、合同、招标文件）理解错误，合同条款不准确、不严密、错误、二义性，过于苛刻的单方面约束性、不完备的条款，方案错误、报价（预算）错误、施工组织措施错误。

(6) 技术设计风险。

(7) 实施控制中的风险。例如：①合同风险。合同未履行，合同伙伴争执，责任不明，产生索赔要求。②供应风险。如供应拖延、供应商不履行合同、运输中的损坏以及在工地上的损失。③新技术、新工艺风险。④由于分包层次太多，计划的执行和调整、实施控制有困难。⑤工程管理失误。

(8) 运营管理风险。如准备不足、无法正常营运、销售渠道不畅、宣传不力等。

在风险因素列出后，可以采用系统分析方法，进行归纳整理，即分类、分项、分目及细目，建立项目风险的结构体系，并列出相应的结构表，作为后面风险评价和落实风险责任的依据。

四、风险识别的方法

在大多数情况下，风险并不显而易见，它往往隐藏在工程项目实施的各个环节，或被种种假象所掩盖，因此，风险识别要讲究方法：一方面，可以通过感性认识和经验认识识别风险；另一方面，可以通过对客观事实、统计资料的归纳、整理和分析进行风险识别。风险识别常用的方法有以下几种。

（一）专家调查法

（1）头脑风暴法。头脑风暴法是最常用的风险识别方法，它借助于以项目管理专家组成的专家小组，利用专家们的创造性思维集思广益，通过会议方式罗列项目风险因素，主持者以明确的方式向所有参与者阐明问题，专家畅所欲言，发表自己对项目风险的直观预测，然后根据风险类型进行分类。

不进行讨论和判断性评论是头脑风暴法的主要规则。头脑风暴法的核心是想出风险因素，注重风险的数量而不是质量。通过专家之间的信息交流和相互启发，从而引导专家们产生“思维共振”，以达到相互补充并产生“组合效应”，获取更多的未来信息，使预测和识别的结果更接近实际、更准确。

（2）德尔菲法。德尔菲法是邀请专家背对背匿名参加项目风险分析，主要通过信函方式来进行。项目风险调查员使用问卷方式征求专家对项目风险方面的意见，再将问卷意见整理、归纳，并匿名反馈给专家，以便进一步识别。这个过程经过几个来回，可以在主要的项目风险上达成一致意见。

问卷内容的制作及发放是德尔菲法的核心。问卷内容应对调查的目的和方法做出简要说明，让每一个被调查对象都能对德尔菲法进行了解；问卷问题应集中、用词得当、排列合理，问题内容应描述清楚，无歧义；还应注意问卷的内容不宜过多，内容越多，调查结果的准确性就越差；问卷发放的专家人数不宜太少，一般10～50人为宜，这样可以保证风险分析的全面性和客观性。

（二）财务报表分析法

财务报表能综合反映一个企业的财务状况，企业中存在的许多经济问题都能从财务报表中反映出来。财务报表有助于确定一个特定企业或特定的项目可能遭受哪些损失以及在何种情况下遭受这些损失。

财务报表分析法是通过分析资产负债表、现金流量表、损益表、营业报表以及补充记录，识别企业当前的所有资产、负债、责任和人身损失风险，将这些报表与财务预测、预算结合起来，可以发现企业或项目未来的风险。

(三) 流程图法

流程图法是将项目实施的全过程，按其内在的逻辑关系或阶段顺序形成流程图，针对流程图中的关键环节和薄弱环节进行调查和分析，标出各种潜在的风险或利弊因素，找出风险存在的原因，分析风险可能造成的损失和对项目全过程造成的影响。

(四) 现场风险调查法

从建筑项目本身的特点可以看出，不可能有两个完全相同的项目，两个不同的项目也不可能有完全相同的项目风险。因此，在识别项目风险的过程中，对项目本身的风险调查必不可少。

现场风险调查法的步骤如下。

(1) 做好调查前的准备工作。确定调查的具体时间和调查所需的时间；对每个调查对象进行描述。

(2) 现场调查和询问。根据调查前对潜在风险事件的罗列和调查计划，组织相关人员，通过询问进行调查或对现场情况进行实际勘察。

(3) 汇总和反馈。将调查得到的信息进行汇总，并将调查时发现的情况通知有关项目管理者。

第三节　建筑工程项目风险评估

风险评估就是对已识别的风险因素进行研究和分析，考虑特定风险事件发生的可能性及其影响程度，定性或定量地进行比较，从而对已识别的风险进行优先排序，并为后续分析或控制活动提供基础的过程。

一、项目风险评估的内容

(一) 风险因素发生的概率

风险发生的可能性有其自身的规律性，通常可用概率表示。既然被视为风险，则它必然在必然事件 (概率等于1) 和不可能事件 (概率等于0) 之间。它的发生有一

定的规律性，但也有不确定性，所以人们经常用风险发生的概率表示风险发生的可能性。风险发生的概率需要利用已有数据资料和相关专业方法进行估计。

（二）风险损失量的估计

风险损失量是个非常复杂的问题，有的风险造成的损失较小，有的风险造成的损失很大，可能引起整个工程的中断或报废。风险之间常常是有联系的，某个工程活动受到干扰而拖延，则可能影响它后面的许多活动，例如，经济形势的恶化不但会造成物价上涨，而且可能引起业主支付能力的变化；通货膨胀引起了物价上涨，会影响后期的采购、人工工资及各种费用支出，进而影响整个后期的工程费用；由于设计图纸提供不及时，不仅会造成工期拖延，而且会造成费用提高（如人工和设备闲置、管理费开支），还可能在原来本可以避开的冬雨期施工，从而造成更长时间的拖延增加一些不必要的费用。

1. 风险损失量的估计内容

风险损失量的估计应包括下列内容。

（1）工期损失的估计。

（2）费用损失的估计。

（3）对工程的质量、功能、使用效果等方面的估计。

2. 风险损失量估计过程

由于风险对目标的干扰常常首先表现在对工程实施过程的干扰上，所以风险损失量估计，一般通过以下分析过程。

（1）考虑正常状况下（没有发生该风险）的工期、费用、收益。

（2）将风险加入这种状态，分析实施过程、劳动效率、消耗、各个活动发生变化。

（3）两者的差异则为风险损失量。

（三）风险等级评估

风险因素非常多，涉及各个方面，但人们并不是对所有的风险都予以十分重视，否则将大大提高管理费用，干扰正常的决策过程。所以，组织应根据风险因素发生的概率和损失量确定风险程度，进行分级评估。

1. 风险位能的概念

对一个具体的风险，它如果发生，设损失为 R_H，发生的可能性为 E_w，则风险的期望值 R_w 为：

$$R_w = R_H \times E_w \tag{9-1}$$

例如，一种自然环境风险如果发生，则损失达20万元，而发生的可能性为0.1，则损失的期望值 $R_w = 20$ 万元 $\times 0.1 = 2$ 万元。

引用物理学中位能的概念，损失期望值高的，则风险位能高。可以在二维坐标上作等位能线（损失期望值相等），如图9–1所示，具体项目中的任何一项风险都可以在图上找到一个表示它位能的点。

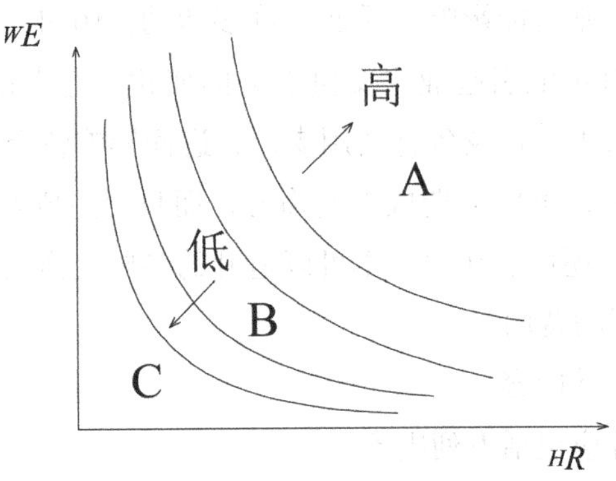

图9–1　二维坐标风险位能线

2. 位能的风险类别

A、B、C分类法：不同位能的风险可分为不同的类别。

（1）A类：高位能，即损失期望很大的风险。通常发生的可能性很大，而且一旦发生损失也很大。

（2）B类：中位能，即损失期望值一般的风险。通常发生的可能性不大，损失也不大，或发生可能性很大但损失极小，或损失比较大但可能性极小。

（3）C类：低位能，即损失期望极小的风险，发生的可能性极小，即使发生损失也很小。

在工程项目风险管理中，A类是重点，B类要顾及，C类可以不考虑。另外，也有不用A、B、C分类的形式，而采用级别的形式划分，例如，1级、2级、3级等，其意义是相同的。

3. 风险等级评估表

组织进行风险分级时可使用表9–1。

表 9–1 风险分级

后果 风险等级 可能性	轻度损失	中度损失	重大损失
很大	Ⅲ	Ⅳ	Ⅴ
中等	Ⅱ	Ⅲ	Ⅳ
极小	Ⅰ	Ⅱ	Ⅲ

二、项目风险评估分析的步骤

(一) 收集信息

建筑工程项目风险评估分析时必须收集的信息主要有：承包商类似工程的经验和积累的数据；与工程有关的资料、文件等；对上述两个来源的主观分析结果。

(二) 对信息的整理加工

根据收集的信息和主观分析加工，列出项目所面临的风险，并将发生的概率和损失的后果列成一个表格，其中风险因素、发生概率、损失后果、风险程度表一一对应，见表 9–2。

表 9–2 风险程度 (R) 分析

风险因素	发生概率 P (%)	损失后果 C/ 万元	风险程度 R/ 万元
物价上涨	10	50	5
地质特殊处理	30	100	30
恶劣天气	10	30	3
工期拖延罚款	20	50	10
设计错误	30	50	15
业主拖欠工程款	10	100	10
项目管理人员不胜任	20	300	60
合计	–	–	133

(三) 评价风险程度

风险程度是风险发生的概率和风险发生后的损失严重性的综合结果。其表达式为:

$$R=\sum_{i=1}^{n}R_i=\sum_{i=1}^{n}P_i\times C_i \tag{9-2}$$

式中: R——风险程度;

R_i——每一风险因素引起的风险程度;

P_i——每一风险发生的概率;

C_i——每一风险发生的损失后果。

(四) 提出风险评估报告

风险评估分析结果必须用文字、图表表达说明，作为风险管理的文档，即以文字、表格的形式做风险评估报告。评估分析结果不仅作为风险评估的成果，而且应作为人们风险管理的基本依据。

三、风险评估的方法

项目风险的评估往往采用定性与定量相结合的方法进行。目前，常用的项目评估方法主要有调查打分法、蒙特卡洛模拟法、敏感性分析法等。

(一) 调查打分法

调查打分法是一种常用的、易于理解的、简单的风险评估方法。它是指将识别出的项目可能遇到的所有风险因素列入项目风险调查表，将项目风险调查表交给有关专家，专家们根据经验对可能的风险因素的等级和重要性进行评估，确定项目的主要因素。

调查打分法的步骤如下。

(1) 识别出影响待评估工程项目的所有风险因素，列出项目风险调查表。

(2) 将项目风险调查表提交给有经验的专家，请他们对项目风险表中的风险因素进行主观打分评价。

①确定每个风险因素的权数 W，取值范围为 0.01 ~ 1.0，由专家打分加权确定。

②确定每个风险因素的权重，即风险因素的风险等级 C，其分为五级，分别为 0.2、0.4、0.6、0.8、1.0，由专家打分加权确定。

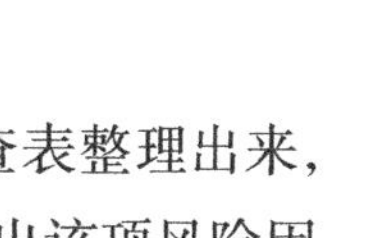

（3）回收项目风险调查表。将各专家打分评价后的项目风险调查表整理出来，计算出项目风险水平。将每个风险因素的权数 W 与权重 C 相乘，得出该项风险因素得分 WC。将各项风险因素得分加权平均，得出该项目风险总分，即项目风险度，风险度越大，风险就越大。

（二）蒙特卡洛模拟法

风险评估时经常面临不确定性、不明确性和可变性。而且，即使我们可以对信息进行前所未有的访问，仍无法准确预测未来。蒙特卡洛模拟法允许我们查看做出的决策的所有可能结果并评估风险影响，从而在存在不确定因素的情况下做出更好的决策。蒙特卡洛模拟法是一种计算机化的数学方法，允许人们评估定量分析和决策制定过程中的风险。

应用蒙特卡洛模拟法可以直接处理每个风险因素的不确定性，并把这种不确定性在成本方面的影响以概率分布的形式表示出来。

（三）敏感性分析法

敏感性分析法是研究和分析由于客观条件的影响（如政治形势、通货膨胀、市场竞争等风险），项目的投资、成本、工期等主要变量因素发生变化，导致项目的主要经济效果评价指标（如净现值、收益率、折现率等）发生变动的敏感程度。

第四节　建筑工程项目风险响应

一、风险的分配

合理的风险分配是高质量风险管理的前提。一方面，业主希望承包人在自己能够接受的价格条件下保质保量地完成工程，所以在分担风险前，应综合考虑自身条件及尽可能对工程风险做出准确的判断，而不是认为只需将风险在合同中简单地转嫁给承包人。另一方面，只要承包人认为能获得相应的风险费，他就可能愿意承担相应的风险。事实上，许多有实力的承包人更愿意去承担风险较大而潜在利润也较大的工程。因此，可以认为，风险的划分是可以根据工程具体条件及双方承担风险的态度来进行的，这样才更有利于风险的管理及整个工程实施过程中的管理。

风险分配的原则是，任何一种风险都应由最适宜承担该风险或最有能力制约损失制约的一方承担，具体介绍如下。

(1) 归责原则

如果风险事件的发生完全是由一方的错误行为或失误造成的，那么其应当承担该引起的风险所造成的损失。例如，施工单位应当对其施工质量不合格承担相应的责任。虽然在这种情况下，合同的另一方并不需要承担责任，但是，此类风险造成的工期延长或费用增加等后果将不可避免地使另一方遭受间接损失。因此，为了工程利益最大化，合同双方应当相互监督，尽量避免发生此类情况。

(2) 风险收益对等原则

当一个主体在承担风险的同时，它也应当有权利享有风险变化所带来的收益，并且该主体所承担的风险程度应与其收益相匹配。正常情况下，没有任何一方愿意只承受风险而不享有收益。

(3) 有效控制原则

应将工程风险分配至能够最佳管理风险和减少风险的一方，即风险在该方控制之内或该方可以通过某种方式转移该风险。

(4) 风险管理成本最低原则

风险应当由该风险发生后承担其代价或成本最小的一方来承担。代价和成本最低应当是针对整个建筑施工项目而言的，如果业主为了降低自身的风险而将不应由承包商承担的风险强加给承包商，承包商势必通过抬高报价或降低工程质量来平衡该风险可能造成的损失，其结果可能会给业主造成更大的损失。

(5) 可预见风险原则

根据风险的预见和认知能力，如果一方能更好地预见和避免该风险的发生，则该风险应由此方承担。例如，工程施工过程中可能遇到的各种技术问题潜在的风险，承包商应当比业主更有经验来预见和避免此类风险事件的发生。

二、风险响应对策

对分析出来的风险应有响应，即确定针对项目风险的对策。风险响应是通过采用将风险转移给另一方或将风险自留等方式，研究如何对风险进行管理，包括风险规避、风险减轻、风险转移、风险自留及其组合等策略。

(一) 建筑工程项目风险规避

建筑工程项目风险规避是指承包商设法远离、躲避可能发生的风险的行为和环境，从而达到避免风险发生的可能性，其具体做法简要介绍如下。

1. 拒绝承担风险

承包商拒绝承担风险大致有以下几种情况。

(1) 对某些存在致命风险的工程拒绝投标。

(2) 利用合同保护自己，不承担应该由业主承担的风险。

(3) 不接受实力差、信誉不佳的分包商和材料、设备供应商，即使其是业主或者有实权的其他任何人推荐的。

(4) 不委托道德水平低下或其他综合素质不高的中介组织或个人。

2. 承担小风险，回避大风险

在建筑工程项目决策时要注意放弃明显导致亏损的项目。对于风险超过自己的承受能力，成功把握不大的项目，不参与投标，不参与合资。甚至有时在工程进行到一半时，预测后期风险很大，必然有更大的亏损，不得不采取中断项目的措施。

3. 为了避免风险而损失一定的较小利益

利益可以计算，但风险损失是较难估计的，在特定情况下可采用此种做法，如在建材市场，有些材料价格波动较大，承包商与供应商提前订立购销合同并付一定数量的定金，从而避免因涨价带来的风险；采购生产要素时应选择信誉好、实力强的分包商，虽然价格略高于市场平均价，但分包商违约的风险减小了。

规避风险虽然是一种风险响应策略，但应该承认，这是一种消极的防范手段。因为规避风险固然避免损失，但同时也失去了获利的机会。如果企业想生存、图发展，又想回避其预测的某种风险，最好的办法就是采用除规避以外的其他策略。

(二) 建筑工程项目风险减轻

承包商的实力越强，市场占有率越高，抵御风险的能力也就越强，一旦出现风险，其造成的影响就相对显得小些。如承包商承担一个项目，出现风险会使他难以承受；若承包若干个工程，其中一旦在某个项目上出现风险损失，还可以由其他项目的成功加以弥补。这样，承包商的风险压力就会减轻。

在分包合同中，通常要求分包商接受建设单位合同文件中的各项合同条款，使分包商分担一部分风险。有的承包商直接把风险比较大的部分分包出去，将建设单位规定的误期损失赔偿费如数订入分包合同，分散这项风险。

(三) 建筑工程项目风险转移

建筑工程项目风险转移是指承包商在不能回避风险的情况下，将自身面临的风险转移给其他主体来承担。

风险的转移并非转嫁损失，有些承包商无法控制的风险因素，其他主体却可以控制。风险转移一般是指对分包商和保险机构而言。

1. 转移给分包商

工程风险中的很大一部分可以分散给若干分包商和生产要素供应商。例如，对待业主拖欠工程款的风险，可以在分包合同中规定在业主支付给总包后若干日内向分包方支付工程款。承包商在项目中投入的资源越少越好，以便一旦遇到风险，可以进退自如，可以采取租赁或指令分包商自带设备等措施来减少自身资金、设备风险。

2. 工程保险

购买保险是一种非常有效的转移风险的手段，将自身面临的风险很大一部分转移给保险公司来承担。

工程保险是指业主和承包商为了工程项目的顺利实施，向保险人（公司）支付保险费，保险人根据合同约定对在工程建设中可能产生的财产和人身伤害承担赔偿保险金责任。

3. 工程担保

工程担保是指担保人（一般为银行、担保公司、保险公司以及其他金融机构、商业团体或个人）应工程合同一方（申请人）的要求向另一方（债权人）做出的书面承诺。工程担保是工程风险转移的一项重要措施，它能有效地保障工程建设的顺利进行，许多国家政府都在法规中规定要求进行工程担保，在标准合同中也含有关于工程担保的条款。

（四）建筑工程项目风险自留

建筑工程项目风险自留是指承包商将风险留给自己承担，不予转移。这种手段有时是无意识的，即当初并不曾预测的，不曾有意识地采取种种有效措施，以致最后只好由自己承受；但有时也可以是主动的，即经营者有意识、有计划地将若干风险主动留给自己。

决定风险自留必须符合以下条件之一。

(1) 自留费用低于保险公司所收取的费用。

(2) 企业的期望损失低于保险人的估计。

(3) 企业有较多的风险单位，且企业有能力准确地预测其损失。

(4) 企业的最大潜在损失或最大期望损失较小。

(5) 短期内企业有承受最大潜在损失或最大期望损失的经济能力。

(6) 风险管理目标可以承受年度损失的重大差异。

(7) 费用和损失支付分布于很长的时间里，因而导致很大的机会成本。

(8) 投资机会很好。

(9) 内部服务或非保险人服务优良。

如果实际情况与以上条件相反，则应放弃风险自留的决策。

三、建筑工程项目风险管理计划

建筑工程项目风险响应的结果应形成以项目风险管理计划为代表的书面文件，其中应详细说明风险管理目标、范围、职责、对策的措施、方法、定性和定量计算、可行性以及需要的条件和环境等。

建筑工程风险管理计划的编制应该确保在相关的运行活动开展以前实施，并且与各种项目策划工作同步进行。

风险管理计划可分为专项计划、综合计划和专项措施等。专项计划是指专门针对某一项风险（如资金或成本风险）制订的风险管理计划；综合计划是指项目中所有不可接受风险的整体管理计划；专项措施是指将某种风险管理措施纳入其他项目管理文件中，如新技术应用中的风险管理措施可编入项目设计或施工方案，与施工措施有机地融为一体。

从操作角度上讲，项目风险管理计划是否需要形成专门的单独文件，应根据风险评估的结果进行确定。

第五节　建筑工程项目风险控制

风险监控是建筑施工项目风险管理的一项重要工作，贯穿项目的全过程。风险监测是在采取风险应对措施后，对风险和风险因素发展变化的观察和把握；风险控制则是在风险监测的基础上，采取的技术、作业或管理措施。在项目风险管理过程中，风险监测和控制交替进行，即发现风险后经常需要马上采取控制措施，或风险因素消失后立即调整风险应对措施。因此，常将风险监测和控制整合起来考虑。

一、风险预警

建筑施工项目进行中会遇到各种风险，要做好风险管理，就要建立完善的项目风险预警系统，通过跟踪项目风险因素的变动趋势，测评风险所处状态，尽早地发出预警信号，及时向业主、项目监管方和施工方发出警报，为决策者掌握和控制风险争取更多的时间，尽早采取有效措施防范和化解项目风险。

在工程中需要不断地收集和分析各种信息。捕捉风险前奏的信号，可通过以下几条途径进行。

(1) 天气预测警报。

(2) 股票信息。

(3) 各种市场行情、价格动态。

(4) 政治形势和外交动态。

(5) 各投资者企业状况报告。

(6) 在工程中通过工期和进度的跟踪、成本的跟踪分析、合同监督、各种质量监控报告、现场情况报告等手段，了解工程风险。

(7) 在工程的实施状况报告中应包括风险状况报告。

二、建筑工程项目风险监控

在建筑工程项目推进过程中，各种风险在性质和数量上都是在不断变化的，有可能增大或者衰退。因此，在项目整个生命周期中，需要时刻监控风险的发展与变化情况，并确定随着某些风险的消失而带来的新的风险。

(一) 风险监控的目的

风险监控的目的有以下三个。

(1) 监视风险的状况，例如，风险是已经发生、仍然存在还是已经消失。

(2) 检查风险的对策是否有效，监控机制是否在运行。

(3) 不断识别新的风险并制定对策。

(二) 风险监控的任务

风险监控的任务主要包括以下三个方面。

(1) 在项目进行过程中跟踪已识别风险、监控残余风险并识别新风险。

(2) 保证风险应对计划的执行并评估风险应对计划的执行效果。评估的方法可以采用项目周期性回顾、绩效评估等。

(3) 对突发的风险或“接受”风险采取适当的权变措施。

(三) 风险监控的方法

风险监控常用的方法有以下三种。

(1) 风险审计：专人检查监控机制是否得到执行，并定期做出风险审核。例如，在大的阶段点重新识别风险并进行分析，对没有预计到的风险制订新的应对计划。

(2) 偏差分析：与基准计划比较，分析成本和时间上的偏差。例如，未能按期完

工、超出预算等都是潜在的问题。

(3) 技术指标：比较原定技术指标和实际技术指标之间的差异。例如，测试未能达到性能要求，缺陷数大大超过预期等。

三、建筑工程项目风险控制对策

(一) 实施风险控制对策应遵循的原则

1. 主动性原则

对风险的发生要有预见性与先见性，项目的成败结果不是在结束时出现的，而是在开始时产生的，因此，要在风险发生之前采取主动措施来防范风险。

2. "终身服务" 原则

从建筑工程项目的立项到结束的全过程，都必须进行风险的研究与预测、过程控制以及风险评价。

3. 理智性原则

回避大的风险，选择相对小的或者适当的风险。对于可能明显导致亏损的拟建项目就应该放弃，而对于某些风险超过其承受能力，并且成功把握不大的拟建项目应该尽量回避。

(二) 常用的风险控制对策

(1) 加强项目的竞争力分析。竞争力分析是研究建筑工程项目在国内外市场竞争中获胜的可能性和获利能力。评价人员应站在战略的高度，首先分析建筑工程项目的外部环境，寻求建筑工程项目的生存机会以及存在的威胁；客观认识建筑工程项目的内部条件，了解自身的优势和劣势，提高项目的竞争力，从而降低项目的风险。

(2) 科学筛选关键风险因素。建筑工程项目中的风险有一定的范围和规律性，这些风险必须在项目参加者 (例如，投资者、业主、项目管理者、承包商、供应商等) 之间进行合理的分配、筛选，最大限度地发挥各方风险控制的积极性，提高建筑工程项目的效益。

(3) 确保资金运行顺畅。在建设过程中，资金成本、资金结构、利息率、经营成果等资金筹措风险因素是影响项目顺利进行的关键因素，当这些风险因素出现时，会出现资金链断裂、资源损失浪费、产品滞销等情况，造成项目投资时期停建，无法收尾。因此，投资者应该充分考虑社会经济背景及自身经营状况，合理选择资金的构成方式，来规避筹资风险，确保资金运行顺畅。

（4）充分了解行业信息，提高风险分析与评价的可靠度。借鉴不同案例中的基础数据和信息，为承担风险的各方提供可供借鉴的决策经验，提高风险分析与评价的可靠度。

（5）采用先进的技术方案。为减少风险产生的可能性，应该选择有弹性、抗风险能力强的技术方案。

（6）组建有效的风险管理团队。风险具有两面性，既是机遇又是挑战。这就要求风险管理人员加强监控，因势利导。一旦发生问题，要及时采取转移或缓解风险的措施。如果发现机遇，就要把握时机，利用风险中蕴藏的机会来获得回报。

当然，风险应对策略远不止这些，应该不断提高项目风险管理的应变能力，适时地采取行之有效的应对策略，以保证风险程度最低化。

任何人对自己承担的风险应有准备和对策，应有计划，应充分利用自己的技术、管理、组织的优势和经验，在分析与评价的基础上建立完善的风险应对管理制度，采取主动行动，合理地使用规避、减少、分散或转移等方法和技术对建筑工程项目所涉及的潜在风险因素进行有效的控制，妥善地处理风险因素对建筑工程项目造成的不利后果，以保证建筑工程项目安全、可靠地实现既定目标。

第十章　建筑工程项目成本管理

第一节　建筑智能化工程项目成本及成本管理的理论

一、建筑智能化工程项目成本的概念及构成

(一) 建筑智能化工程项目成本的概念

建筑智能化工程项目成本是指承包方以建筑智能化项目作为成本核算对象，在建筑智能化过程中所耗费的生产资料转移价值和劳动者的必要劳动所创造的价值的货币形式。亦即某建筑智能化工程项目在建筑智能化中所发生的全部生产费用的总和，包括所消耗的主、辅材料，构配件，周转材料的摊销费或租赁费，建筑智能化机械的台班费，支付给生产工人的工资、奖金以及项目经理部（或分公司、工程处）为组织和管理工程建筑智能化所发生的全部费用支出。建筑智能化项目成本不包括劳动者为社会所创造的价值（如税金和计划利润），也不应包括不构成建筑智能化项目价值的一切非生产性支出。建筑智能化项目成本是建筑智能化企业的主要产品成本，亦称工程成本，一般以项目的单位工程作为成本核算对象，通过各单位工程成本核算的综合来反映建筑智能化项目成本。

在建筑智能化工程项目管理中，最终是要使项目达到质量高、工期短、消耗低、安全好等目标，而成本是这四项目标经济效果的综合反映。因此，建筑智能化工程项目成本管理是核心。

(二) 建筑智能化工程项目成本的构成

建筑智能化工程项目成本由直接费、间接费、利润和税金组成。直接费包括直接工程费和措施费。间接费包括规费和企业管理费。

税金与企业管理费中税金的区别。建筑智能化工程税金是指国家税法规定的应计入建筑智能化工程造价的营业税、城市维护建设税及教育费附加，而企业管理费中的税金是指企业按规定缴纳的房产税、车船使用税、土地使用税、印花税等。建筑智能化工程项目成本一般可分为项目预算成本、项目计划目标成本、项目实际成本。

二、建筑智能化工程项目成本管理的概念及相关理论

(一) 建筑智能化工程项目成本管理的概念

项目成本管理是企业的一项重要的基础管理工作。成本管理关系到一个企业的经济效益，关系到企业的生存和发展。结合建筑智能化企业本行业特点，该类企业需要以建筑智能化过程中直接耗费为原则，以货币为主要计量单位，对项目从开工到竣工所发生的各项收、支进行全面系统的管理，以实现建筑智能化工程项目成本最优化目的的过程。建筑智能化企业需要提高市场竞争力，要在建筑智能化工程项目中以尽量少的物化消耗和活劳动消耗来降低工程成本，把影响工程成本的各项耗费控制在计划范围内，实现成本管理。项目成本管理主要包括成本计划的编制和成本控制两大方面。

工程项目成本管理由于自身所处的重要地位，已经成为建筑企业经济核算体系的基础，是企业成本管理中不可缺少的有机组成部分。但是，工程项目成本管理同时又与企业成本管理存在原则的区别。既不能简单地把企业成本理解为工程项目成本的数字叠加，也不能盲目地把工程项目成本理解为企业成本的直接分解。这两种倾向都将导致工程项目成本管理走入误区。

工程项目成本管理和企业成本管理的区别。

第一，工程项目和建筑智能化企业分别是企业的成本中心和利润中心。工程项目作为建筑智能化企业最基本的工程管理实体以及企业与业主所签订的工程承包合同事实上的履约主体，肩负着对建筑的建筑智能化全面、全过程管理的责任。这种基本管理模式变革，促使建筑智能化企业将其管理重心向建筑智能化项目下沉，以适应建筑市场日益激烈的竞争形势，求得企业生存、发展的空间。所谓工程项目是企业的成本中心，是指建筑设备的价格在合同内确定之后，企业剔除产品价格中的经营性利润部分和企业应收取的费用部分，将其余部分以预算成本的形式，连同所有涉及建筑设备的成本负担责任和成本管理责任，下达转移到建筑智能化项目，要求建筑智能化项目经过科学、合理、经济的管理，降低实际成本，取得相应效益。

第二，建筑智能化项目成本管理与企业成本管理相比具有鲜明的自身特征。工程项目成本管理，不能简单地认为把建筑企业的成本核算内容和方法下移至建筑智能化中，就可以自然形成，并发挥预期的作用。事实上，工程项目成本管理是对建筑智能化项目成本活动过程的管理，这个过程充满着不确定因素。因此，它不仅仅局限在会计核算的范畴内。工程项目成本核算具有自己独有的规律性特点，而这些特点又是与工程项目管理所具有的本质联系在一起。

1. 建筑智能化工程项目成本管理的内容

(1) 确定目标成本

任何项目都具有特定的目标，这是项目管理的一个特点，在成本管理中必须确定目标成本即采用正确的预测方法，对工程项目总成本水平和降低成本可能性进行分析预测，提出项目的目标成本。这个目标值可以为正确的投标决策提供根据，也可以对各方面的管理提出要求，以确保项目的最佳经济效益。

(2) 开展目标成本管理

目标成本要横向纵向地展开管理，形成一个目标成本体系，实现纵向一级保一级，横向关联部门明确责任，加强协作，使项目进展中每个参与单位、每个部门都承担义务，来保证总体目标的实现。

(3) 编制成本计划

成本计划是确定项目应达到的降低成本水平，并制定措施，使之实现的具体方案与规划。目的是最大限度地节约人力物力，保质保量按期完成项目建设。编制成本计划是实现项目管理计划职能，提前揭露矛盾，协调工程项目有序达到预期目标成本的手段，也是项目总计划的重要组成部分。编制项目成本计划，要与设计、技术、生产、材料、劳资等部门的计划密切衔接，综合反映项目的预期经济效果。

(4) 成本控制

成本控制是在既定工期、质量、安全的条件下把工程实际成本控制在计划范围内。成本控制要通过目标分解、阶段性目标的提出、动态分析、跟踪管理、实施中的反馈与决策来实施成本控制；以直接费的监测为成本控制中心，不断地对工程项目中各分项工程的实物工程量的工程收入，以及支付的生产费用加以统计，发现超支趋势，及时采取补救措施。

(5) 成本考核

成本考核是对项目的经济效益，对成本管理成果的检验。在项目进行的不同阶段要考核，在项目的不同单位工程上也要考核。成本考核是项目建设成果考核的一个重要方面。在成本考核中，主要考核降低成本目标完成情况、成本计划执行情况，项目成本核算中有关口径和方法是否正确，是否遵守了国家规定的成本管理方针、政策和制度，以便对项目的成本管理做出评价。

(6) 成本分析

成本分析是指分析项目成本的升降情况、经济效益与管理水平的变化情况，各项目成本的收支变化情况，从而总结人工费、材料费、机械费、其他直接费和管理

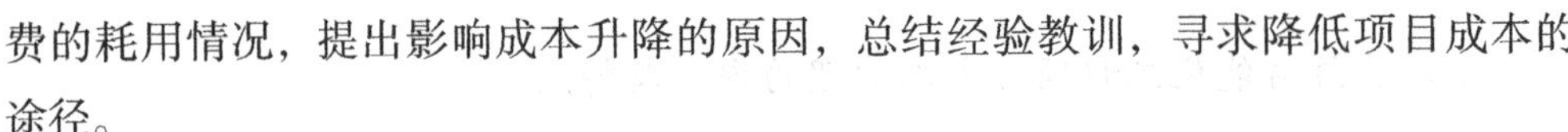

费的耗用情况，提出影响成本升降的原因，总结经验教训，寻求降低项目成本的途径。

(7) 成本档案管理

建立项目成本档案具有重要的意义，一个项目建设完成，成本管理要投入大量的图、表、账簿、计算底稿和文字资料，这些都是宝贵的信息资料，应当认真整理，立卷归档。这对积累经验、提高项目成本管理水平、充实企业的“信息库”会带来很多方便。

综上所述，建筑智能化项目成本管理系统中每一个环节都是相互联系和相互作用的。概括为成本预测、成本计划、成本控制、成本核算、成本考核和成本分析六个环节。成本预测是成本决策的前提；成本计划是成本决策所确定目标的具体化；成本控制则是对成本计划的实施进行监督，保证成本目标实现；而成本核算又是成本计划是否实现的最后检验，它所提供的成本信息又为下一个建筑智能化项目成本预测和决策提供基础资料；成本考核是实现成本目标责任制的保证和实现决策目标的重要手段。

2. 建筑智能化工程项目成本管理的特点

智能化工程建筑智能化项目成本管理系统是一个涉及人、财、物、信息、时间等因素，涉及国家基本建设计划、各项经济政策、智能化市场等外界环境因素，以及企业内部以工程项目为核心的各专业职能部门（经营、生产、计划、技术、质量、安全、材料、设备、劳资、财务、政工、后勤和行政等）多层次多变量的复杂的分散结构系统，其内部各环节、各方面都处在一种多因素的交错综合、相互作用的非线性运动中，并与外界不断交换物质和能量的信息。这就使工程项目成本管理有其自身的特殊性，其主要特点有：确定项目的目标成本，为编制标书报价提供依据，尽量为中标创造条件；在中标价格的基础上，编制建筑智能化成本计划；参与制定建筑智能化项目目标成本保证体系，协调项目经理部各有关人员的关系，相互协作，解决项目目标成本在实施过程中出现的问题；开展项目目标成本管理活动，设计出建筑智能化工程项目的“成本方案”，使项目成本总目标落到实处，包括目标分解，提出阶段性目标，实施目标检查、考核和控制等；向项目经理部各有关部门提供成本控制所需要的成本信息；计算出成本超支额，调查引起超支的原因并提出应采取的纠正措施的建议和方法；对成本进行预测，按项目经理要求，定期提出项目的成本预测报告；监视项目成本变化情况并及时将影响成本的重大因素向项目经理报告；对建筑智能化项目的变更情况做出完整的记录，对替换用设计方案提出快速、准确的成本估算，并与索赔工程师商定索赔方案；向企业和信息中心反馈成本信息并存储；对项目经理部各个部门的成本目标进行考核。

(三) 建筑智能化工程项目成本管理流程

建筑智能化项目成本管理的程序是指从成本预测开始，经编制成本计划，采取降低成本的措施，进行成本控制，直到成本考核为止的一系列管理工作步骤。

按照建筑智能化工程项目成本管理流程图，根据其工作内容所设计的时间系列划分，可以将建筑智能化工程项目成本管理分为事前成本控制、事中成本控制和事后成本控制。这三个阶段实际上涵盖了项目实施的全过程，任何一个阶段的工作出现缺陷，发生偏差，或者出现不可预测的事故，都会产生成本失控的问题，给项目或者企业带来严重的损失。

1. 事前成本控制

事前成本控制是指在建筑智能化项目成本发生之前，对影响建筑智能化项目成本的因素进行规划，对未来的成本水平进行预测，对将来的行动方案做出安排和选择的过程。事前成本控制包括成本预测、成本决策、成本计划等工作环节，在内容上包括降低成本的专项措施选择、成本管理责任制以及相关制度的建立和完善等内容。事前成本控制对强化建筑智能化项目成本管理极为重要，未来成本的水平高低及其发展趋势主要由事前成本控制决定。

2. 事中成本控制

事中成本控制亦即过程控制，是在建筑智能化项目成本发生过程中，按照设定的成本目标，通过各种方法措施提高劳动生产率，降低消耗的过程。事中成本控制针对成本发生过程而言所用的方法主要有标准成本法、责任成本管理、班组成本核算、合理利用材料、建筑智能化的合理组织和安排、生产能力的合理利用以及建筑智能化现场管理等。事中成本控制首先要以建筑智能化项目成本计划、目标成本等指标为标准，使发生的实际不超过这些标准。其次，要在既定的质量标准和工作任务条件下，尽可能降低各种消耗，使成本不断下降。事中成本控制的内容大多属于建筑智能化项目日常成本控制的内容。

3. 事后成本控制

事后成本控制是在建筑智能化项目成本发生之后对成本进行核算、分析、考核等。严格地讲，事后成本控制不改变已经发生的工程成本，但是，事后成本控制体系的建立，对事前、事中的成本控制起到促进作用。另外，通过事后成本控制的分析考核工作，可以总结经验教训，以改进下一个同类建筑智能化项目的成本控制。

第二节　建筑施工企业工程项目质量成本预测

质量成本预测是质量成本管理环节中的一个重要环节，是质量成本管理开始的一个环节，对质量成本预测进行研究具有重要的意义。

一、工程项目开展质量成本预测的意义

在工程项目质量成本管理活动中，质量成本预测是质量成本管理方案决策和实施的基础，其具体意义如下所述。

（一）是总结经验和提高学习的过程

一个工程项目在开工前，应该对工程项目的质量成本进行预测，收集国内外同行业的质量成本数据，不断总结经验，为以后工程项目的质量成本预测提供参考的依据。

（二）是质量成本目标决策的基础

质量成本预测的作用之一就是能够使质量成本管理人员着眼于未来，从全局的角度出发来进行决策，使项目能够根据发展状态，及时采取相应的措施。如果没有进行质量成本的预测，做出的成本决策就是没有保障的，所以质量成本预测是质量成本决策的基础。

（三）是编制质量成本计划的依据

工程项目的质量成本预测是在编制项目质量成本计划时必不可少的科学分析阶段，要想制订合理的质量成本计划，就必须以质量成本的预测为基础，质量成本预测为选择最优计划方案提供科学的依据。

二、工程项目质量成本预测的原则

工程项目质量成本预测的原则主要有以下几个方面。

（一）充分性原则

在对工程项目进行质量成本预测时，应该充分考虑影响质量成本的诸多因素，并对这些影响因素进行分析，权衡它们与质量成本的内在联系，建立实用的质量成本预测模型。

（二）相关性原则

各种质量成本的预测模型适用于不同的条件，在进行预测模型选择时应该遵循相关性原则。

（三）时间性原则

一般来说，质量成本的预测期越短，定量预测的精度相对来说越高；相反，质量成本的预测期越长，定量预测的精度就越低。所以，在进行质量成本预测时应该根据工程项目时间的长短，对质量成本进行不同的预测，所采用的模型相对来说也不同。

（四）客观性原则

质量成本预测的结果是否具有可靠性，不仅在于所选用的预测模型本身是否合理，还在于所依据的资料是否完整、准确。所以，在进行质量成本预测时，必须广泛收集和质量成本相关的信息，同时应该重视质量成本管理人员长期积累的实践经验，使定性预测和定量预测相结合，以使质量成本预测结果更具有客观性和合理性。

（五）实用性原则

在对质量成本进行预测时，假如用简单的方法和复杂的方法都能够达到目的，就尽量用简单的方法，避免用复杂的方法。解决问题的方法越简单，效率就越高，成本相对也越低。

三、质量成本预测的程序

对工程项目进行质量成本预测的一般程序可以分为下面五个步骤。

（一）确定预测目标

在进行质量成本预测时，首先应该根据建筑施工企业工程项目总的管理目标以及全面质量管理的要求，确定质量水平与质量成本的最佳值，然后在质量成本预测目标明确的前提下，将目标成本进行分解，以达到最佳的质量成本分配。在各种方案都确定的情况下，再根据预测目标来执行。

(二) 收集、检验所需的信息资料

质量成本预测涉及的影响因素种类繁多，要求收集和分析研究的资料比较多，要使收集的信息能够可靠、有用，必须满足下面的条件之一。

能够反映质量水平变化的资料和信息；能够反映施工企业效益变化趋势的信息；能够反映质量成本变化的资料和信息；与质量成本存在一定关系的资料和信息；所收集的资料要有一定的完整性、代表性和真实性。

一般要收集的资料有：通过市场调查，了解业主对质量以及在交房之后保修期内的要求，以便施工企业采取相应的措施进行改进，确定较合理的质量成本，这种资料通常称为市场调查资料；同行业同质量水平下关于质量成本的信息；国家和地方关于质量水平的规定政策以及国际和国内质量标准发展的动态；所建设的工程在环境影响下的发展与变化；新工艺、新技术的应用；材料等价格的变动情况；有关质量成本方面的历史资料；其他相关资料。

(三) 对收集的资料信息进行整理

收集到足够多的资料信息后，需要整理，然后进行分析，去除一些对质量成本预测没有作用的信息，对剩下的信息中进行分析、组织、研究，以便做出正确的判断。

1. 建立和运用质量成本预测模型

预测模型是用数学语言或逻辑思维推理来描述和研究某一经济事件与各影响因素之间，或相关性的各经济事件之间数量或逻辑关系的关系。预测模型是对客观事件发展变化的高度概括和抽象的模拟。质量成本的预测模型一般可以分为两类，一种是用于定性预测的逻辑推理模型，一种是用于定量预测的数学模型，数学模型既可以用数学公式来表达，也可以用图表来表达。

2. 修正预测值

用模型预测的质量成本与实际结果会有一定的差距，其主要原因有以下两个方面：第一，因为常常是借助预测模型来预测数据，把过去的资料信息引申到未来而得到的结果，由于未来会出现一些不确定因素，其预测的结果就会与预期的数值存在一定的差异；第二，预测模型总会有一定假设性，由于在预测的过程中会把一些因素给简化，其预测结果很可能与预期的数值不相吻合。所以，为了使预测值比较准确，应该分析各方面的影响因素，对预测的结果进行修正，确保在质量成本管理的过程中预期目标能够实现，这些是通过采用经验丰富的专家所估计的数据来实现的。

3. 修正预测模型

对于预测出来的数值应该与工程项目在建设过程中的实际发生值进行对比分析，发现其中所存在的误差大小，便于预测模型的不断完善。

提出质量改进措施计划预测值出来以后，应该提出质量改进计划，为编制质量成本计划奠定基础。

（四）质量成本预测的方法

工程项目质量成本预测的方法，对不同性质、不同目的的质量成本的预测方法是有所区别的，但总的来说质量成本预测的方法可以分为定性预测方法、定量预测方法、定性与定量相结合的预测方法三类。

1. 定性预测

定性预测是指在对事物进行调查、分析和研究之后，通过运用相关的历史资料和收集到的有关事物的信息资料，对未来质量成本状况所进行的描述性分析和推理，这些要凭借综合分析的主观判断能力和经验。因为定性预测最重要的是要求管理人员要有一定的敬业精神和判断事物的能力，所以在运用定性预测时不仅要对施工企业以前的工程项目的相关资料有深入的研究，而且还要对现在的工程项目的情况有所分析。这种方法简便易行，在资料不多、难以进行定量预测时适用。常用的定性预测方法有如下两种。

（1）调查研究判断法

调查研究判断法是指通过对事物的历史与现状的调查了解，查询有关资料，由专业人员结合经验教训，对今后事物发展方向和可能程度做出推断的方法。传统的调查研究判断法是通过座谈会或者讨论会，将相关专家集中起来，让各方面有经验的专家交换意见，以达到某种一致的结论。这种方法应用比较广泛，但也存在其自身的缺点，其缺点有缺乏代表性、意见不一致等。

（2）特尔斐法

特尔斐法是在考虑到调查研究判断法相关缺点下产生的一种方法。这种方法通过调查以及相关信息的反馈，便于专家进行有组织的、匿名的思想交流，这样做的目的就是减少或者消除面对面会议的缺点。其基本步骤如下：确定质量成本目标并写成信函寄给各位专家；各专家对质量成本目标写出自己的看法，并写出依据；收起专家的意见进行整理归纳，并形成新的预测方案，再次写成信函寄给各位专家，请他们发表意见；重复第三步骤，使各位专家意见趋于一致。

特尔斐法通常用于较长期的预测以及确定的新技术预测或者变更的一些因素确定，这种方法虽然也有缺点，但其使用也比较广泛，尤其是在长期预测中。

2. 定量预测

定量预测是利用以往的质量成本数据和影响因素之间的数量关系，通过建立数学模型来推测、计划未来质量成本费用的可能结果。定量预测方法可以分为两类，一类是时间序列分析法，另一类是因果关系分析法。

时间序列分析法是利用有关的质量成本与时间变量之间的某种函数关系，或直接利用收集的时间序列资料借以描述相关的质量成本，依据时间发展变化趋势，并通过趋势外推预测有关的质量成本。时间序列分析法在某种意义上承认了事物发展是具有连续性的，并认为过去的状况在未来的发展里同样会发生。这种方法着重研究的是事物发展变化的内在原因，要求在研究的时候具有完整的历史统计资料及相关信息。

对质量成本进行预测，就是根据事物历史规律预测事物未来的发展，其前提就是要找出事物发展的规律。所以，在收集了事物的一定信息和数据之后，在对质量成本进行预测时该选用哪种预测模型，不是随便选择的，而必须根据事物发展的规律性来选择。在选择预测模型进行预测前，应该对收集到的相关数据和信息进行分类及研究，然后再选择预测模型。怎样才能选择较好的数学模型，原则上，要经过下面三个步骤。

(1) 数据的辨别

当数据的平稳性、季节性、发展趋势、随机性等基本特征被发现之后，就应该从相应的模型中，选出一种较适合的模型。

(2) 寻找模型的最佳参数

在质量成本的预测模型选出来之后，首先就要估算出质量成本的目标值，这样做的目的是使预测模型与质量成本目标值之间的误差能够达到最小，这些通常都是借助计算机来实现的。

(3) 检验模型的有效性

在经过前面两步之后，模型已经选择出来，相应的数值也预测出来了。这个模型所预测的数据能不能应用于实际工程中，还需要检查这些预测数据是否有效。

3. 组合预测

从某种意义上来说，定性预测和定量预测的优缺点恰好是相互补充的，在进行质量成本预测时，综合运用定性和定量模型，可以使质量成本预测更符合实际。定性和定量组合的方式主要有下面三类。

(1) 定性在前的质量成本预测方法

在进行定量预测前，对一些质量成本有必要进行定性分析，并对采用的数学模型进行适当调整。

(2) 定量在前的质量成本预测方法

在进行定性分析前，先用数学模型对质量成本进行定量分析，然后再考虑其他方面的因素，对定量分析进行调整，最后才确定定量和定性相结合的综合分析来确定质量成本的预测值。

(3) 定性和定量同时进行的预测分析

在进行质量成本预测时，同时应用定性和定量分析相结合，使质量成本预测值更加准确。在实践中，往往是把定性和定量结合起来进行的，有时候很难绝对地把它们区分开来。所以，针对不同的问题，应灵活运用定性定量相结合的综合预测方法。

第三节　建筑智能化工程项目成本的控制研究

一、建筑智能化工程项目成本的事前控制研究

由于项目成本管理具有事先能动性的显著特征，一般在项目管理的起始点就要对成本进行预测，制订计划，明确目标，然后以目标为出发点，采取各种技术、经济和管理措施以实现目标。

(一) 建筑智能化工程项目成本的事前控制的基本方法

1. 加强成本控制观念

加强成本控制观念，建筑智能化工程项目成本控制不单是项目经理、财务人员的职责，它涉及企业的所有部门、班组和每一位职工，项目成本控制是一个全员全过程的成本控制。建筑智能化工程承包企业要经常加强成本管理教育，强化成本控制观念，只有使企业的每位职工都认识到加强成本控制不仅是企业盈利和生存发展的需要，更是自身经济的需要，成本控制才能在建筑智能化企业成本管理中得以贯彻和实施。

2. 加强工程投标管理

建筑智能化企业要根据日常工作的积累、良好的前瞻性以及对市场的敏感度，通过对工程项目事前的目标成本预测控制，确定工程项目的成本期望值，合理确定本企业投标报价。对工程投标项目部的费用进行与标价相关联的总额控制，规范标书费、差旅费、咨询费、办公费等开支范围和标准，以达到降低工程投标成本的目的。

3. 加强合同管理

工程中标后，建筑智能化企业要与建设单位签订建筑智能化合同，签订合同时要确保构成合同的各种文件齐全、合同条款齐全、合同用词准确、对工程可能出现的各种情况有足够的预见性。规范的合同管理，有利于维护企业的合法权益。合同管理是建筑智能化企业管理的重要内容，也是降低工程成本、提高经济效益的有效途径，企业应加强合同管理。

4. 搞好成本预测

工程项目中标后，建筑智能化企业要组建以项目经理为第一责任人的项目经理部，项目经理要责成各有关人员结合中标价格，根据建设单位的要求、建筑智能化图纸及建筑智能化现场的具体条件，对项目的成本目标进行科学预测，根据实际情况制定出最优建筑智能化方案，拟定项目成本与所完成工程量的投入、产出，做到量效挂钩。

(二) 应用价值工程优化建筑智能化方案的事前成本控制

对同一工程项目的建筑智能化，可以有不同的方案，选择最合理的方案是降低工程成本的有效途径。在建筑智能化准备阶段，采用价值工程，优化建筑智能化方案，可以降低建筑智能化成本，做到工程成本的事前控制。

1. 价值工程的主要思想及特点

所谓价值工程，指的是通过集体智慧和有组织的活动对产品或服务进行功能分析，使目标以最低的总成本 (寿命周期成本)，可靠地实现产品或服务的必要功能，从而提高产品或服务的价值。价值工程主要思想是通过对选定研究对象的功能及费用分析，提高对象的价值。

价值工程虽然起源于材料和代用品的研究，但这一原理很快就扩散到各个领域，有广泛的应用范围，大体可应用在两大方面：一是在工程建设和生产发展方面，二是在组织经营管理方面。价值工程不仅是一种提高工程和产品价值的技术方法，而且是一项指导决策，有效管理的科学方法，体现了现代经营的思想。价值工程的主要特点：

价值工程的目的是以降低总成本来可靠地实现必要的功能。在价值工程中，价值工程恰恰就要在有组织的活动中首先保证产品的质量 (功能)，在此基础上充分应用成本控制的节约原则，节约人力、物力、财力，在建筑智能化项目实施过程中减少材料的发生，降低设备的投资，以达到降低建筑智能化项目成本的目的。这一步是建立在功能分析的基础上的，只有这样才能把握好保证质量与材料节约的“度”，使产量与质量、质量与成本的矛盾得到完美的统一。

价值工程是一项有组织、有领导的集体活动。在应用价值工程时，必须有一个组织系统，把专业人员（如建筑智能化技术、质量安全、建筑智能化管理、材料供应、财务成本等人员）组织起来，发挥集体力量，利用集体智慧方能达到预定的目标。组织的方法有多种，在建筑智能化工程项目中，把价值工程活动同质量管理活动结合起来进行，不失为一种值得推荐的方法。

价值工程的核心是对产品进行功能成本分析。价值工程的核心是对产品或作业进行功能分析，即在项目设计时，在产品或作业进行结构分析的同时，还要对产品或作业的功能进行分析，从而确定必要功能和实现必要功能的最低成本方案（工程概算）。在建筑智能化工程项目时，在对工程结构、建筑智能化条件等进行分析的同时，还要对项目建设的建筑智能化方案及其功能进行分解，以确定实现建筑智能化方案及其功能的最低成本计划。

2. 建筑智能化工程项目的价值分析工作程序

价值工程已发展成一项比较完善的管理技术，在实践中已形成了一套科学的实施程序。这套实施程序实际上是发现矛盾、分析矛盾和解决矛盾的过程，通常是围绕以下七个合乎逻辑程序的问题展开的：这是什么？这是干什么用的？它的成本多少？它的价值多少？有其他方法能实现这个功能吗？新的方案成本多少？功能如何？新的方案能满足要求吗？解决这七个问题的过程就是价值工程的工作程序和步骤。即：选定对象；建立组织机构；收集情报资料；进行功能分析与评价；提出改进方案，并分析和评价方案；实施方案，评价活动成果。

（1）选择对象

价值工程的最终目标是提高效益。所以在选择对象时要根据既定的经营方针和客观条件正确选择开展价值工程的研究对象。正确地选择价值工程研究对象，是开展价值工程活动取得良好收效的关键。

对象选择的方法很多，主要有经验分析法、百分比法、强制确定法等。价值工程的应用对象和需要分析的问题，应根据项目的具体情况来确定，一般可从下列三个方面来考虑。一是设计方面。如设计标准是否过高，设计内容中有无不必要的功能等。二是建筑智能化方面。主要是寻找实现设计要求的最佳建筑智能化方案，如分析建筑智能化方法、流水作业、机械设备等有无不必要的功能（不切实际的过高要求）。三是成本方面。主要是寻找在满足质量要求的前提下降低成本的途径，应选择价值大的工程进行重点分析。

（2）组建价值工程小组、制订工作计划

价值工程活动和生产经营管理一样离不开严密的计划来组织和指导。价值工程计划管理主要是活动计划的制订、执行与控制。任何存在劳动分工与协作的集体活动客观上都需要组织管理，价值工程活动也不例外。价值工程既然是有组织的集体设计活动，就必须建立一套完整的组织体系，将企业同各方面联合起来协调各部门间的纵横关系，才能完成价值工程活动计划。可以这么说，强有力的领导，周密的组织和管理是保证价值工程活动计划的顺利实施并取得成效的前提条件。

价值工程小组的建立，要根据选定的对象来组织。可在项目经理部组织，也可在班组中组织，还可上下结合起来组织。价值工程的工作计划，其主要内容应该包括预期目标、小组成员分工、开展活动的方法和步骤等。

(3) 收集信息情报

价值工程所需要的信息情报是在各个工作步骤进行分析和决策时所需要的各种资料，包括基础资料、技术资料和经济资料。在选择价值工程研究对象的同时就要收集有关的技术情报及经济情报并为进行功能分析、创新方案和评价方案等步骤准备必要的资料。收集情报是价值工程全过程中不可缺少的重要环节，收集信息资料的工作是整个价值工程活动的基础。信息情报收集的目的在于了解对象和明确范围、统一思想认识和寻找改进依据。

(4) 功能系统分析与评价

从功能入手，系统地研究、分析产品及劳务，这是价值工程的主要特征和方法的核心。通过功能系统分析，加深对分析对象的理解，明确对象功能的性质和相互关系从而调整功能结构，使功能结构平衡，功能水平合理。价值工程的主要目的就是要在功能系统分析的基础上探索功能要求，通过创新，获得以最低成本可靠地实现这些功能的手段和方法，提高对象的价值。功能系统分析包括功能定义、功能整理和功能计算三个环节。

功能评价包括研究对象的价值评价和成本评价两个方面的内容。价值评价着重计算、分析研究对象的成本与功能间的关系是否协调，平衡计算功能价值的高低，评定需要改进的具体对象。功能价值是指“可靠地”实现用户功能要求的最低成本。在计算得到的功能价值的基础上，还要根据企业的现实条件，如生产、技术、经营、管理的水平和条件，以及市场情况、清户要求等具体分析、研究制定本次活动的成本目标值即确定对象的功能目标成本。

(5) 提出改进方案，并进行分析与评价

方案创新和评价阶段是价值工程活动中解决问题的阶段，在建筑智能化项目价值分析中，主要包括提出改进方案、评价改进方案和选择最优方案三个步骤。提出改进方案，目的是寻找有无其他方法能实现这项功能；评价改进方案，主要是对提出的改进方案，从功能和成本两个方面进行评价，具体计算新方案的成本和功能值；选择最优方案，即根据改进方案的评价，从中优选最佳方案。

(6) 实施方案，评价活动成果

对建筑智能化项目进行价值分析的最后阶段是实施方案，评价活动成果。改动建筑智能化方案关系着业主和承包商两方的利益，所以根据改进方案的比较评价结果，确定采纳方案之后，要形成提案，交有关部门验收。具体步骤如下：提出新方案，报送项目经理审批，有的还要得到监理工程师、设计单位甚至业主的认可；实施新方案，并对新方案的实施进行跟踪检查；进行成果验收和总结。

3. 利用价值工程优化建筑智能化工程实施方案

结合价值工程活动，制定技术先进可行、经济合理的建筑智能化方案，主要表现在以下几个方面：通过价值工程活动，进行技术经济分析，确定最佳建筑智能化方案；结合建筑智能化方案，进行材料和设备使用的比选，在满足功能要求的前提下，制订计划，组织实施。为保证方案得以顺利实施，首先要编制具体实施计划，对方案的实施做出具体的安排和落实。一般应做到四个落实：组织落实、经费落实、时间落实和条件落实。实施建筑智能化，做好各阶段的记录工作，动态分析功能成本比，即价值，为日后的项目积累经验；通过价值工程活动，结合项目的建筑智能化工程组织设计和所在地的自然地理条件，对降低材料和设备的库存成本和运输成本进行分析，以确定最节约的材料采购方案和运输方案，以及合理的材料储备。

4. 运用价值工程分析建筑智能化方案的优势

由于价值工程扩大了成本控制的工作范围，因此，从控制项目的寿命周期费用出发，应结合建筑智能化，研究工程设计的技术经济的合理性，探索有无改进的可能性，包括功能和成本两个方面，以提高建筑智能化项目的价值系数。同时，通过价值分析来发现并消除工程设计中的不必要功能，达到降低成本、降低造价的目的。表面看，这对项目经理部并没有太多益处，甚至还会因为降低了造价而减少工程结算收入。但是，我们应看到，其带来的优势确实是重要的，主要有以下四个方面。

通过对工程建筑智能化工程项目方案进行价值工程活动分析，可以更加明确建设单位的要求，更加熟悉设计要求、结构特点和项目所在地的自然地理条件，从而更有利于建筑智能化方案的制定，更能得心应手地组织和控制建筑智能化工程项目。

对工程建筑智能化工程项目方案进行价值工程活动分析，对提高项目组织的素质，改善内部组织管理，降低不合理消耗等，也有积极的直接影响。

通过价值工程活动，可以在保证质量的前提下，为用户节约投资、提高功能、降低寿命周期成本，从而赢得建设单位的信任，有利于甲乙双方关系的和谐与协作，同时，还能提高自身的社会知名度，增强市场竞争能力。

项目经理部能在满足业主对项目的功能要求，甚至提高功能的前提下，降低建筑智能化项目的造价，业主通常都会给予降低部分一定比例的奖励，这个奖励则是建筑智能化项目的净收入。

尽管价值工程的概念引进我国已有多年，但在工程设计与工程建筑智能化中对控制项目投资和建筑智能化项目成本的应用还处在发展阶段，不过已有大量事实证明，在建筑智能化项目设计和准备阶段，应用价值工程对建筑智能化方案进行优化，降低成本，提高价值，对建筑智能化项目成本的事前控制是卓有成效的。特别是随着“勘察设计建筑智能化一体化总承包”的尝试和推广，价值工程越来越显示出它对控制项目投资和建筑智能化项目成本所能发挥的巨大作用。

二、建筑智能化工程项目成本的事中控制研究

建筑智能化项目成本控制的对象是建筑智能化的全过程，须对成本进行监督检查，随时发现偏差，纠正偏差，因此它是一个动态控制的过程。由于这个特点，成本的过程控制既是成本管理的重点，也是成本管理的难点。动态的过程需要管理者不仅要对过程的细节了解，更要提前做好风险发生的应对策略。

降低建筑智能化项目成本的途径，应该是既开源又节流，或者说既增收又节支。只开源不节流，或者只节流不开源，都不可能达到降低成本的目的，至少是不会有理想的降低成本效果。控制项目成本的措施归纳起来有三大方面：组织措施、技术措施、经济措施。项目成本控制的这三个措施是融为一体、相互作用的。项目经理部是项目成本控制中心，要以投标报价为依据，制定项目成本控制目标，各部门和各班组通力合作，形成以市场投标报价为基础的建筑智能化方案经济优化、物资采购经济优化、劳动力配备经济优化的项目成本控制体系。

(一) 组织措施

项目经理是项目成本管理的第一责任人，全面负责项目经理部成本管理工作，应及时掌握和分析盈亏状况，并迅速采取有效措施；工程技术部是整个工程建筑智能化工程项目技术和进度的负责部门，应在保证质量、按期完成任务的前提下尽可能采取先进技术，以降低工程成本；经营部主管合同实施和合同管理工作，负责工程进度款的申报催款工作，处理建筑智能化赔偿问题，经济部应注重加强合同预算管理，增创工程预算收入；财务部主管工程项目的财务工作，应随时分析项目的财务收支情况，合理调度资金；项目经理部的其他部门和班组都应精心组织，为增收节支尽责尽职。

(二) 技术措施

制定先进的、经济合理的建筑智能化方案，以达到缩短工期、提高质量、降低

成本的目的。建筑智能化方案包括四大内容：建筑智能化方法的确定、建筑智能化机具的选择、建筑智能化顺序的安排和流水、建筑智能化的组织。正确选择建筑智能化方案是降低成本的关键所在。

在建筑智能化过程中努力寻找各种降低消耗，提高工效的新工艺、新技术、新材料等降低成本的技术措施。

严把质量关，杜绝返工现象，缩短验收时间，节省费用开支。

（三）经济措施

1. 人工费控制管理，主要是改善劳动组织，减少窝工浪费；实行合理的奖惩制度，加强技术教育和培训工作；加强劳动纪律，压缩非生产用工和辅助用工，严格控制非生产人员比例。

2. 材料费控制管理，主要是改进材料的采购、运输、收发、保管等方面的工作，减少各个环节的损耗，节约采购费用；合理堆置现场材料，避免和减少二次搬运；严格材料进场验收和限额领料制度；制定并贯彻节约材料的技术措施，合理使用材料，综合利用一切资源。

3. 机械费控制管理，主要是正确选配和合理利用机械设备，搞好机械设备的维护保养，提高机械的完好率、利用率和使用效率，从而加快建筑智能化进度、增加产量、降低机械使用费。

4. 间接费及其他直接费控制，主要是精简管理机构，合理确定管理幅度与管理层次，节约建筑智能化管理费等。

三、建筑智能化工程项目成本的事后控制研究

建筑智能化工程项目成本的事后控制主要是在建筑智能化项目成本发生之后对成本进行核算、分析、考核等工作。严格讲，事后成本控制不改变已经发生的工程成本，但是，事后成本控制体系的建立，对事前、事中的成本控制起到促进作用，而且通过事后成本控制，建筑智能化工程承包企业可以积累更多的成本控制方面的经验和教训，为后续的成本控制奠定基础。

（一）建筑智能化工程项目成本核算

项目成本核算是指把一定时期内项目实施过程中所发生的费用，按其性质和发生地点，分类归集、汇总、核算，计算出该时期内生产经营费用发生总额和分别计算出每种产品的实际成本和单位成本的管理活动。其基本任务是正确、及时地核算产品实际总成本和单位成本，提供正确的成本数据，为企业经营决策提供科学依据，

并借以考核项目成本计划执行情况，综合反映建筑智能化工程项目的管理水平。

建筑智能化项目成本核算是其成本管理中最基本的职能，离开了成本核算，就谈不上成本管理，也就谈不上其他职能的发挥。建筑智能化项目成本核算在建筑智能化项目成本管理中的重要地位体现为两个方面：首先它是建筑智能化项目进行成本预测、制订成本计划和实行成本控制所需信息的重要来源；其次它是建筑智能化项目进行成本分析和成本考核的基本依据。

(二) 建筑智能化项目成本分析

建筑智能化项目的成本分析是指根据统计核算、业务核算和会计核算提供的资料，对项目成本的形成过程和影响成本升降的因素进行分析，以寻求进一步降低成本的途径（包括项目成本中有利偏差的挖潜和不利偏差的纠正）。另外，通过成本分析，可从账簿、报表反映的成本现象看清成本的实质，从而增强项目成本的透明度和可控性，为加强成本控制，实现项目成本目标创造条件。由此可见，建筑智能化项目成本分析是建筑智能化项目成本管理的重要组成内容。

(三) 建筑智能化项目成本考核

1. 建筑智能化项目成本考核的目的

建筑智能化项目成本考核，即项目成本目标（降低成本目标）完成情况的考核和成本管理工作的考核，是检验项目经理工作成效及工程项目经济效益的一种办法。项目成本管理是一个系统工程，而成本考核则是该系统的最后一个环节。如果对成本考核工作抓得不紧，或者不按正常的工作要求进行考核，前面的成本预测、成本控制、成本核算、成本分析都将得不到及时正确的评价。这不仅会挫伤有关人员的积极性，而且会给今后的成本管理带来不可估量的损失。建筑智能化项目的成本考核，要同时强调建筑智能化过程中的中间考核和竣工后的成本考核。中间考核可以有利于在施工项目的成本控制，而竣工后的成本考核虽然不能减少已完成项目的损失，但是可以为未来项目的实施提供宝贵的经验教训，这对企业的发展是至关重要的。

2. 建筑智能化项目成本考核的内容

建筑智能化项目成本考核的内容应该包括责任成本完成情况的考核和成本管理工作业绩的考核。从理论上讲，成本管理工作扎实，必然会使责任成本更好地落实，但是影响成本的因素很多，而且有一定的偶然性，往往会使成本管理工作得不到预期的效果，因此，为了鼓励有关人员对成本管理的积极性，应该通过考核对他们的工作业绩做出正确的评价。根据建筑智能化项目成本考核的需求，确定对应的建筑智能化项目成本考核的内容。

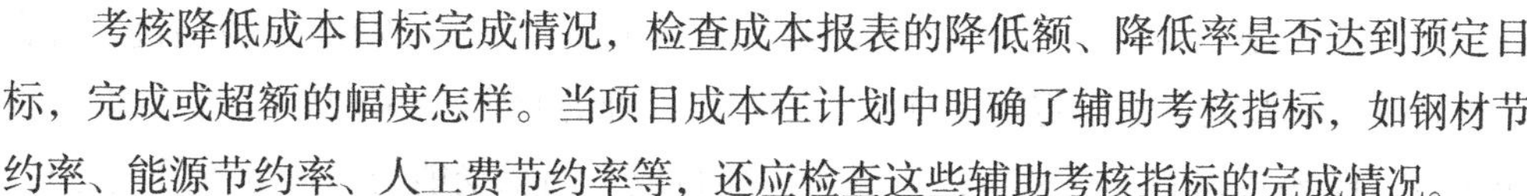

考核降低成本目标完成情况，检查成本报表的降低额、降低率是否达到预定目标，完成或超额的幅度怎样。当项目成本在计划中明确了辅助考核指标，如钢材节约率、能源节约率、人工费节约率等，还应检查这些辅助考核指标的完成情况。

考核核算口径的合规性，重点检查成本收入的计算是否正确，项目总收入或总投资（中标价）与统计报告的产值在口径上是否对应。实际成本的核算是否划清了成本内与成本外的界限、本项目内与本项目外的界限、不同参与单位之间的界限、不同报告期之间的界限。与成本核算紧密相关的材料采购与消耗、往来结算、建设单位垫付款、待摊费与预提费等事项处理是否符合财务会计制度规定。

3. 对项目实施人员的考核

对项目经理考核：项目成本目标和阶段成本目标的完成情况；建立以项目经理为核心的成本管理责任制的落实情况；成本计划的编制和落实情况；对各部门、各建筑智能化队和班组责任成本的检查和考核情况；在成本管理中贯彻责权利相结合原则的执行情况。

项目经理对所属各部门、各建筑智能化队和班组考核的内容有三个层面，分别是：对各部门的考核，包括本部门、本岗位责任成本的完成情况和本部门、本岗位成本管理责任的执行情况；对各建筑智能化队的考核，包括对劳务合同规定的承包范围和承包内容的执行情况，劳务合同以外的补充收费情况，对班组建筑智能化任务单的管理情况以及班组完成建筑智能化任务后的考核情况；对生产班组的考核，其内容是以分部分项工程成本作为班组的责任成本，以建筑智能化任务单和限额领料单的结算资料为依据，与建筑智能化预算进行对比，考核班组责任成本的完成情况。

4. 建筑智能化项目成本考核的实施

(1) 建筑智能化项目成本考核的方法

评分制：先按考核内容评分，然后按七与三的比例加权平均，即，责任成本完成情况的评分为七，成本管理工作业绩的评分为三，也可以根据具体情况进行调整。成本考核要与相关指标的完成情况相结合。成本考核的评分是奖罚的依据，相关指标的完成情况为奖罚的条件，即在根据评分计奖的同时，还要参考相关指标的完成情况加奖或扣罚。

(2) 建筑智能化项目成本考核应注意事项

正确考核建筑智能化项目的竣工成本。真正能够反映全貌而又正确的项目成本，是在工程竣工和工程款结算的基础上编制的。由此可见，建筑智能化项目的竣工成本是项目经济效益的最终反映。它既是上缴利税的依据，又是进行职工分配的依据。由于建筑智能化项目的竣工成本关系到国家、企业、职工的利益，必须做到核算正确，考核正确。

坚持贯彻施工项目成本的奖罚原则。施工项目成本奖罚的标准，应通过经济合同的形式明确规定；在确定施工项目成本奖罚标准的时候，必须从本项目的客观情况出发，既要考虑职工的利益，又要考虑项目成本的承受能力；可分为月度考核、阶段考核和竣工考核三种。对成本完成情况的经济奖罚，也应分别在上述三种成本考核的基础上立即兑现，不能只考核不奖罚，或者考核后拖了很久才奖罚；企业领导和项目经理还可对完成项目成本目标有突出贡献的部门、施工队、班组和个人进行随机奖励。

项目成本考核是项目成本管理中最后一个环节，它是根据制定的项目责任成本及管理措施，对项目责任成本的实际完成情况及成本管理工作业绩进行评价，通过成本考核可以对成本预测、成本控制、成本核算、成本分析进行评价，可以落实责、权、利相结合的原则，调动项目经理及各部门对成本管理的积极性，促进项目成本管理工作健康发展，更好地落实项目成本目标。成本的考核必须严格、真实，才能保证考核的严肃性，否则由于考核的随意性，将影响整个成本管理的有效运行。在考核中应引入成本否决制，对完不成经济指标的，其他指标完成得再好，也要否决其奖金，实现谁否决了企业成本，企业就否决谁的利益，以促使全员成本管理意识的形成，实现由“要我算”到“我要算”的跨越。

(3) 考核建筑智能化项目成本应注意的几个方面

考核项目成本核算采用的方法和成本处理是否符合国家规定，考核降低成本是否真实可靠。

考核工程项目建设中的经济效益，包括成本、费用、利润目标的实现情况以及降低额、降低率是否按计划实现。

考核的依据要根据项目成本报告表和有关成本处理的凭证和账簿记录。

考核的对象可按项目进展程度而定，在项目进行中，可以考核某一阶段或某一期间的成本，也可以考核子项目成本；在项目完成后，则要考核整个工程项目的总成本、总费用。

成本考核和其他专业考核相结合，从而考察项目的技术、经济总成效，主要结合质量考核、生产计划考核、技术方案与节约措施实施情况考核、安全考核、材料与能源节约考核、劳动工资考核、机械利用率考核等，明确上列业务核算方面的经济盈亏，为全面进行项目成本分析打基础。竣工考核由工程项目上级主持进行，上级财务部门具体负责有关指标、账表的查验工作。大型工程项目可组织分级考核。参与工程项目的企业和各级财会部门应为考核做好准备，平时注意积累有关资料。项目成本考核完成后，主持考核的部门应对考核结果给予书面认证，并按照国家关于实行经营承包责任制的规定和企业的项目管理办法，兑现奖、罚条款。

第十一章　建筑工程项目造价管理

第一节　建筑工程项目全过程造价管理理论

一、工程造价管理的概述

建筑工程造价是建筑产品的建造价格，它的范围和内涵具有很大的不确定性。

（一）工程造价的含义

工程造价就是工程的建造价格，是指为完成一个工程的建设，预期或实际所需的全部费用的总和。

中国建设工程造价管理协会（简称“中价协”）学术为团会在界定“工程造价”一词的含义时，分别从业主和承包商的角度给工程造价赋予不同的定义。

从业主（投资者）的角度来定义，工程造价是指工程的建设成本，即为建设一项工程预期支付或实际支付的全部固定资产投资费用。这些费用主要包括设备以及工器具购置费、建筑工程及安装工程费、工程建设其他费用、预备费、建设期利息、固定资产投资方向调节税。尽管这些费用在建设项目的竣工决算中，按照新的财务制度和企业会计准则核算新增资产价值时，并没有新增固定资产价值，但是这些费用是完成固定资产建设所必需的。因此，从这个意义上说，工程造价就是建设项目固定资产投资。

从承发包角度来定义，工程造价是指工程价格，即为建成一项工程，预计或实际在土地、设备、技术劳务以及承包等市场上，通过招投标等交易方式形成的建筑安装工程的价格和建设工程总价格。在这里，招投标的标可以是一个建设项目，也可以是一个单项工程，还可以是整个建设工程中的某个阶段，如建设项目的可行性研究、建设项目的设计以及建设项目的施工阶段等。

工程造价的两种含义是从不同角度来把握同一事物的本质。对于投资者而言，工程造价是在市场经济条件下，“购买”项目要付出的“货款”，因此，工程造价就是建设项目投资。对于设计咨询机构、供应商、承包商而言，工程造价就是他们出售劳务和商品的价值总和。工程造价就是工程的承包价格。

(二) 工程造价管理的含义

工程造价有两种含义，相应地，工程造价管理也有两种含义：一是建筑工程造价管理；二是工程造价价格管理。

建筑工程造价管理是指为了实现投资的预期目标，在拟订的规划、设计方案的条件下，预测、确定和监控工程造价及其变动的系统活动。建筑工程造价管理属于投资管理范畴，它既涵盖微观层次的项目投资费用管理，也涵盖宏观层次的投资费用管理。建筑工程造价价格管理属于价格管理范畴。在市场经济条件下，价格管理一般分为两个层次：在微观层次上，是指生产企业在掌握市场价格信息的基础上，为实现管理目标而进行的成本控制、计价、定价和竞价的系统活动。在宏观层次上，是指政府部门根据社会经济发展的实际需要，利用现有的法律、经济和行政手段对价格进行管理和调控，并通过市场管理规范市场主体价格行为的系统活动。

这两种含义是不同的利益主体从不同的利益角度管理同一事物，但由于利益主体的不同，建筑工程造价管理与工程造价价格管理有着明显的区别。第一，两者的管理范畴不同。工程造价管理属于投资者管理范围，而工程价格管理属于价格管理范畴。第二，两者的管理目的不同。工程造价管理的目的在于提高投资效益，在决策正确、保证质量与工期的前提下，通过一系列工程管理手段和方法使其不超过预期的投资额甚至是降低投资额。而工程价格管理的目的在于使工程价格能够反映价值与供求规律，保证合同双方合理合法的经济利益。第三，两者管理范围不同。工程投资管理贯穿于从项目决策、工程设计、项目招投标、施工过程、竣工验收的全过程。由于投资主体的不同，资金的来源不同，涉及的单位也不同；对于承包商而言，由于承发包的标的不同，工程价格管理可能是从决策到竣工验收的全过程管理，也可能是其中某个阶段的管理，在工程价格管理中，不论投资主体是谁，资金来源如何，主要涉及工程承发包双方之间的关系。

二、建筑工程项目全过程造价管理的概念

建筑工程全过程是指建筑工程项目前期决策、设计、招投标、施工、竣工验收等各个阶段，全过程工程造价管理覆盖建筑工程前期决策及实施的各个阶段，包括前期决策阶段的项目策划、投资估算、项目经济评价、项目融资方案分析；设计阶段的限额设计、方案比选、概预算编制；招投标阶段的标段划分、承发包模式及合同形式的选择、标底编制；施工阶段的工程计量与结算、工程变更控制、索赔管理；竣工验收阶段的竣工结算与决算等。

建筑工程项目全过程造价管理是一种全新的建筑工程项目造价管理模式，一种

用来确定和控制建筑工程项目造价的管理方法。它强调建筑工程项目是一个过程，建筑工程造价的确定与控制也是一个过程，是一个项目造价决策和实施的过程，人们在项目全过程中都需要开展对于建筑工程项目造价管理的工作。同时建筑工程项目全过程造价管理是一种基于活动和过程的建筑工程项目造价管理模式，是一种用来科学确定和控制建筑项目全过程造价的方法。它先将建筑项目分解成一系列工程工作包和工程活动，然后测量和确定出项目及其每项活动的工程造价，通过消除和降低工程的无效与低效活动，以及改进工程活动的方法去控制工程造价。

三、建筑工程项目全过程造价管理各阶段的主要内容

（一）建筑工程项目决策阶段

决策阶段主要内容：建筑工程项目决策阶段与工程造价的关系；项目可行性研究；项目投资估算；项目投资方案的比较和选择；项目财务评价。

（二）建筑工程项目设计阶段

设计阶段主要内容：项目设计阶段与工程造价的关系；设计方案的优选；设计方案的优化；设计概算和施工图预算的编制与审查。

（三）建筑工程项目招投标阶段

招投标阶段主要内容：项目招投标概述；工程项目标底的确定；标底价及中标价控制方法；工程投标价的确定；项目投标价控制方法。

（四）建筑工程项目施工阶段

施工阶段主要内容：项目施工阶段与工程造价的关系；工程变更与合同价款调整；工程索赔分析和计算；资金使用计划的编制和应用。

（五）建筑工程项目竣工阶段

竣工阶段主要内容：项目竣工阶段与工程造价的关系；竣工结算；竣工决算；竣工资料移交和保修费用处理。

四、建筑工程项目全过程造价管理各阶段的目标设定

现代建筑项目管理理论认为：建筑工程项目是由一系列建筑项目阶段所构成的一个完整过程。一个工程项目要经历投资前期、建设时期及生产经营时期三个时期，

而各个项目阶段又是由一系列建筑工程项目活动构成的一个工作过程。

按照建设程序，建筑工程从项目建议书或建设构想提出，历经项目鉴别、选择、科研、决策、立项、勘察、设计、发包、施工、验收、使用等各个有机联系环节，这些环节构成了建筑工程项目的总过程。其中每个环节又由诸多相互关联的活动构成相应的具体过程，因此，要进行建筑工程项目全过程的造价管理与控制，必须掌握识别建筑工程项目的过程和应用“过程方法”，把建筑工程项目的全部活动划分为项目决策阶段、设计阶段、招投标阶段、实施阶段、竣工结算阶段五个阶段，分别进行管理。

(一) 建筑工程项目决策阶段

决策阶段是运用多种科学手段综合论证一个工程项目在技术上是否可行、实用和可靠；在财务上是否盈利；做出环境影响、社会效益和经济效益的分析和评价以及工程项目抗风险能力等的结论。决策阶段对拟建项目所做的投资估算是项目决策的重要依据。一个建设项目投资控制一般要求尽量做到预算不超概算，概算不超估算，由此可见，投资估算对一个项目投资控制的重要程度，而要提高建设投资估算的精确度，我们必须注意以下几点。

明确投资估算的内容。估算的费用要包括项目从筹建、设计、施工到竣工投产所需的全部费用(建设资金及流动资金)。

确定投资估算的主要依据。不仅要依据项目建设工程量、有关工程造价的文件、费用计算方法和费用标准，我们还要在参考已建同类工程项目的投资档案资料基础上，充分考虑影响建设工程投资的动态因素，如利率、汇率、税率资金等资金的时间价值。

为避免投资决策失误，必要时要对项目风险进行不确定性分析(盈亏平衡分析、敏感性分析及概率分析)。同时必须加强对投资估算的审查工作，以确保项目投资估算的准确性和估算质量。

(二) 建筑工程项目设计阶段

1. 推行限额设计。即按照批准的投资估算控制初步设计，按批准的初步设计总概算控制施工图设计。各专业在保证使用功能的前提下，按分配的投资限额控制设计，严格控制技术设计和施工图设计的不合理变更。

2. 加强对设计概算的审查。合理、准确的设计概算可使下阶段投资控制目标更加科学合理，可以堵塞投资缺口或突破投资的漏洞，缩小概算与预算之间的差距，可提高项目投资的经济效益。

（三）建筑工程项目施工招标阶段

准确编制标底预算。审查标底时要重点做到四审，达到四防：审查工程量，防止多算错算；审查分项工程内容，防止重复计算；审查分项工程单价，防止错算错套；审查取费费率，防止高取多算。同时在坚持严格的评标制度下，确定招标合同价。

（四）建筑工程项目施工阶段

建筑工程项目施工阶段涉及的面很广，涉及的人员很多，与投资控制相关的工作也很多。

对于由施工引起变更中的内容及工程量增减，要由监理（甲方代表）进行现场抽项实测实量，以保证变更内容的准确性；大项的变更，应先做概算；同时要注重变更的合理性，不必要的变更坚决不予通过。

在工程建设中，设备材料必须坚持以大渠道供货为主，市场自行采购为辅。在自行采购时力求质优价廉，大型的设备订货可采取招标方式，在签订的合同中要明确质量等级和双方责任义务。

严格审核承包商的索赔事项，防止不合理索赔费用的发生。

（五）建筑工程项目竣工决算阶段

建立严格的审计制度，审减率直接和岗位责任、评功评奖等挂钩，只有坚持严格的办法和程序，才能保证决算的真实性、严肃性。

五、建筑工程项目竣工结算阶段造价的审核方法

工程建设过程是一个周期长、数量大的生产消费过程，具有多次性计价的特点。因此采用合理的审核方法不仅能达到事半功倍的效果，而且将直接关系到审查的质量和速度。主要审核方法有以下几种。

（一）全面审核法

全面审核法就是按照施工图的要求，结合现行定额、施工组织设计、承包合同或协议以及有关造价计算的规定和文件等，全面审核工程数量、定额单价以及费用计算。这种方法实际上与编制施工图预算的方法和过程基本相同。这种方法常常适用于初学者审核的施工图预算；投资不多的项目，如维修工程；工程内容比较简单（分项工程不多）的项目，如围墙、道路挡土墙、排水沟等；建设单位审核施工单位

的预算等。这种方法的优点是：全面和细致，审查质量高，效果好；缺点是：工作量大，时间较长，存在重复劳动。在投资规模较大、审核进度要求较紧的情况下，这种方法是不可取的，但建设单位为严格控制工程造价，仍常常采用这种方法。

（二）重点审核法

重点审核法就是抓住工程预结算中的重点进行审核的方法。这种方法类同于全面审核法，其与全面审核法之区别仅是审核范围不同而已。该方法是有侧重的，一般选择工程量大而且费用比较高的分项工程的工程量作为审核重点。如基础工程、砖石工程、混凝土及钢筋混凝土工程、门窗幕墙工程等。高层结构还应注意内外装饰工程的工程量审核。而一些附属项目、零星项目（雨篷、散水、坡道、明沟、水池、垃圾箱）等，往往忽略不计。其次重点核实与上述工程量相对应的定额单价，尤其重点审核定额子目容易混淆的单价。另外对费用的计取、材差的价格也应仔细核实。该方法的优点是工作量相对减少，效果较佳。

（三）对比审核法

在同一地区，如果单位工程的用途、结构和建筑标准都一样，其工程造价应该基本相似。因此在总结分析预结算资料的基础上，找出同类工程造价及工料消耗的规律性，整理出用途不同、结构形式不同、地区不同的工程的单方造价指标、工料消耗指标；然后，根据这些指标对审核对象进行分析对比，从中找出不符合投资规律的分部分项工程，针对这些子目进行重点计算，找出其差异较大的原因。

常用的分析方法有：单方造价指标法，通过对同类项目的每平方米造价的对比，可直接反映出造价的准确性；分部工程比例，基础、砖石、混凝土及钢筋混凝土、门窗、围护结构等各占定额直接费的比例；专业投资比例，土建、给排水、采暖通风、电气照明等各专业占总造价的比例；工料消耗指标，对主要材料每平方米的耗用量的分析，如钢材、木材、水泥、砂、石、砖、瓦、人工等主要工料的单方消耗指标。

（四）分组计算审查法

分组计算审查法就是把预结算中有关项目划分为若干组，利用同组中一个数据审查分项工程量的一种方法。采用这种方法，首先把若干分部分项工程，按相邻且有一定内在联系的项目进行编组。利用同组中分项工程间具有相同或相近计算基数的关系，审查一个分项工程数量，就能判断同组中其他几个分项工程量的准确程度。如一般把底层建筑面积、底层地面面积、地面垫层、地面面层、楼面面积、楼面找

平层、楼板体积、天棚抹灰、天棚涂料面层编为一组，先把底层建筑面积、楼地面面积求出来，其他分项的工程量利用这些基数就能得出。这种方法的最大优点是审查速度快、工作量小。

（五）筛选法

筛选法是统筹法的一种，通过找出分部分项工程在每单位建筑面积上的工程量、价格、用工的基本数值，归纳为工程量、价格、用工三个单方基本值表，当所审查的预算的建筑标准与“基本值”所适用的标准不同，就要对其进行调整。这种方法的优点是简单易懂、便于掌握、审查速度快、发现问题快。但解决差错问题尚需继续审查。

在结算审核过程中，不能仅偏重于审核施工图中工程量的计算和定额费率套用正确与否，而对开工前招投标文件、工程承包合同、施工组织设计、施工现场实际情况及竣工后送审的签证资料及隐蔽工程验收单等不够重视。因为施工组织设计、签证资料均和施工图一起组成了工程造价的内容，均对工程造价产生直接影响。只有对工程实行全过程的跟踪审核，才能有效地控制工程造价。例如在审核某地块建筑工程施工组织设计时，发现施工单位采用了一类大型吊装机械，虽该工程的建筑总面积符合采用一类大型吊装机械的条件，但该建筑工程的结构属于砖混结构，不可能采用一类大型吊装机械，最多采用一般塔吊机械。又如在建造某住宅区附属工程自行车棚时，现场发现实际情况和图纸不符。车棚的一面外墙是利用原有居民住宅的围墙，而在施工决算中，施工单位已经计取了所有外墙的工程量，在审核中应扣除多计的工程量。

第二节　建筑工程项目实施全过程造价管理的对策

一、建筑工程项目投资决策阶段的造价管理对策

（一）在投资决策阶段做好基础资料的收集，保证翔实、准确

要做好项目的投资预测需要很多资料，如工程所在地的水电路状况、地质情况、主要材料设备的价格资料、大宗材料的采购地以及现有已建的类似工程的资料。对于做经济评价的项目还要收集项目设立地的经济发展前景、周边的环境、同行业的经营等更多资料。造价人员要对资料的准确性、可靠性认真分析，保证投资预测、

经济分析得准确。

(二) 认真做好市场研究，是论证项目建设必要性的关键

市场研究就是指对拟建项目所提供的产品或服务的市场占有做可能性分析，包括国内外市场在项目期内对拟建产品的需求状况、类似项目的建设情况、国家对该产业的政策和今后的发展趋势等。要做好市场研究，工程预算人员就需要掌握大量的统计数据和信息资料，并进行综合分析和处理，为项目建设的论证提供必要的依据。

(三) 投资估算必须是设计的真实反映

在投资估算中，应该实事求是地反映设计内容。设计方案不仅技术上可行，经济上更应合理，这既是编制投资估算工作的关键，也是下阶段工作的重要依据。

(四) 项目投资决策采用集体决策制度

为避免投资的盲目性，项目投资决策应采取集体决策制度，组织工程技术、财务等部门的相关专业人员对拟建项目的必要性和可行性进行技术经济论证。分析论证过程不仅要重视新设企业的经济效益的分析，还应立足节约，充分重视项目在市场中的领先地位，以减少项目建成后的运营成本和对企业今后发展的影响因素。

二、建筑工程项目设计阶段的造价管理对策

在工程设计阶段，做好技术与经济的统一是合理确定和控制工程造价的首要环节，既要反对片面强调节约，忽视技术上的合理要求，使项目达不到工程功能的倾向；又要反对重技术，轻经济，设计保守浪费，脱离国情的倾向。要采取必要的措施，充分调动设计人员和工程预算人员的积极性，使他们密切配合，严格按照设计任务书规定的投资估算，利用技术经济比较，在降低和控制工程造价上下功夫。工程预算人员在设计过程中应及时地对工程造价进行分析比较，反馈信息，能动地影响设计。主要考虑以下几个方面。

(一) 加强优化设计

设计阶段是工程建设的首要环节。设计方案的优化与否，直接影响着工程投资，影响着工程建设的综合效益。例如在公路工程建设中不应一味追求线形技术指标高、线性美观而不考虑经济因素，在民用建筑工程中不应一味追求外观漂亮而不考虑经济因素。技术等级高，行车也较舒适、快捷，建筑物外观漂亮固然给人一种美的感

觉，但如果它是以提高造价为代价则需要对该方案进行认真分析。对设计方案进行优化选择，不仅从技术上，更重要的是从技术与经济相结合的前提下进行充分论证，在满足工程结构及使用功能要求的前提下，依据经济指标和综合效益选择设计方案。

(二) 设计招标制度的推行

设计招标制度的推行为开发企业在规划设计阶段提高设计质量，进行投资控制提供了契机。在设计招标过程中，业主有权对投标方案的合理性、经济性进行评估和比较。在满足设计任务书的要求下，把设计的经济性也纳入评标条件。当前，一般评标所邀请的多为工程方面的专家，而懂建筑专业的经济师却很少参与，这就容易造成评标质量的偏差。所以，在确定中标方案后，业主仍有必要汇集预算、工程管理和营销部门的专业人员，共同对中标方案再次提出优化意见，进一步提高设计的经济性和合理性。

设计是工程建设的龙头，当一份施工图付诸施工时，就决定了工程本质和工程造价的基础。一个工程在造价上是否合理，是浪费还是节约，在设计阶段大体定型。由设计不当造成的浪费，其影响之大是人们难以预料的。目前设计部门普遍存在“重设计，轻经济”的观念。设计概预算人员机械地按照设计图纸编制概预算，用经济来影响设计，优化设计，衡量、评价设计方案的优秀程序以及投资的使用效果只能停留在口头。设计人员在设计时只负技术责任，不负经济责任。在方案设计上很多单位都能做到两个以上方案进行比较，在经济上是否合理却考虑很少，出现了“多用钢筋，少动脑筋”的现象。特别在竞争激烈的情况下，设计人员为了满足建设单位的要求，为了赶进度，施工图设计深度不够，甚至有些项目(如装修部分)出现做法与选型交代不清，使设计预算与实际造价出现严重偏差，预算文件不完整。因此，推行设计招标，引进竞争机制，迫使竞争者对建设项目的有关规模、工艺流程、功能方案、设备选型、投资控制等做全面周密的分析、比较，树立良好的经济意识，重视建设项目的投资效果，用经济合理的方案设计参加竞赛。而建设单位通过应用价值工程理论等对设计方案进行竞选比较、技术经济分析，从中选出技术上先进，经济上合理，既能满足功能和工艺要求，又能降低工程造价的技术方案。

只有鼓励和促进设计人员做好方案选择，把竞争机制引入设计部门，才能激发设计者以最优化的设计，最合理的造价，赢得市场，从而有效地控制造价。

(三) 实施限额设计

所谓限额设计，就是按照批准的设计任务书和投资估算来控制初步设计，按照批准的初步设计总概算控制施工图设计；同时各专业在保证达到使用功能的前提下，按分配的投资限额控制设计，严格控制技术和施工图设计的不合理变更，保证总投资额不被突破。限额设计并不是一味地考虑节约投资，也绝不是简单地将投资砍一刀，而是包含尊重科学、尊重实际、实事求是、精心设计和保证设计科学性的实际内容。投资分解和工程量控制是实行限额设计的有效途径和主要方法。“画了算”变为“算着画”，时刻想着“笔下一条线，投资千千万”。

要求设计单位在工程设计中推行限额设计。凡是能进行定量分析的设计内容，均要通过计算，技术与经济相结合，用数据说话，在设计时应充分考虑施工的可能性和经济性，要和技术水平、管理水平相适应，要特别注意选用建筑材料或设备的经济性，尽量不用那些技术未过关、质量无保证、采购困难、运费昂贵、施工复杂或依赖进口的材料和设备；要尽量搞标准化和系列化的设计；各专业设计要遵循建筑模数、建筑标准、设计规范、技术规定等进行设计；在保证项目设计达到使用功能的前提下，按分配的投资限额控制设计，严格控制技术设计和施工图设计的不合理变更，保证总投资额不被突破。设计者在设计过程中应承担设计技术经济责任，以该责任约束设计行为和设计成果，把握两个标准：即功能（质量）标准和价值标准，做到二者协调一致。力保设计文件、施工图及设计概算准确无误，保证限额设计指标的实施。

限额设计绝不是业主（建设单位）说个数就限额了，这个限额不仅仅是一个单方造价，更重要的是：第一步是要将这个限额按专业（单位工程）进行分解，看其是否合理；第二步是若第一步分解的答案合理，则应按各单位工程的分部工程再进行分解，看其是否合理。若以上分解分析均得到满意的答案，则说明该限额可行，同时，在设计过程中要严格按照限额控制设计标准；若以上分解分析（不论哪一步）没有得到满意的答案，则说明该限额不可行，必须修改或调整限额，再按上面的步骤重新进行分析分解，直到得到满意的答案为止，该限额才成立。限额设计的技术关键是要确定好限额，控制好设计标准和规模。在设计之前，对限额进行分解分析是万万不可缺少的一步。加强对设计图纸和概算的审查。概算审查不仅是设计单位的事，业主（建设单位）和概算审批部门也应加强对初步设计概算的审查，概算的审批一定要严，这对控制工程造价都是十分有意义的。设计阶段的工程造价管理任务，必须增强设计人员的经济观念，促使他们在工作中把技术与经济、设计与概算有机地结合起来，克服技术与经济、设计与概算相互脱节的状态。严格遵守初步设计方案及概算投资限额设计，既要有最佳的经济效果，又要保证工程的使用功能，这就需要设计者选择技术先进、经济合理的最优设计，从而保证质量，达到控制或降低工程造价的目的。

(四) 改变设计取费办法，实行设计质量的奖罚制度

现行的设计费计算方法，不论是按投资规模计价，还是按平方米收费，没有任何经济责任，不管工程设计的质量好坏，不论投资超不超预算，甚至不管建设项目有没有实施，设计人员有没有到现场服务，只要出了图纸，就得给设计费。这种计费办法助长了设计单位只重视技术性，忽视科学性、经济性的观念。实际工作中经常会碰到设计过于保守或设计功能没有达到最优或在施工过程中随意变更，致使工程造价居高不下和决算价大大超出原概算，对建筑业的正常发展造成不良的影响的情况。因此，应对现行设计费的计费方法和审核办法进行改革，建立激励机制。试行在原设计计费的基础上，对因设计而节约投资，按节约部分给予提成奖励，因设计变更而增加投资也按增加部分扣除一定比例的设计费，实行优质优价的计费办法，这样将有利于激励设计人员精益求精地进行设计，加强设计人员的经济意识，时刻考虑如何降低造价，把控制工程造价观念渗透到各项设计和施工技术措施中。另外，对设计单位编制的概预算实行送审后决算设计费的制度，对概预算编制项目不完整，估算指标不合理，没有进行限额设计，概预算超计划投资的，责成设计单位重新编制；同时，设计费也预留一个百分数尾款，待工程竣工后再结清最后的尾款，这样就可防止设计人员在施工过程中不到现场进行技术指导的现象，同时迫使设计单位重视建设项目的投资控制，重视技经人员的工作。

我国现行的设计取费标准是按投资额的百分比计算，使得造价越高，收费也越多。这种取费办法，难以调动设计者主动考虑降低造价、节约投资的意识，更不利于对工程造价的控制。若在批准的设计限额内，设计部门能认真运用价值工程原理，在保证安全和不降低功能的前提下，依靠科学管理技术、优选新技术、新结构、新材料、新工艺所节约的资金，按一定的比例分配给设计部门以奖励，对调动设计部门积极性是大有潜力的，也是控制工程造价行之有效的办法。

(五) 通过提高设计质量控制造价

设计阶段是项目即将实施而未实施的阶段，为了避免施工阶段不必要的修改，避免设计洽商费用的增加，从而增加工程造价，应把设计做细、做深入。因为，设计的每一笔每一线都需要投资来实现，所以在开工之前，把好设计关尤为重要，一旦设计阶段造价失控，就必将给施工阶段的造价控制带来很大的负面影响。现在，有的业主为了赶周期往往压低设计费，设计阶段的造价没有控制好，方案估算、设计概算没有或者有也不符合规定，质量不高，结果到施工阶段给造价控制造成困难。设计质量对整个工程建设的效益是至关重要的，设计阶段的造价控制对提高设计质量，促进施工质量的提高，加快进度，高质优效地把工程建设好，降低工程成本也是大有益处的。所谓建设工程全寿命费用包括工程造价和工程交付使用后的经常开支费用（含经营费用、日常维护修理费用、使用期内大修理和局部更新费用）以及该项目使用期满后的报废拆除费用等。

（六）加强施工图的审核工作

这是我们以往工作中的薄弱环节。审核的内容不仅仅是各专业图纸的交圈，更重要的是检验设计图纸与投资决策中相关内容是否吻合。由技术部门负责审核图纸的设计范围、结构水平、建筑标准等内容；由造价管理部门负责审核设计概算与施工图纸的一致性，设计概算与投资估算的协调性，如有超概算的项目，应与各部门之间全力配合，将突破投资的内容进行调整，为工程施工阶段的投资控制打下坚实的基础。

（七）严格控制设计变更，有效控制工程投资

初步设计毕竟受到外部条件的限制，如工程地质、设备材料的供应、物资采购、供应价格的变化，以及人们主观认识的局限性，往往会造成施工图设计阶段甚至施工过程中的局部变更，由此会引起对已确认造价的改变，但这种正常的变化在一定范围内是允许的。至于涉及建设规模、产品方案、工艺流程或设计方案的重大变更时，就应进行严格控制和审核。因为伴随着设计变更，可能会涉及经济变更。图纸变更发生得越早，损失越小；反之则损失越大。因此，要加强设计变更的管理和建立相应的制度，防止不合理的设计变更造成工程造价的提高，在施工图设计过程中，要克服技术与经济脱节现象，加强图纸会审、审核、校对，尽可能把问题暴露在施工之前。对影响工程造价的重大设计变更，要用先算账、后变更的办法解决，以使工程造价得到有效控制。

（八）加强标准设计意识和相关的立法建设

工程建设标准设计，来源于工程建设的实践经验和科研成果，是工程建设必须遵循的科学依据。标准设计一经颁发，建设单位和设计单位要因地制宜积极采用，无特殊理由的一般不得另行设计。且在采用标准设计中，除了为适应施工现场的具体条件而对施工图进行某些局部改动外，均不得擅自修改原设计。

（九）加强工程地质勘察工作

在建筑工程项目实施过程中，基础工程部分在总造价中所占的比重往往较大，

基础工程部分往往发生变更较多，是造成工程结算造价增加的重要原因。基础工程部分涉及的地质复杂、不确定的因素较多，一旦地质资料质量不高，缺乏科学依据，很容易造成设计不准确。例如地质资料所提供的地基承载力过于保守，甚至严重偏低，就会造成设计中基础工程量过大，引起项目不合理，投资增加，造成浪费。另一种情况是，由于地质资料不准确，导致设计图纸与实际相差较大，不得不采取大量的工程设计变更，最终导致工程总造价难以控制。加强工程地质勘察这一环节，首先应当从业主抓起，提高他们对勘察工作重要性的认识，避免个别业主单位忽视勘察工作，不愿花钱，只委托勘察单位进行地质初勘或根本不勘察，利用不准确的地质资料进行设计，出现严重不合理甚至严重浪费现象。这是一种舍本逐末的做法，换来的只能是工程造价的提高，还可能引发工程安全、质量事故。

三、建筑工程项目招投标阶段的工程造价管理对策

（一）建筑工程项目招标前期造价的管理对策

根据国家有关规定，工程建设项目达到一定标准、规模以上的必须实行招投标，合同造价一般按中标价包死，到竣工结算时，实际上仅是对工程变更部分进行造价审核。因而在招投标阶段对标底造价的控制显得十分重要。

（二）建筑工程项目招标中期造价的控制措施

1. 规范招标投标行为

对于以市场为主体的企业，应具有根据其自身的生产经营状况和市场供求关系自主决定其产品价格的权利，而原有工程预算由于定额项目和定额水平总是与市场相脱节，价格由政府确定，投标竞争往往蜕变为预算人员水平的较量，还容易诱导投标单位采取不正当手段去探听标底，严重阻碍了招投标市场的规范化运作。

把定价权交还给企业和市场，取消定额的法定作用，在工程招标投标程序中增加“询标”环节，让投标人对报价的合理性、低价的依据、如何确保工程质量及落实安全措施等进行详细说明。通过询标，不但可以及时发现错、漏、重等报价，保证招投标双方当事人的合法权益，还能将不合理报价、低于成本报价排除在中标范围之外，有利于维护公平竞争和市场秩序，又可改变过去“只看投标总价，不看价格构成”的现象，排除了“投标价格严重失真也能中标”的可能性。

2. 强化中标价的合理性

现阶段工程预算定额及相应的管理体系在工程发承包计价中调整双方利益和反映市场实际价格及需求方面还有许多不相适应的地方。市场供求失衡，使一些业主

不顾客观条件，人为压低工程造价，导致标底不能真实反映工程价格，招标投标缺乏公平和公正，承包商的利益受到损害。还有一些业主在发包工程时就有自己的主观倾向，或因收受贿赂，或因碍于关系、情面，总是希望自己想用的承包商中标，所以标底泄露现象时有发生，保密性差。

“量价分离，风险分担”，指招标人只对工程内容及其计算的工程量负责，承担量的风险；投标人仅根据市场的供求关系自行确定人工、材料、机械价格和利润、管理费，只承担价的风险。由于成本是价格的最低界限，投标人减少了投标报价的偶然性技术误差，就有足够的余地选择合理标价的下浮幅度，掌握一个合理的临界点，既使报价最低，又有一定的利润空间。另外，由于制定了合理的衡量投标报价的基础标准，并把工程量清单作为招标文件的重要组成部分，既规范了投标人的计价行为，又在技术上避免了招标中弄虚作假和暗箱操作。

合理低价中标是在其他条件相同的前提下，选择所有投标人中报价最低但又不低于成本的报价，力求工程价格更加符合价值基础。在评标过程中，增加询标环节，通过综合单价、工料机价格分析，对投标报价进行全面的经济评价，以确保中标价是合理低价。

3. 提高评标的科学性

当前，招标投标工作中存在许多弊端，有些工程招标人也发布了公告，开展了登记、审查、开标、评标等一系列程序，表面上按照程序操作，实际上却存在出卖标底、互相串标、互相陪标等现象。有的承包商为了中标，打通业主、评委，打人情分、受贿分者干脆编造假投标文件，提供假证件、假资料，甚至有的工程开标前就已暗定了承包商。

要体现招标投标的公平合理，评标定标是最关键的环节，必须有一个公正合理、科学先进、操作准确的评标办法。目前国内还缺乏这样一套评标办法，一些业主仍单纯看重报价高低，以取低标为主。评标过程中自由性、随意性大，规范性不强；评标中定性因素多，定量因素少，缺乏客观公正；开标后议标现象仍然存在，甚至把公开招标演变为透明度极低的议标。

工程量清单的公开，提高了招投标工作的透明度，为承包商竞争提供了一个共同的起点。由于淡化了标底的作用，把它仅作为评标的参考条件，设与不设均可，不再成为中标的直接依据，消除了编制标底给招标活动带来的负面影响，彻底避免了标底的跑、漏、靠现象，使招标工程真正做到了符合公开、公平、公正和诚实信用的原则。

承包商“报价权”的回归和“合理低价中标”的评定标原则，杜绝了建筑市场可能的权钱交易，堵住了建筑市场恶性竞争的漏洞，净化了建筑市场环境，确保了建

设工程的质量和安全，促进了我国有形建筑市场的健康发展。

4. 实行合理最低价中标法

最低价中标法是国际上通用的建筑工程招投标方法，过去中国政府一直限制这种方法的作用。现在，全国各地先后建立起有形建筑市场，将政府投资的工程招标活动都纳入其中进行集中管理，统一招投标程序和手续，明确招标方式，审定每项工程的评定标方法。但各地采用评定标办法不同，主要有评审法、合理低价法、标底接近法、二次报价法、报价后再议标法、议标法、直接发包法，等等。它们的共同特点是招标设有标底，报价受到国家定额标准的控制，在综合评价上确定中标者，没有采取价格竞争最低者中标的方式。

（三）建筑工程项目招标后期造价的控制措施

加强合同语言的严谨性。招投标结束后，在与中标单位签订施工合同时，应加强对合同的签订管理，由专职造价工程师参与审定造价条款。同条款的一词、一字及一标点符号之差，极可能引起造价的大幅上升。

1. 重视社会咨询企业的作用

可选几个项目，对原项目审定标底造价进行全面计算，详细复审，编标单位应对所编标底质量负全责，审标单位应对经审查后计增或计减的造价负全责，并对原标底因编标单位原因引起的累计错误超出规定误差范围的情况负一定连带责任。

2. 注重合同价款方式的选择

中标单位确定之后，建设单位就要与中标的投标单位在规定的限期内签订合同。工程合同价的确定有三种形式：固定合同价、可调合同价、成本加酬金确定的合同价。对于设备、材料合同价款的确定，一般来讲合同价款就是评标后的中标价格。固定合同价是指承包整个工程合同价款总额已经确定，在工程实施中不再因物价上涨而变化。因此，固定合同总价应考虑价格风险因素，也须在合同中明确规定合同价总包括的范围。对承包商来说要承担较大的风险，适用于工期较短的工程，合同价款一般要高一些。可调合同在实施期间可随价格变化而调整，它使建设单位承担了通货膨胀的风险，承包商则承担其他风险，一般适用于工期较长的工程。成本加酬金的合同价是按现行计价依据计算出成本价，再按工程成本加上一定的酬金构成工程总价。酬金的确定有多种方法，依双方协商而定，这种方法承发包双方都不会承担太大的风险，因而在多数工程中常被采用。

四、建筑工程项目施工阶段的造价管理对策

施工阶段造价控制的关键，一是合理控制工程洽商，二是严格审查承包商的索

赔要求，三是做好材料的加工订货。由开发企业引起的变更主要是设计变更、施工条件变更、进度计划变更和工程项目变更。控制变更的关键在开发商，应建立工程签证管理制度，明确工程、预算等有关部门、有关人员的职权、分工，确保签证的质量，杜绝不实及虚假签证的发生。为了确保工程签证的客观、准确，我们首先强调办理工程签证的及时性。一道工序施工完，时间久了，一些细节容易忘记，如果第三道工序又将其覆盖，客观的数据资料就难以甚至无法证实，对签证一般要求自发生之日起20天内办妥。其次，对签证的描述要求客观、准确，要求隐蔽签证要以图纸为依据，标明被隐蔽部位、项目和工艺、质量完成情况，如果被隐蔽部位的工程量在图纸上不确定，还要求标明几何尺寸，并附上简图。施工图以外的现场签证，必须写明时间、地点、事由、几何尺寸或原始数据，不能笼统地签注工程量和工程造价。签证发生后应根据合同规定及时处理，审核应严格执行国家定额及有关规定，经办人员不得随意变通，要加强预见性，尽量减少签证发生。预算人员要广泛掌握建材行情，在现行材料价格全部为市场价的今天，如果对材料市场价格不清楚，就无法进行工程造价管理。

(一) 慎重对待设计变更与现场签证

变更与签证不规范，不仅会造成工程造价严重失控，而且会使一些不该发生的费用也成了施工单位的合理结算凭证，使管理处于混乱状态，给工程结算带来难度。为了减少不必要的签证与变更，合理控制造价，变更签证手续必须完备，任何单位和个人不得随意更改和变更施工图。如确需变更，要由建设单位、监理单位、设计单位、施工单位及主管部门的认可方为有效。

(二) 认真对待索赔与反索赔

索赔是指在合同履行过程中对于并非自己的过错，而应由对方承担责任的情况造成的实际损失向对方提出经济补偿的要求，它是工程施工中发生的正常现象。引起索赔的常见因素有不利的自然条件与人为障碍、工期延误和延长、加速施工、因施工临时中断和工效降低建设单位不正当地终止工程、物价上涨、拖延支付工程款、法规、货币及汇率变化、因合同条文模糊不清甚至错误等。建设单位反索赔的主要内容有工期延误、施工缺陷、业主合理终止合同或承包商不正当放弃施工等。

(三) 重视工程价款结算方式

工程价款结算也是施工阶段造价管理的一个重要内容，我国现行结算方法常见的有月结算、分段结算、竣工后一次结算等。无论实行何种结算方式，结算的条件

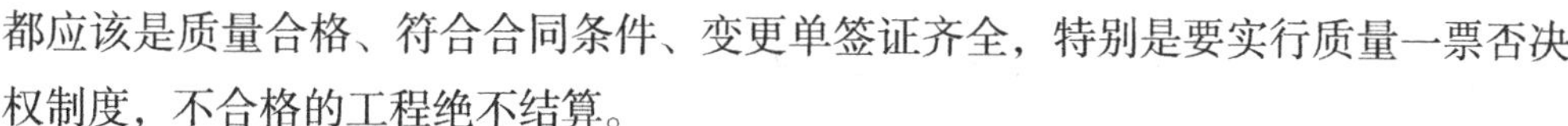

都应该是质量合格、符合合同条件、变更单签证齐全，特别是要实行质量一票否决权制度，不合格的工程绝不结算。

（四）严格编标预算管理的目的

编标预算管理的目的在于力求工程编标预算准确，合同造价科学合理。在决定工程造价高低的因素中，合同造价是最重要的一环，为达到合同造价的准确合理，预算编标中应严把关口。

（五）甲乙双方建立伙伴关系实施工程造价管理

伙伴关系定义：两个或多个组织之间长期的互相承诺关系，目的是通过最大限度地利用每个参与者的资源，达到某一商业目的。这要求将传统的关系转变为一种共同认可的文化，而不考虑组织边界，这种伙伴是基于彼此信赖，致力于共同的目标，以及相互理解对方的期望与价值。

建筑工程实施中，建安工程造价是承发包双方经济合同的中心内容，也是工程造价管理中双方极为关注的焦点。在长期的工程实践中，人们从单纯的合约关系，发展为对双赢理念的认同。目前，国际上开始探讨一种新的合作关系，即“伙伴关系”。尤其是英国、中国香港等地，正将这一理念贯穿于工程项目的造价管理工作中。

在工程造价管理工作中，订立合约的双方或当事人，通过各自的代表，商定共同的目标，找到解决争端的方法，分享共同的收益。通过研究制定一系列管理方法，提高各方的工作绩效。他们将合作视为一种共同行动，并非一种名词，而合作是以相互信赖为基础的。

五、建筑工程项目竣工结算阶段的造价管理对策

控制建安造价的最后一道关，是竣工结算。凡进行竣工结算的工程都要有竣工验收手续。从多年工作的经验来看，在工程竣工结算中洽商漏洞很多，有的是有洽商没有施工；有的是施工没有进行，应核减，却没有洽商；有的是洽商工程量远远大于实际施工工程量。诸如此类，举不胜举。因此结算时，要求我们的人员要有耐心、细致的工作方法，认真核算工程量，不要怕麻烦，多下现场核对。同时，为了保证工作少出纰漏，应实行工程结算复审制度和工程尾款会签制度，确保结算质量和投资收益。通过对预结算进行全面、系统的检查和复核，及时纠正所存在的错误和问题，使之更加合理地确定工程造价，达到有效地控制工程造价的目的，保证项目目标管理的实现。具体对策如下：

(一) 认真阅读合同，正确把握条款约定

熟悉国家有关的法律、法规和地方政府的有关规定，认真阅读施工合同文件，仔细理解施工合同条款的真切含义，是提高工程造价审核质量的一个重要步骤，凡施工合同条款中对工程结算方法有约定的，且此约定不违反国家的法律、法规和地方政府的有关规定的，就应该按合同约定的方法进行结算。凡是施工合同条款中没有约定工程结算方法，事后又没有补充协议或虽有约定，但约定不明确的，则应按国家建设部与地方政府的有关规定进行结算。

(二) 认真审核材料价格，做好询价调研

认真审核材料价格，搞好市场调研，这是提高审核价格质量的一个重要环节，过去多数施工合同对材料价格的约定是：材料价格有指导价的按指导价，没有指导价的按信息价，没有信息价的按市场价。此时，审核工作的一个工作重心就是材料市场价的调研。首先应由施工单位提供建议方认可品牌的材料发票，亦可由施工单位提供供应商的报价单和材料采购合同，然后根据这些资料有的放矢地进行市场调研，则可提高询价工作效率。但审价人员应该清楚地知道，材料供应商的报价和材料合同价与实际采购价会有一定的差距，在审核实际工作中，应当找出“差距”按实计算。

需要特别提出，审价人员应对施工单位提供的材料发票仔细辨别，分清真伪。因为目前存在个别承包商为获取非法利润，通过开假发票冒高价格的案例。这也是审价人员在审价工作中需要特别重视的地方。

(三) 认真踏勘现场，加强签证管理

在施工阶段踏勘现场，及时掌握第一手资料有利于提高工程审价质量。施工现场签证是工程建设在施工期间的各种因素和条件变化的真实记录和实证，也是甲乙双方承包合同以外的工程量的实际情况的记录和签证，它是计算预算外费用的原始依据，是建设工程施工造价管理的主要组成部分。现场签证的正确与否，直接影响工程造价。

由于签证的特性，在施工中要求时间性、准确性。但有的签证人员不负责，当时不办理，事后回忆补办，导致现场发生的具体情况回忆不清楚，补写的签证单与实际发生的条件不符，依据不准；还有的签证单条件和客观实际不符，导致审核决算人员难以确定该签证的真伪，没有操作性；还有一些内容完整、条理清楚，但双方代表签字盖章不全、手续不完整，亦属于合法性不足的签证。

第三节　建筑工程造价管理方法与控制体系

一、工程项目造价管理方法

(一) 工程成本分析法

这种方法一般情况下用于对项目所需成本的管理与限制。也就是说在对工程进行成本管理的时候，针对已经开展的工程环节展开分析工作，并通过深入的分析寻求成本降低或者产出成本规定的真实缘故，最终实现对项目前期结算的造价控制，为投资者创造更多的利润。这种方法可以细分为两种，即综合分析法和具体分析法。

建筑项目的综合分析法从综合分析法的角度上来说，项目成本包括人力酬劳费用、建筑原材料费用、设备消耗费用、另外一些施工过程所需费用以及施工过程中的管理费用等。采取这种方法进行分析之后，能够很明确地反映出造成成本减少以及超出成本范围的关键因素，从而及时寻求有效的应对措施进行合理的补救，实现控制成本造价的目的。

(二) 建筑项目的具体分析法

从具体分析法的角度上来说，建设项目成本包括人工酬劳费用、建筑原材料费用、施工过程中设备消耗费用、另外一些施工过程所需费用等。

1. 人工酬劳费用

导致人工费用发生变化的事项包括工作期间发生变化和日薪发生变化。人工费用从根本上来讲其实就是项目工作期间乘以人均日薪所得出的数值，工程预算和实际所花费的差距越明显，所得到的数值就有越明显的偏差。再深入一点来说，导致项目工作期间延长的因素是存在于各个方面的，有施工企业的管理欠缺、施工技术不强、工作热情不高以及工作量超出预期等，以上问题都会导致工程成本的上升。经过这一环节的分析工作，我们能够根据成本预算与现实花费的偏差，掌握成本管理的基本情况，从而及时寻求有效的应对措施进行合理的补救，实现控制成本造价的目的。

2. 建筑原材料费用分析

造成建筑原材料费用发生变动的原因包括原材料使用量发生变化以及原材料的价格发生变化。随着成本预算和实际花费的差距拉大，建筑原材料所需费用的偏差也会增大，并且建筑原材料费用的偏差和工程建设中材料的使用量发生变化以及原材料的价格发生变化有关。工程建设过程中所使用的材料量发生变化一般情况下是由于施工单位在进行开展建设的时候过渡节省或者过渡浪费，也有可能是工程量出现变动所造成的。而建筑原材料价格出现变化往往是在原材料采购、储存以及管理过程中出现成本变动而导致的，也有可能是原材料的市场价格出现变动。在对建筑原材料进行分析之后，要确定造成原材料费用发生变化的主要缘故，尽可能地避免浪费，采取各种可行性措施来控制原材料成本的上升，加大原材料采购、储存，管理工作的重视力度，在确保工程质量的基础上实现对原材料费用的控制。

3. 施工设备消耗费用分析

导致施工设备消耗费用发生变化的因素包括机械设备使用合数及次数发生变化以及每台每次的使用费用发生变化。施工设备消耗费用的变化是由机械设备使用台数及次数发生变化以及每台每次的使用费用发生变化造成的。再深入一层来说，机械设备使用台数次数和设备完好情况、设备调度情况有直接的关联。设备机械每台每次的费用发生变化一般是由油价、用电情况等导致的。经过以上分析可以发现在设备使用上存在的问题，从而及时地寻求有效应对措施进行合理的补救，实现把控制成本造价的目的。

4. 间接费分析

间接费分析通常是审查人力资源是否存在过多的现象，不用于工程建设的物品是不是存在超出成本范围，以及用于办公方面的费用有没有过度浪费的问题。对工程中直接费用以及间接费用的分析，能够得到避免浪费的应对措施，从而实现工程顺利进行，同时成本又可控制在适当的范围之内。

（三）责任成本法

责任成本是按照项目的经济责任制要求，在项目组织系统内部的各责任层次，进行分解项目全面的预算内容，形成“责任预算”，称为责任成本。责任成本划清了项目成本的各种经济责任，对责任预算的执行情况进行计量、记录、定期做出业绩报告，是加强工程项目前期造价管理的一种科学方法。责任成本管理要求在企业内部建立若干责任中心，并对他们分工负责的经济活动进行规划与控制，根据责任中心的划分，确定不同层次的“责任预算”，从而确定其责任成本，进行管理和控制。

1. 工程项目责任成本的划分

责任成本的划分是根据项目责任中心而确定的：

(1) 工程项目的责任成本

工程项目的责任成本是项目的目标成本，即项目部对企业签订的经济承包合同规定的成本，减去税金和项目的盈利指标。

(2) 项目组织各职能部门的责任成本

各职能部门的责任成本主要表现为与职能相关的可控成本。

实施技术部门：制定的项目实施方案必须是技术上先进、操作上切实可行，按其实施方案编制的预算不能大于项目的目标成本。

材料部门：对项目所用材料的采购价格基本不超过项目的目标成本中的材料单价；材料的供应数量不能超过目标成本所列数量；材料质量必须保证工程质量的要求。

机械设备部门：机械组织施工做到充分发挥机构机械的效率；保证机械使用费不超过目标成本的规定。

质量安全部门：保证工程质量一次达到交工验收标准，没有返工现象，不出现列入成本的安全事故。

财务部门：负责项目目标成本中可控的间接费成本，负责制定项目分年、季度间接费计划开支，不得超过规定标准。

2. 成本控制的技术方法

(1) 成本控制中事先成本控制——价值工程

为了很好地实现价值工程这一功能，就必须运用最低的成本让该产品或者作业发挥自身的价值。

(2) 工程项目中的过程控制方法

时间控制、进度控制、成本控制、费用控制可以说是过程控制，结合工程项目中费用法的横道图法、工程中的计划评审法等，依照工程项目实施工程在时间这一问题的基本原理就是，在工程项目实施时可以分为开始阶段、全面实施阶段、收尾阶段这三个阶段。

(3) 工程项目中成本差异的分析方法

成本单项费用的分析方法和因果分析图法是工程项目成本差异分析方法。成本差异分析法中的因果分析图又称鱼刺图，这种方法是一种分析问题的系统方法。

在发现成本差异，查明差异发生的原因之后，接下来的工作就是要及时制定措施和执行措施，可利用成本控制表，作为落实责任、纠正偏差的控制措施。

(4) 工程项目成本控制中的偏差控制法

偏差控制法，就是在项目成本控制之前，我们要先制定出计划成本，在此基础上，为了能找出项目成本控制中计划成本和实际成本这两者之间的偏差和分析两者产生偏差的原因和变化，就要采用成本方法，然后运用相应的解决措施解决偏差实现目标成本的一种方法。在成本控制中，偏差控制法可以分为实际偏差、计划偏差、目标偏差三种，实际偏差指的是预算成本和实际成本的偏差；计划偏差指的是计划成本和预算成本之间的差别；目标偏差指的是计划成本和实际成本的差异。

在工程项目的成本控制中，目标偏差越小越能证明它的控制效果，因此我们要尽量减少工程项目的目标偏差。我们要采取合理的办法杜绝和控制实施中发生的实际成本偏差。

工程项目的实际成本控制是根据计划成本的波动进行轴线波动的。在一般情况下，预算成本要高于实际成本，以下三个方面是运用偏差控制法的程序。

找出工程项目成本控制的偏差进行工程项目偏差控制，偏差控制法必须是在项目中制定，或者是按天或者周来制定，我们要不停地发现和计算偏差，还要对目标偏差进行控制。我们要在实施的过程中发现并记录现实产生的成本费用，再把所记录的实际和计划成本进行对比，这样才能更好地发现问题。

实际成本是随着计划成本的变化而变化的，如果计划成本偏大，就会发生偏差，偏差值为正数，但是在项目中产生偏差会影响项目，因此，当出现问题时我们应该进行调整；如果比计划成本低，偏差值就会成为负数，这对工程项目是有好处的。

解析在工程项目中产生偏差的缘由。解析工程项目中产生偏差的缘由可以运用以下两种方式。第一，因素分析法。因素分析法就是把导致成本偏差的几个相关联的原因归纳一下，再用数值检测各种原因对成本产生偏差程度的影响。例如，在项目成本受到干扰的时候，我们可以先假设某个因素在变动，再计算出某个因素变动的影响额，然后计算别的因素，这样就能找出各个因素的影响幅度。第二，图像分析法。图像分析法就是在工程项目描绘线图和成本曲线的形式，然后再把总成本和分项成本进行对比分析，这样就不难看出分项成本超支会导致总成本发生偏差，就能及时地对产生的偏差运用合理的办法。

纠正工程项目存在的偏差。在发现工程项目发生成本偏差时，我们应该及时通过成本分析找出导致产生偏差的原因，然后对产生偏差的原因提出相应的解决措施，让成本偏差降到最低。为了实现成本控制目标还必须把成本控制的开支范围进行控制，这样才能实现纠正工程项目偏差的目的。

(四) 工程项目中挣得值分析法

按照预先定制的管理计划和控制基准是项目部案例和项目控制的基本原理，我们要对实施工作进行不定时的对比分析，还要对实施计划进行相应的调整。监控实际成本和进度的情况，是有效进行项目成本、进度控制的关键，同时，我们要及时、定期地跟控制基准进行对照，还要结合别的可能的变化，并且要对其进行相关的改正。质量、进度和成本是项目管理控制的主要因素。在确保工程质量的前提下，确定进度和成本最好的解决方法，才能保证成本、进度的控制，这就是项目管理的目标。

因此，挣得值分析法是最合适的分析法。挣得值分析法这个方法一开始是被用作评估制造业的绩效，然后被用作成本和计划控制系统标准中各项目的进度评估标准，分别对成本、进度控制进行管理。在这两者控制中存在少许联系。例如：在工程项目实施的某一个阶段，花费成本和计划预算进行累计相当，可是，在实际的工程中已经完成的工程进度不能达到原有的计划量，最后项目预算已经超过剩下的工程量，为了完成项目就要增加工程费用，这时，要在规定的预算内完成成本控制就为时已晚。这一现象表明，累计实际成本和累计预算成本只能表明一个侧面，这不是真正地反馈项目的成本控制情况。在实际工程中成本和进度这两者是相当密切。成本支出的大小和进度的快慢、提前或者退后有着密切的联系。通常情况下，项目进度和累计成本支出成正比。可是，只是一味地观察成本消耗的程度并不会对成本趋势和进度状态产生精确的评估，进度超前、滞后，成本超支、节余都会直接影响成本支出的多少。也可以说，在实施工程项目过程的某个时间段，只是监控计划成本支出和实际成本消耗，这不能准确地判断投资有无超支和结余，进度超前是成本消耗量大的一种原因，另一种可能就是成本超出原来的预算。所以，我们要正确地进行成本控制，每时每刻监督消费在项目上的资金量和工作进度，并且对其进行对比。这个问题可以被挣得值分析法合理地解决。因为这个分析法是可以全面衡量工程项目进度、成本状况的方法，这种分析法通常是运用货币这一形式取代工作量来检测工程项目的进度，这种分析法不同于别的方法，是把资金转化成项目成果进行衡量的。挣得值分析法是一个完整有效的监控指标和方法。这种方法大多运用在工程项目中。

（五）控制方法之间的比较

从投资者的角度上来说，建筑工程项目的管理与控制主要包括工程造价的控制、工程进度的控制以及工程质量的控制三个部分。相对来说，工程质量是处在静止状态的部分，工程造价和工程进度是在项目不断开展过程中随时改变的两个活动的部分。在之前较为保守的项目管理中，通常将工程进度以及工程造价当作两个独立的部分，彼此不受牵连，在考量工程进度的过程中忽略工程造价，同样在工程造价的过程中也往往忽略工程进度。其实，在现实的工程开展中，工程造价和工程进度两个部分是彼此紧密相连的。通常我们认为，工程进度比预期提前或者是建设时间往后延伸，都会造成工程造价的增高。降低工程造价的投入，同样也会对工程进度造成影响。

因此，在实际的实施过程中，为了同时提升这两个控制部分的指标，需要将两部分统一起来考量。而挣得值分析法相对于其他控制方法来说特别的地方就是用工程预算以及投入费用来综合考量工程项目的进度，是项目管理者在工程的实际工作中造价控制类型的最优选择方式，也是实现前期造价管理目标的最佳方法。

二、健全工程造价管理的控制体系

(一) 造价管理与技术管理

1. 工程技术管理方面

工程实施阶段，是最需要资金的一个阶段。这就需要工程技术管理人员尽量做好工程预算，避免在工程的实施过程中再产生重复的不必要的费用。依照目前的状况，由于管理人员对合同要求不了解，甚至完全不知道合同写的什么，对于一些总承包费用中包括的费用，造成以不合理的方式处理，如经济签证，这样就带来了工程费用支出的增加。

设计变更传递不利。很多时候，工程结算时由于预算人员没及时收到设计变更，施工单位就将变更导致增加的费用加到设计总价内，而对于减少的费用，签证、变更都没有体现在结算的材料里。

很多工程技术管理人员工作马虎不细致，缺乏经济预算能力。而且对工程造价不了解，责任心不强，工作难以深入。在工程施工的施工现场，变更、经济签证等时常发生变化，像施工现场问题的处理、垃圾的清运、土方的外部购买等。有时由于施工单位责任感不强，不摸清现场的工作量，凭个人经验感觉判断，甚至有意增大工作量，就像运输渣土的工作，运输完后没有人可以证明核实。另外签证、变更传达不准确也造成了增加费用投入。

2. 防范措施：提高施工技术、组织管理，确保工程能准时交付投入使用

努力增强工程技术人员的职业素养和专业知识的培养，不断提高管理人员的专业素质。做好施工单位监督检查工作，根据施工设计方案的情况做好费用审查工作。鼓励工程技术管理人员的创新精神，积极使用新技术，对施工单位好的建议和意见，如改善设计、采用新工艺、节约成本等，要采取奖励政策，做好资金与技术工作的密切联合。

(二) 造价管理与法律服务

随着国家经济的发展和政策的进步，在“依法治国”的指引下我国法律制度不断完善，随着一系列法律的出台，如建筑法和招投标法，我国对工程项目的建设和管理都做出了明确规定，这对建筑业的发展是件大好事，对建设行业内的管理也有

了明确的规章制度，有法可依。建设工程项目整个过程造价管理中的法务管理成了至关重要的一节。从多种角度分析法务管理的两大方面是法律的事务和服务管理，建设工程项目的全过程造价管理中，法务管理可以促进项目规范管理和建设的顺利推进。不论我国还是其他国家出现的问题都是招标工程中工程双方对合同的内容理解和意见不一致，管理上难以达成统一。因此，法律知识对于建设工程双方，无论是投资人还是工程施工管理者都有重要的作用，要清楚看到工程造价管理法律事务和服务管理的重点和核心。基本上说工程法律事务管理就是在法律的保护下做到经济和工程管理的有效衔接。法律事务管理贯穿于工程造价管理的始终。下面将对法律管理的内容和具体实施做详细讨论。

1. 法律服务的目标

根据法律的规定，要在法律规定的范围内利用合同保障委托人的个人利益；以法律服务者的合约管理经验，依据实际状况，保证工程顺利竣工的同时，从实际情况寻找出发点和突破点，保证项目的速度、质量和合理预算，促使项目保质保量地完工投入使用；要尽量保障项目投资人的个人权益，避免由合同带来的不必要的纠纷和赔偿，即便出现纷争，也要尽力保护投资方的利益；尽最大努力使参与建设施工项目的双方都能享受应有的权利和义务，以合同为依据，将项目管理中的各种问题放到法律事务管理的范围中。

2. 法律服务的内容

工程施工建设中工程造价管理的法律服务内容包括：辅助项目管理人前期审核投标人的投标资格，辅助项目管理人起草、更改合同的内容，参与工程施工承包的招标及合同的磋商。对合同里的内容和相关规定进行量化管理，依据重点不同分成不同的模块，以合同内容为依据，合理公平地保障双方的合法权益，要保障项目管理人的收入，监督检查承包商履行合同的情况，保证项目在法律许可和合同的监护下完工。向银行及保险公司处理约定担保及保险。针对合同开展及时跟踪管理，在整个过程中，快速整理及掌控时间进程、工程设计变更、资金出入管理、项目质量管理、工程分包情况等内容资料，促使工程项目进度在管控中。

在合同实施的过程中，如果合同内容有增减项目发生，那么项目管理人要协助甲乙双方签署补充协议或补充合同条款。对双方各单位的工程款、签证有关文件、往来信函、质量检查记录、会议记录等要进行统一归档管理。项目管理人要辅助处理乙方即承包单位的赔偿事项，并且根据依据和计算方法等辅助甲方拟定反索赔申请；审核索赔依据、理由和合理合法性，项目管理人要辅助项目管理进行谈判商议，规避不必要的经济纠纷发生在最后工程结算中。

另外还要及时督促监理单位组织协调参与此次工程项目建设双方的关系，明确各自的职责范围和对执行工作如何开展的理解，为双方召开专门的协调会议，研讨合适的方式，使双方能融洽工作，协调共事，以最后保质保量地完成工程项目为目标。在法律规定的范围内，在合同内容的要求前提下，辅助管理者在必要时实行担保或合同保险，以降低工程风险做好转移风险分析工作，最后以报告的形式定期全面地检查和审核合同执行情况。

（三）法律服务的具体措施

1. 合约管理的规划阶段

合约管理规划是建设工程造价管理整个过程中合同管理的基础构架和基本合同体系。法律工作者要根据整个项目目前的客观情况，整个项目工程建设的标准要求，在工程的不同阶段将合同管理系统合理分解，制定出最科学、系统、符合法律规范的计划框架。通过委托人实行计划管理。确定好管理计划后，为了使合约计划顺利保障项目管理思路和调度管理，必须使管理任务融合到合约管理计划中实现最大化，这是能顺利完成整个建设工程项目的关键。

合约管理计划需要的文件有：把项目管理的任务分解为各个阶段的任务空间和任务关键点；对整体项目工程文件做出探讨，根据国家法律规定和工程项目法律工作者的管理经验，向管理人员提出工程承包意见；维护各方利益，包括供货商、投资单位、施工单位、委托人及设计单位之间的关系。

管理计划特定的目标：要保证工程设计整体连贯性，保证各个环节都能充分衔接，确保计划实施起来有可实践性。以方便协商管理、降低任务界面、减少造价、提升效率为关键原则。在建设工程项目过程中，应该依照项目的进度情形对合约规划逐步地整理和完善，做好项目的整体规划和要求。

整个过程造价管理都能用到的合同类别是合同承包，主要包括：工程承包合同(工程承包合同从合同类型上又可分为工程施工的总承包合同、分包合同、承包合同)；委托合同，其中主要有监理委托合同、招标代理委托合同、技术咨询服务委托合同等；购销合同，可分为材料购销合同和设备、仪器仪表购销合同，协调、配合合同（协议）。另外还有建设过程中须签订的其他合同，如拆迁补偿合同、拆迁施工合同等。

2. 合约管理的起草阶段

在开始的招标阶段，法律事务工作人员应当在招标文书中起草具体的合同内容条款，在起草合同内容条款时，应该注意合约管理规划中对合同的具体要求和定位标准，要考虑工程项目的需要和特点，投标人在投标时要注意相应合同内容条款要求，法律工作人员应明确甲乙双方和其他单位的工作合作关系。最大限度确保避免

法律风险、管理风险，运用自身工程项目服务经验，保障委托人的合法权益。

工程承包合同包括委托人在合同中对承包内容、工程质量的具体要求，对整个工程工期的要求，在工程完工后对工程质量以何种标准验收的要求，对整个工程项目的资金工程预算以及对确认支付时间和大体额度，等等。

工程购销合同内容包括给货的方式、时间，对货物的质量要求，价格，货物包装及其他技术标准的要求等。

配合协议合同的内容包括协调配合内容、配合条件、配合的费用及支付方式、配合的具体明细，或其他规定的内容。

建设中其他合同应包含的条件，如拆迁补偿合同的费用核算，合同中对于拆迁具体计划和费用时间等，都是合同要列明的。

3. 合约谈判过程的原则和措施

依据对工程的了解和委托人对合同的要求，要在合同谈判前做出相应的条款，根据承包商的具体情况制定相应的合同条款，确保合同的履行和约束情况，再制定相应的谈判策略，制定我方谈判的底线，根据合同的底线做出相应的策略，要掌握谈判的灵活性和原则性，在确保公司利益的前提下把握好谈判的幅度，在磋商时尽量保证最高利益，并根据掌握的对方资料提前做出磋商中可能出现的情况及相应的谈判措施。

作为法务工作者应多方面思考及做出具体的磋商计划，使合同谈判有条不紊地按照计划顺利进行，及早促成有效合同的签订，在招标项目磋商前只要评估结果出来就要和委托人、投标单位负责人进行磋商，客观公正地记录谈判内容，把有利的方案写进拟签订的合同条款中；帮助委托人梳理投标报价、施工方案和签订合同的具体条款，确保委托人的最大利益；然后根据磋商记录的条款制作出详细条例，为了合同的周密性，合同应交由委托人再次商定审核。语言确凿、严谨完善，明确权利和义务，确保合同的完善，保障项目实施过程中不会出现漏洞，有效地保障委托人的合法权益。

以上为在项目管理中法务服务的目标、内容和具体措施，经过专业、细化、全面概括的法律服务，将法务服务与造价管理有机结合，确保投资人规避合约风险，在项目造价管理中取得最大的收益。

结束语

随着建筑技术的不断发展，建筑体量增大、建筑复杂性提高，传统的凭经验、直觉的设计方法已无法适应建筑发展的需要。建筑物的质量与建筑设计和施工有着密切的联系，科学的设计和高质量的施工是现代建筑质量的保证。本研究根据现代建筑设计的工作特点，提出了以过程为切入点的现代建筑设计的创新研讨。建筑设计是指建筑物在建造之前，设计者按照建设任务，把施工过程和使用过程中所存在的或可能发生的问题，事先做好通盘的设想，拟定好解决这些问题的办法、方案，用图纸和文件表达出来，使建成的建筑物充分满足使用者和社会所期望的各种要求。建筑业的发展离不开对旧问题的解决和对新技术的运用，对于单个建筑企业来说也是如此，因而我们只有及时总结建筑设计与施工过程中暴露出来的问题，并采取相应的解决措施，才能有效提高建筑工程施工质量，实现真正的提高和可持续发展。

参考文献

[1] 杨英丽，赵六珍．建筑设计原理与实践探究 [M]. 长春：吉林出版集团股份有限公司，2022.

[2] 林宗凡．建筑结构原理及设计第 4 版 [M]. 北京：高等教育出版社，2022.

[3] 刘科，冷嘉伟．大型公共空间建筑的低碳设计原理与方法 [M]. 北京：中国建筑工业出版社，2022.

[4] 卢瑾．建筑结构设计研究 [M]. 北京：中国纺织出版社，2022.

[5] 刘云月．公共建筑设计原理第 2 版 [M]. 北京：中国建筑工业出版社，2021.

[6] 司大雄，崔国游，陈先志．高等学校可持续建筑系列教材超低能耗建筑设计原理 [M]. 北京：中国建筑工业出版社，2021.

[7] 刘云月．高等学校建筑学专业系列推荐教材公共建筑设计原理第 2 版 [M]. 北京：中国建筑工业出版社，2021.

[8] 范蓓．环境艺术设计原理 [M]. 武汉：华中科技大学出版社，2021.

[9] 李英民，杨溥．建筑结构抗震设计第 3 版 [M]. 重庆：重庆大学出版社，2021.

[10] 王克河，焦营营，张猛．建筑设备 [M]. 北京：机械工业出版社，2021.

[11] 刘哲．建筑设计与施组织管理 [M]. 长春：吉林科学技术出版社，2021.

[12] 高将，丁维华．建筑给排水与施工技术 [M]. 镇江：江苏大学出版社，2021.

[13] 张文忠主编；赵娜冬修．公共建筑设计原理 [M]. 北京：中国建筑工业出版社，2020.

[14] 冯美宇．互联网 + 创新型教材高等职业技术教育建筑设计专业系列教材建筑设计原理第 3 版 [M]. 武汉：武汉理工大学出版社，2020.

[15] 孙来忠，王娟丽，王乐．建筑装饰设计原理与实务（MOOC 版）[M]. 北京：机械工业出版社，2020.

[16] 贠禄．建筑设计与表达 [M]. 长春：东北师范大学出版社，2020.

[17] 姚亚锋，张蓓．建筑工程项目管理 [M]. 北京：北京理工大学出版社，2020.

[18] 王鑫．装配式混凝土建筑深化设计 [M]. 重庆：重庆大学出版社，2020.

[19] 李玉萍．建筑工程施工与管理 [M]. 长春：吉林科学技术出版社，2019.

[20] 刘尊明，霍文婵，朱锋．建筑施工安全技术与管理 [M]. 北京：北京理工大

学出版社，2019.

[21] 杨莅滦，郑宇．建筑工程施工资料管理 [M]. 北京：北京理工大学出版社，2019.

[22] 章峰，卢浩亮．基于绿色视角的建筑施工与成本管理 [M]. 北京：北京工业大学出版社，2019.

[23] 焦丽丽．现代建筑施工技术管理与研究 [M]. 北京：冶金工业出版社，2019.

[24] 和金兰 .BIM 技术与建筑施工项目管理 [M]. 延吉：延边大学出版社，2019.

[25] 崔晓艳，张蛟．建筑施工企业成本管理研究 [M]. 延吉：延边大学出版社，2019.

[26] 郭喜波．建筑施工企业财务管理理论与实践 [M]. 北京：北京工业大学出版社，2019.

[27] 赵伟，孙建军 .BIM 技术在建筑施工项目管理中的应用 [M]. 成都：电子科技大学出版社，2019.

[28] 姚晓峰，王旭峰，俞昊天．建筑工程施工管理 [M]. 长春：吉林科学技术出版社，2019.

[29] 雷平．建筑施工组织与管理 [M]. 北京：中国建筑工业出版社，2019.

[30] 邹方华．建筑施工技术与组织管理 [M]. 沈阳：沈阳出版社，2019.